U0351255

本书的主要研究得到了国家自然科学基金"西藏黑斑原鮡种群结构与遗传多样性研究"（编号 30471324）和"西藏黑斑原鮡腹腔外肝的发生"（编号 30671595）的资助

雅鲁藏布江黑斑原鮡的生物多样性及养护技术研究

谢从新　马徐发　覃剑晖 等　著

科学出版社

北　京

内 容 简 介

本书根据作者多年来研究所取得的大量第一手资料撰写而成。较为系统地介绍了黑斑原鮡的胚胎和仔稚鱼发育特征，年龄鉴定材料及年轮特征、生长、摄食、繁殖等生物学特性；渔获物年龄组成及捕捞对种群数量的影响；血细胞的形态特征，血液的生理生化特性；细胞和生化遗传学特性，基于不同分子标记的种群遗传多样性；消化酶的理化性质及其活性；特殊器官副肝的结构、个体发生过程及其在鮡科鱼类中的分布；并在上述研究结果的基础上讨论了资源保护和合理利用技术。

本书可供水产院校渔业资源和水产养殖专业，其他大专院校生物学或动物学专业的师生，科研院所研究人员，以及从事水产和动物学研究、生产和管理的有关人员参考使用。

图书在版编目（CIP）数据

雅鲁藏布江黑斑原鮡的生物多样性及养护技术研究/谢从新等著.—北京：科学出版社，2016.3

ISBN 978-7-03-047266-3

Ⅰ.①雅…　Ⅱ.①谢…　Ⅲ.①雅鲁藏布江–鮡科–生物多样性–研究

Ⅳ.①Q959.483

中国版本图书馆 CIP 数据核字（2016）第 025456 号

责任编辑：罗　静 / 责任校对：包志虹
责任印制：肖　兴 / 封面设计：北京图阅盛世文化传媒有限公司

科学出版社 出版

北京东黄城根北街 16 号
邮政编码：100717
http://www.sciencep.com

北京通州皇家印刷厂 印刷

科学出版社发行　　各地新华书店经销

*

2016 年 3 月第 一 版　　开本：787×1092 1/16
2016 年 3 月第一次印刷　　印张：11　插页：14
字数：245 000

定价：88.00 元

（如有印装质量问题，我社负责调换）

序

　　雅鲁藏布江是西藏自治区境内最大的一条河流。它发源于喜马拉雅山西段的杰马央宗冰川，沿藏南谷地自西向东流淌，流程 2000 余公里，然后在下游切过喜马拉雅山向南奔流，形成著名的"大拐弯"；出国境后称布拉马普特拉河。雅鲁藏布江的鱼类属于青藏高原鱼类区系，在海拔 2000 m 以上的中、上游，主要为鲤科的裂腹鱼亚科、鳅科的条鳅亚科高原鳅属和鮡科的原鮡属、褶鮡属。在下游墨脱江段，增加了一些鲤科的鲃亚科和野鲮亚科、条鳅亚科的条鳅属及裸吻鱼科等鱼类，而鮡科的种类更为丰富。

　　黑斑原鮡是生活于雅鲁藏布江中、上游的一种鮡科鱼类，以其肉肥味美而著名，近年来采用毒、炸等违法手段捕捞黑斑原鮡的现象愈演愈烈，使其资源遭受严重破坏，物种濒临灭绝，生存前景堪忧。华中农业大学水产学院谢从新教授率其团队的科技人员，克服高原气候恶劣和生活条件艰苦等诸多困难，坚持对黑斑原鮡生物学开展了多年的调查研究，用大量第一手资料撰写成书，实属难能可贵。该书涉及的范围很广，不但较为系统地记述了黑斑原鮡的年龄与生长、摄食、繁殖与早期生活史阶段形态及种群结构等生物学特征，而且对其器官组织学、血液生理生化、核型及遗传结构等作了介绍，最后还对资源保护方面的问题进行了讨论。这是继 1973 年《青海湖地区的鱼类区系和青海裸鲤的生物学》一书出版以来，又一本较详细研究青藏高原鱼类生物学的专著。除了这两本专著外，还有一些研究高原鱼类的论著中也零星介绍了某些种类的生物学特性。

　　在一部专著中，可以向读者提供很多信息和知识。我特别感兴趣的是有关高原鱼类繁殖生物学方面的资料，希望明确某种高原鱼类繁殖所需要的水温上限阈值、下限阈值的数据。因为青藏高原特有的鱼类起源和演化是对于高原隆升引起的气候变化的适应。对于鱼类来说，气候变化主要反映在水温的变化上，尤其是在鱼类早期生活史阶段，水温对鱼卵和仔鱼的正常发育及成活至关重要。本书告诉我们，黑斑原鮡繁殖要求的下限水温为 11℃，水温高于 15～16℃时鱼卵和仔鱼便大量死亡。

　　据 He 和 Meunier（1998）报道，鮡科鱼类和非洲平鳍鮠科（Amphiliidae）的 Doumeinae 亚科具有共同的祖先，起源于冈瓦纳古陆，通过分离出的印度次大陆板块漂移传至亚洲。由于印度板块插入欧亚板块下方，导致青藏高原隆升，并随之产生了适应于改变了的环境的新的生物类群。鲤科的裂腹鱼亚科是由原来就分布于青藏地区的鲃亚科鱼类演化而来，鮡科则是由随印度板块带来的 Doumeinae 亚科鱼类演化而来。裂腹鱼属（*Schizothorax*）是裂腹鱼亚科中原始的属。据褚新洛（1979）报道，原鮡属（*Glyptosternum*）是鮡科鳅鮡鱼类中最原始的属。据初步掌握的资料，裂腹鱼属繁殖的下限水温大约在 10℃，如齐口裂腹鱼为 9℃，四川裂腹鱼为 13℃，黑斑原鮡繁殖下限水温为 11℃，与裂腹鱼属相近。原始的属出现时期早，当高原再度急剧隆升，水系变化后，它们可分布到距高原较远的地方。现在我们看到的同时分布有裂腹鱼属和原鮡属的河流，除雅鲁藏布江外，东有伊洛瓦底江，西有森格藏布河，西北有塔里木河，更西北甚至抵达咸海水系的阿姆河和锡尔河。

这里又提出了一个问题：一般裂腹鱼属和原鮡属栖息地的海拔为 1500～2500 m，为什么唯独雅鲁藏布江 2000 m 以上至 4000 m 的干支流中，黑斑原鮡普遍分布，而裂腹鱼亚科的 3 个不同特化等级的属，在这里都可以见到。不同特化等级对高寒环境适应程度不同，如青海湖裸鲤繁殖的下限水温仅有 6℃，但是它们能共同分布在同一段江河中，与在其他江河见到的裂腹鱼不同特化等级的属呈现垂直分布差异的现象迥然不同。这可能要从藏南谷地多处温泉出露找原因，即在雅鲁藏布江中、上游，无论干流还是支流，甚至湿地，存在着地段性或区域性水温差异水域，能够为不同水温要求的鱼类提供所需的水温条件，成为适合它们生存的栖息地。正是由于这个原因，一些从内地运到西藏的鱼类，如鲤、鲫、泥鳅、麦穗鱼、黄鳝、草鱼、鲇等，因逃逸或放生进入雅鲁藏布江水系，常可捕获；现鲫、麦穗鱼、泥鳅等已能够在当地自然繁殖，建立种群，形成严重的生物入侵现象，这给雅鲁藏布江土著鱼类的保护添加了更大的困难。

这里要特别指出，作者在研究黑斑原鮡的内脏时，发现其肝脏的形态十分特殊。他们观察到，黑斑原鮡除了位于腹腔中肠道旁边的主肝外，还在腹腔前端两侧的肌肉与皮肤之间存在副肝，主肝与副肝组织学相同，并通过连接带彼此相连。进一步的研究发现副肝普遍存在于鳅鮡鱼类中。该书对副肝的发现和个体发生过程及其在鮡科鱼类中的发育情况作了较为详细的介绍。虽然目前对于副肝的功能尚未明了，有待后续工作的深入，但副肝存在这一事实确为一个新的发现，在鮡科鱼类的系统发育和动物地理学研究方面具有潜在的价值。

该书的出版将促进雅鲁藏布江土著鱼类的保护和黑斑原鮡的人工驯养，为青藏高原生物多样性保护作出贡献。

中国科学院院士

曹文宣

2015 年 6 月 23 日

前　言

雅鲁藏布江从海拔 5300 m 以上的喜马拉雅山脉中段北坡杰马央宗冰川发源,自西向东奔流于号称"世界屋脊"的青藏高原南部,沿途接纳年楚河、拉萨河、尼洋河等众多支流,经历了高原荒漠、严寒到植被茂密的亚热带和热带气候,于海拔 115 m 的巴昔卡流出国境,在中国境内长 2057 km。雅鲁藏布江不仅是世界上最高、海拔落差最大的河流,也是流域气候和河床形态变化最大的河流。雅鲁藏布江不仅孕育出源远流长、绚丽灿烂的藏族文化,也孕育出本地区特有的鱼类。

雅鲁藏布江现有鱼类 42 种和亚种,其中土著鱼类 30 种,外来鱼类 12 种。土著鱼类主要为鲤形目的裂腹鱼亚科和条鳅亚科高原鳅属,以及鲇形目鮡科鱼类,分别占雅鲁藏布江土著鱼类总数的 30.0%、23.3% 和 26.7%。在雅鲁藏布江分布的 8 种鮡科鱼类中,7种分布在雅鲁藏布江林芝以下江段,唯黑斑原鮡的分布范围直到海拔 4000 m 以上的谢通门江段。

自 1905 年 Regan 命名黑斑原鮡这个物种以来,中外科学家对包括黑斑原鮡在内的西藏鱼类进行了大量的调查研究,特别是新中国成立以后,我国鱼类学家克服高原恶劣的自然环境,在艰苦的条件下,对西藏地区的鱼类进行了大量的考察研究。在黑斑原鮡的生态环境、分类学、生物地理学、系统发育、生物学等诸方面取得了可喜的研究成果。这些研究成果为我们认识这个物种提供了丰富的资料。

作者于 2002 年初次进藏便被西藏独特的高原风光,特别是西藏特有的鱼类所吸引。此后,每年通过各种途径筹措经费,进藏开展鱼类生物学调查。十余年来,在林芝、拉萨、日喀则等地对雅鲁藏布江干流及其主要支流年楚河进行了考察,采集了大量研究样本,较为系统地调查研究了黑斑原鮡的生物和非生物环境、形态学、生物学、血液生理生化、遗传多样性、早期发育,在西藏自治区黑斑原鮡良种场成功进行了该鱼的规模化人工繁殖和苗种培育技术的研究。马徐发副教授参加了雅鲁藏布江水生生物调查,覃剑晖副教授多年坚持在西藏进行鱼类人工繁殖和苗种培育技术研究,水产学院李大鹏教授参加了人工繁殖生物学调查研究。博士研究生李红敬、熊冬梅、张惠娟、郭宝英,硕士研究生季强、许静、刘海平、薛芹、刘鸿艳等完成了大量的野外调查和室内分析工作,霍斌对生物学原始数据进行了重新分析整理。这些研究工作是编著本书的基础。本书由谢从新教授负责设计、汇总、修改、定稿。马徐发副教授、覃剑晖副教授和陈生熬老师负责全书的协调和管理工作。编写分工:由马徐发负责第一章和第三章第一节,霍斌和李红敬负责第二章、第三章第二节和第四章,熊冬梅负责第三章第三节和第四节,张惠娟负责第五章和第六章第三节,刘海平负责第六章第一节,刘鸿艳负责第六章第二节,郭宝英和薛芹负责第七章,覃剑晖负责第八章。

研究期间,国家自然科学基金委员会两次给予项目资金资助(项目编号:30471324 和 30671595)。中国科学院水生生物研究所曹文宣院士对我们的工作自始至终给予了热情的关怀、鼓励和指导，曹先生在为本书作序时，耗费大量时间查阅有关文献，先生对科学问题的严谨是我们学习的楷模，谨表衷心感谢。西藏自治区农牧厅副厅长次真、水产处处长蔡斌、自治区畜牧总站书记和站长普布次仁、水产科科长格桑达娃、水产科副科长林少卿、高级畜牧师边巴次仁、自治区黑斑原鮡良种场尼玛次仁、西藏农牧学院动物科学学院院长强巴央宗等给予了极大的关心和支持，樊启学教授在人工繁殖上给予了必要的技术支持，在此一并致以衷心的感谢。

有关黑斑原鮡的研究论文主要发表在国外学术期刊和以学位论文的形式发表。近年来，随着雅鲁藏布江丰富水资源的开发利用提上议事日程，人们对雅鲁藏布江鱼类资源的关注程度日益上升。经常有关心西藏鱼类资源的同行来函索取西藏渔业资源的资料，希望能够结集出版。编撰出版本书的目的是期望为保护和合理利用黑斑原鮡这一宝贵资源提供科学依据，使其为西藏经济建设跨越式发展服务。由于写作时间较短，有些内容还有待进一步充实，限于著者的学识水平，书中难免存在一些不足，诚望读者批评指正。

作　者

2015 年 10 月 19 日

目　　录

第一章　研　究　简　况

黑斑原鲱*Glyptosternum maculatum*，隶属鲇形目 Siluriformes，鲱科 Sisoridae，原鲱属*Glyptosternum*，别名有石扁头、巴格里、帕里尼阿（Palinia，藏语译音）、拉鲇、藏鲇等（图 1-1）。在我国，黑斑原鲱是一种仅生活在雅鲁藏布江流域的名贵经济鱼类。其肉质细嫩，肉味鲜美，深受广大群众的喜爱。除了食用价值外，还可入药。近年来由于过度捕捞、栖息地遭受破坏和非法渔业等，黑斑原鲱种群数量下降很快，而且还在继续减少，已被列为濒危种（西藏自治区水产局，1995；汪松和解焱，2009）。

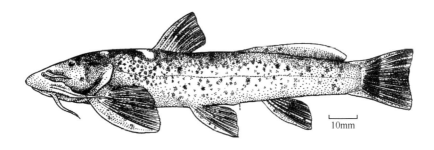

图 1-1　黑斑原鲱外部形态（依武云飞和吴翠珍，1991）

Fig. 1-1　External feature of *G. maculatum*（quoted from Wu and Wu，1991）

第一节　分类地位与地理分布

一、鲱科鱼类的分类与地理分布

鲱科（Sisoridae）是由 Regan 于 1911 年建立的（褚新洛等，1999）。鲱科鱼类具有以下特征：背鳍短，具 6～7 分枝鳍条，位于腹鳍之前。臀鳍短，具 4～9 分枝鳍条。胸鳍平展，具或不具硬刺。前后鼻孔紧靠，其间有瓣膜相隔，瓣膜延长成鼻须。颌须 1 对，颏须 2 对。齿生上颌和下颌，腭骨无齿。鳃盖条 5～12。胸部具或不具吸着器。鳔分左、右两室，包于骨囊。鲱科是亚洲鲇形目鱼类最大和最分化的科之一，共有 17 属 112 种（Nelson，2006）。主要分布在中国西南地区和印度东部（de Pinna，1996）。我国鲱科鱼类有 12 属 50 余种（莫天培和褚新洛，1986；丁瑞华等，1991；武云飞和吴翠珍，1991；周伟和褚新洛，1992；何舜平，1996；褚新洛等，1999；林义浩，2003）。

我国的 12 属鲱科鱼类分别是鲀属*Bagarius*、黑鲱属*Gagata*、纹胸鲱属*Glyptothorax*、褶鲱属*Pseudecheneis*、平唇鲱属*Parachiloglanis*、原鲱属*Glyptosternum*、石爬鲱属*Euchiloglanis*、鲱属*Pareuchiloglanis*、凿齿鲱属*Glaridoglanis*、异齿鰋属*Oreoglanis*、拟鰋属*Pseudexostoma*和鰋属*Exostoma*，主要分布于福建、湖北、湖南、广东、广西、四川、贵州、云南、西藏、陕西、青海等地（褚新洛等，1999）。我国的鲱科鱼类可分为两个自

然类群，即鳅鮡鱼类（glyptosternoid catfishes）和非鳅鮡鱼类（non-glyptosternoid catfishes）（褚新洛，1979；Hora and Silas，1952）。其中，原鮡属、石爬鮡属、鮡属、凿齿鮡属、异齿鳅属、拟鳅属和鳅属等属为鳅鮡鱼类；鮏属、黑鮡属、纹胸鮡属、褶鮡属为非鳅鮡鱼类。鳅鮡鱼类在形态上的特征是没有胸吸着器，胸鳍、腹鳍水平展开，第一根鳍条完全分节或在外缘生出许多软骨细条，被外表皮所裹，在腹面看到的是许多与分节或软骨细条大致对应的横纹皱褶，具有附着功能，以适应流水环境（褚新洛，1979）。

二、原鮡属的分类与地理分布

　　Regan（1905）首次描述了采自拉萨的黑斑原鮡，定名为 *Parexostoma maculatus*。这是所知有关黑斑原鮡最早的报道，Lloyd（1908）将其定名为 *Parexostoma stoliczkae*；Hora（1923）依据西藏江孜采到的标本将学名订正为 *Glyptosternum maculatum*，沿用至今。其中文名先后称为藏鮡（张春霖等，1964）和黑斑原鮡（伍献文等，1981），后者作为正式中文学名沿用至今。现今，在西藏人们习惯称之为藏鲇和拉鲇。

　　原鮡属已知有网纹原鮡（*G. reticulatum*）、连鳍原鮡（*G. akhtari*）和黑斑原鮡 3 个种，网纹原鮡主要分布于印度、阿富汗、巴基斯坦和乌兹别克斯坦等国境内的印度河上游、喀布尔河上游、阿姆河和锡尔河（褚新洛，1979；Talwar and Jhingran，1991；Walker and Yang，1999）。连鳍原鮡主要分布于阿富汗巴米安河（褚新洛，1979）。黑斑原鮡分布于印度境内的布拉马普特拉河（Brahmaputra，雅鲁藏布江进入印度后的称谓）和 Skili 河（Talwar and Jhingran，1991；Kapoor et al.，2002），以及我国的雅鲁藏布江水系（张春霖等，1964；伍献文等，1981；成庆泰和郑葆珊，1987；武云飞和吴翠珍，1991；褚新洛等，1999；Regan，1905；Lloyd，1908）。黑斑原鮡在国内的分布海拔从墨脱的 800 m 左右直到谢通门以上江段的 4200 m 以上（西藏自治区水产局，1995），是雅鲁藏布江分布的 8 种鮡科鱼类中唯一分布到海拔 4200 m 日喀则以上江段的种类（图 1-2）。学者认为黑斑原鮡在地理分

图 1-2　黑斑原鮡在我国的分布（依西藏自治区水产局，1995）
Fig. 1-2　Distribution of *G. maculatum* in China（quoted from the Fishery Administration of Tibetan Autonomous Region，1995）

布上属于华南区（South China region）的怒澜亚区（Nukiang-Lanchang subregion）（李思忠，1981），为中印山区复合体（China-Indian mountain complex）的种类（武云飞和谭齐佳，1991）。

第二节 生物学与细胞遗传学

一、生物学

黑斑原鮡喜居于急流水中的石下和隙间（褚新洛等，1999），有的也栖居于沙地、水流缓慢的河流中。在流速慢的生境中，鱼类有更大的活动范围，但更易被敌害发现和在高海拔地区受强烈太阳辐射而机体受到伤害。对此，它们一方面利用灰褐的体色并杂以黑斑来模拟环境的色调，另一方面发展夜间活动的习性，这样既增加了活动范围，又避免了不利的影响（褚新洛，1979）。

黑斑原鮡通过在石缝里游动搜索和贴附在石面上以铲刮的方式觅食，主要以底栖环节动物和昆虫幼虫为食。黑斑原鮡在每年3~5月进行繁殖，产卵于缓流的石缝中或在砂石底质的河道中；卵沉性，散落在砂石间隙，孵化后就地发育成长。生命周期在比较狭窄的区域内完成，这是为了保证种的繁衍对特定环境的适应（褚新洛，1979；西藏自治区水产局，1995；褚新洛等，1999）。

丁城志等（2010）通过组织切片法和性体指数（GSI）的周年变化分析，查明黑斑原鮡繁殖时间集中在5~6月，每年繁殖一次，繁殖之后的6~8月卵巢从VI期回复到III期，9月卵巢发育到IV期越冬。雄性最小性成熟（精巢IV期）个体体长141.7 mm，体重45.2 g，GSI 1.09%；雌性最小性成熟（卵巢IV期）个体体长146.8 mm，体重66.7 g，GSI 11.52%，相应年龄均为5龄。初次性成熟年龄（L_{50}）雄性为7龄，相应体长170.11 mm；雌性为5龄，相应体长150.2 mm。卵径分布频率显示，卵巢中至少存在两批卵径，据此认为卵巢发育类型为分批同步型，产卵类型为完全同步产卵。其绝对繁殖力为525~2058粒。李红敬等（2008）根据卵径分布频数图推断，黑斑原鮡为不分批产卵鱼类；个体绝对生殖力141~2162粒，平均727粒。

二、细胞和生化遗传学

黑斑原鮡染色体数为$2n=48$（余先觉等，1989）。任修海等（1992）对黑斑原鮡的染色体组型及NOR单倍性的研究结果表明，其核型为$2n=48=28m+12sm+8st$，$NF=88$。黑斑原鮡核型的一个显著特征是中位着丝粒及亚中位着丝粒染色体占绝大多数，而只具有很少的亚端位着丝粒染色体。任修海等（1992）认为，在已有报道核型的鮡科鱼类中，黑斑原鮡是最为进化和特化的类型。而武云飞等（1999）的研究结果则是，黑斑原鮡核型为$2n=20m+12sm+10st+6t$，$NF=80$，中位着丝粒染色体少，端位和亚端位着丝粒染色体多。同时指出黑斑原鮡不同居群的核型公式会有所差别。我们通过PAGE电泳技术分析了从雅鲁藏布江谢通门江段、拉萨河和尼洋河支流取样的黑斑原鮡群体的14种组织同工酶，结果表明，黑斑原鮡不同地理群体生化遗传差异不显著，同工酶表达具有组织特异性和多态性较高等特点。

第三节 系统发育与生物地理学

一、系统发育

de Pinna（1996）将鮡科鱼类分为两支：一支为（鮎属 *Bagarius*，（真鮡属 *Sisor*，（南鮡属 *Nangra*，黑鮡属 *Gagata*）））；另一支为（纹胸鮡属，（褶鮡属，"鮡鮡鱼类 glyptosternoids"））。Ng（2006）分析了 109 种鮡科鱼类的 1561 个形态学和分子学（COI 和 RAG2）特征，得出了与 de Pinna（1996）类似的结果，亦将鮡科鱼类分为两支：纹胸鮡亚科（Glyptosterninae）和真鮡亚科（Sisorinae）。我国学者利用线粒体细胞色素 *b* 和 16S rRNA 基因序列对我国鮡科鱼类系统发育关系的研究表明，鮡科是一个单系群，由（黑鮡属，（鮎属，纹胸鮡属））与（褶鮡属，鮡鮡鱼类）两支构成（郭宪光等，2004；Guo et al.，2005）。

褚新洛（1979）综合鮡鮡鱼类的形态特征和地理分布建立了鮡鮡鱼类演化谱系。He（1996）以鮎属和纹胸鮡属为外类群，利用 60 种骨骼特征重建了鮡鮡鱼类的系统关系，得出如下结论：①13个共同离征表明鮡鮡鱼类是一个单元类群，原鮡属是鮡鮡鱼类中最原始的一个属，具有很多祖征；②鮡鮡鱼类的许多外部特征如唇后沟和口吸盘，曾被作为系统分类特征并建立进化树，它们与基于骨骼性状建立的系统发育关系并不一致，是生态适应的结果；③鮡属、凿齿鮡属、拟鮡属、异齿鮡属所具有的一系列衍生性状（例如，具有口吸盘和连续的唇后沟）都是趋同特征；④鮡属并不是单系群，只有将拟鮡属、异齿鮡属加入后才形成单系群。李旭（2006）检视了 6 属 24 种鮡鮡鱼类，并选取其中 21 种，综合比较了外部可量、可数性状和形态特征，以及内部的肌肉和骨骼特征，从中选取了 120 个稳定特征做系统发育分析，结果表明，鮡鮡鱼类形成一自然类群；原鮡属鱼类为最原始的种类，石爬鮡属种类的原始程度次之。王伟等（2003）利用 RAPD 技术，就 4 种鮡科鱼类（巨鮎 *Bagarius yarrelli*、福建纹胸鮡 *Glyptothorax fukiensis fukiensis*、黑斑原鮡和青石爬鮡 *Euchiloglanis davidi*）对鮡鮡鱼类的单系性做了初步研究，结果表明，鮡鮡鱼类是一个单系类群，其中原鮡属是一个原始的类群，代表鮡鮡鱼类的黑斑原鮡和青石爬鮡来自两个不同的祖先，是一个特化类群而非原始类群。Peng 等（2004）测定了 10 属 19 种鮡科鱼类的线粒体 *Cytb* 基因序列，并采用 Bayesian 方法和最大似然法（maximum likelihood，ML）构建鮡科鱼类系统发育，结果显示，鮡鮡鱼类形成一单系类群，并且原鮡属位于鮡鮡鱼类的基部位置。Peng 等（2006）用两个线粒体基因 *Cytb*、*ND4* 和一个核基因 *rag2* 对 11 属鮡科鱼类构建了系统发育树。结果显示，鮡鮡鱼类是一个单系群，凿齿鮡属鱼类位于鮡鮡鱼类的基部。郭宪光等（2004）基于线粒体 DNA 16S rRNA 基因部分序列，对中国鮡科鱼类 10 属 9 种鮡鮡鱼类和 6 种非鮡鮡鱼类的分析结果表明，鮡鮡鱼类可能不是一个单系群。Guo 等（2005）用线粒体 *Cytb* 和 16S rRNA 基因序列检验了 11 属 17 种鮡科鱼类的系统发育关系，并运用扩散——隔离分化分析（DIVA）、加权的祖先分布区域分析（WAAA）和分子钟校正等方法来检验关于鮡鮡鱼类的相互冲突的隔离分化和扩散生物地理学两种假设。结果表明：①鮡科鱼类形成一个单系，包括两个分支，即（黑鮡属，（鮎属，纹胸鮡属））和（鮡鮡鱼类，褶鮡属）；②鮡鮡鱼类是一个单系群，其中原鮡属、凿齿鮡属和鮡属 3 个属处于基部位置；③支持基于形态数据的假设，褶鮡属是鳅鲱鱼类的姐妹群；④目前定义的鲱属鱼类不是一个单系，亟待重新订正；⑤与以前的假设一致，青藏高原的隆升对鲱科鱼类的物种形成和分化有重要影响；⑥综合隔离分化和扩散理论的进化场景可以解释鳅鲱鱼类的分布格局。

褶鲱属在整个鲱科鱼类系统发育中所处的位置一直存在争议。褚新洛（1982）在缺乏平吻褶鲱（*P. paviei*）骨骼材料的情况下，对褶鲱属系统发育的研究结果表明，褶鲱属[黄斑褶鲱、无斑褶鲱（*P. immaculatus*）、平吻褶鲱和间褶鲱]为一个单系群；平吻褶鲱与间褶鲱，黄斑褶鲱与无斑褶鲱分别为姐妹群。Zhou 和 Zhou（2005）对现有褶鲱属系统发育研究的结果支持褶鲱属是单系群这一结论，并将其分为两支：一支为间褶鲱和平吻褶鲱；另一支为黄斑褶鲱、无斑褶鲱和似黄斑褶鲱（*P. sulcatoides*）。周用武等（2007）则提出间褶鲱应为平吻褶鲱的同物异名。

de Pinna（1996）认为褶鲱属是鳅鲱鱼类的姐妹群，基于 *Cytb* 和 16S rRNA 用 Bayesian 构建的鲱科鱼类系统发育树（Guo et al.，2005）和 Ng（2006）的研究结果均支持这一结论。郭宪光等（2004）的研究表明，16S rRNA 基因部分序列的分子数据不支持褶鲱属与鳅鲱鱼类构成姐妹群关系，认为褶鲱属与凿齿鲱属可能构成姐妹群关系。Guo 等（2007）基于 S7 核糖体蛋白（rpS7）基因和线粒体 *Cytb* 构建的 10 属鲱科鱼类系统发育树显示，褶鲱属处于凿齿鲱属和原鲱属中间位置。

从上述研究结果可以看出，关于鲱科鱼类的系统发育尚存在争议。这些争议是由多方面原因引起的，可能涉及研究方法、选用的特征和标记是否合理、用于研究的物种的数量、选用的外类群等，如基于形态学特征建立的鳅鲱鱼类的系统发育主要依据唇、齿型和齿带等形态特征，并用胸鳍、鳃孔和颌须为辅助依据，但鲱属的齿高度特化（褚新洛，1979），许多外部特征如唇后沟和口吸盘，都是趋同特征，是生态适应的结果，并不能明确其亲缘关系，在研究系统发育中没有使用共同离征来定义该类群，也没有使用特征矩阵建立系统发育关系（何舜平等，2001）。

在鲱科鱼类的系统发育上，无论是形态学方法还是分子生物学方法都存在一定的局限性。筛选更多和更能反映鱼类系统发育的特征和标记是系统发育研究的一个重要任务。

二、地理分布

关于鲱科鱼类地理分布格局的研究主要集中在鳅鲱鱼类中。鳅鲱鱼类整个分布区东至我国贵州、广西，北至我国西藏、四川，南至老挝、越南，西至印度、缅甸、尼泊尔直至阿富汗和前苏联等国，其中以我国云南分布的属、种最为丰富。鳅鲱鱼类的分布呈现由东向西逐渐特化的水平变化规律；鳅鲱鱼类分布最为广泛，上述地区的各大型水系中均有分布；原鲱属与平唇鲱属仅分布于雅鲁藏布江；异齿鳅属分布于澜沧江以西，拟鳅则分布于怒江以西；凿齿鲱属与鳅属共同分布于雅鲁藏布江和伊洛瓦底江，而石爬鲱属则仅分布于金沙江（褚新洛，1979；褚新洛等，1999；丁瑞华，2003）。

李恒和龙春林（1999）根据高黎贡山处于向北推进过程中的事实，推断鲱科鱼类起源于热带；而中国鲱科鱼类实际的地理分布区主要为亚热带和温带气候，以此推断鲱科鱼类的演化有可能是单向性的，即由热带向亚热带、温带演化推进。

一个客观的动物地理区划单元都与特定地质年代发生的特殊地质地理活动直接相关

（陈宜瑜和刘焕章，1995）。由于晚新生代青藏高原的急剧隆升和全球性的气候变冷，产生了东洋区和古北区的分化，这也是青藏高原地区特有鱼类分化的原因（陈宜瑜等，1996）。目前对鳅鮡鱼类的地理分布主要有 3 种解释。

第一种观点认为鳅鮡鱼类的起源中心位于东喜马拉雅地区（Hora and Silas，1952），但无法指出确切的地点，亦未能详细勾绘出该类群的散布路线。

第二种观点以鮡化石的地质年代为基础，推测鳅鮡鱼类可能出现于晚上新世，并指出鳅鮡鱼类的起源中心在西藏东南部。金沙江形成后，类似原鮡的祖先向东扩散至川西、滇北，在更新世出现属级阶元的分化。随后，再向四川东部、云南西南部扩散，随云南各水系向滇西逐渐隔离。鳅类的出现应伴随喜马拉雅山脉的最后一次抬升，其发生中心可能在云南西北部澜沧江以西，并沿喜马拉雅山脉南坡向西推进，随水系向南扩散（褚新洛，1979）。

第三种观点认为，鳅鮡鱼类最早的祖先在早更新世就已广泛分布于青藏高原夷平面，到了青藏高原第一次隆升时，原鮡类的祖先形成，基本保持了原来的分布格局；第二次隆升形成了类石爬鮡祖先，仅分布于东喜马拉雅地区（即横断山区）；而第三次隆升造成东喜马拉雅地区类石爬鮡祖先先后被隔离在金沙江、澜沧江、怒江、元江、珠江和伊洛瓦底江中。在东喜马拉雅地区的鳅鮡鱼类的特化顺序代表着这些河流的隔离顺序（He et al.，2001）。

后两种观点反映出鳅鮡鱼类的分布格局及不同阶元的分化与青藏高原的隆升有着密不可分的关系。鳅鮡鱼类的分化不仅体现在各大水系之间，也体现在同一水系的不同支流或上下游之间。所以，该类群的分化既包括了自然阻碍形成导致的分类阶元的隔离分化（vicariance）过程，也包括了同一阶元在同一水系扩散分化（dispersal）的生态适应过程。这两个过程的交织，使得该类群的分化和分布异常复杂。目前，鳅鮡鱼类的地理分布还不尽完善，尽可能收全现生种类，从形态和分子生物学两个方面深入研究，探讨它们的起源、分化和地理分布格局仍然十分重要（周伟等，2005）。

第四节　资源保护与合理利用研究

黑斑原鮡肉质细腻，肉味鲜美，加之来自天然水域，被视为天然有机食品，除了食用外，黑斑原鮡几乎全身可入药。据《中国药用动物志》记载，其鲜胆汁适量涂敷及点眼，具解毒、消肿和退翳明目功能，主治疮疡肿毒、烫火伤及目生翳障；鮡骨研粉或烧成炭研末适量内服或鲜品适量熬汤，每日两次，具健脾开胃和利水消肿功能，主治消化不良和水肿；鮡肉焙干研末，或鲜肉适量炖食，主治脾虚食少、消化不良和月经不调（中国药用动物志协作组，1983）。因此，黑斑原鮡深受消费者欢迎，每年大量通过空运销往内地。近10 年来，由于资源量下降，黑斑原鮡在拉萨市场的销售价格涨了 10 倍以上。一方面反映出其受消费者欢迎的程度，另一方面反映了在长期捕捞压力下，资源量出现明显的下降。

一、西藏的捕捞业

西藏河流湖泊众多，鱼类资源十分丰富，但大多数藏族人是不吃鱼的，这主要是受藏族普遍信奉藏传佛教的影响。但考古发现，在雅鲁藏布江的最大支流拉萨河流域和雅鲁藏布江支流尼洋河与干流交汇处多处遗址发现鱼骨和捕鱼的网坠。说明在距今3500～4000年时，在西藏腹地雅鲁藏布江流域广阔范围内的藏族先民曾从事渔猎生产活动，普遍存在食鱼习俗（中科院考古研究所和西藏自治区文物局，1999；次旺罗布，2010）。

拉萨河与雅鲁藏布江交汇处的俊巴渔村（曲水县茶巴朗村俊巴组）是西藏自治区乃至青藏高原仅存的一个世代以捕鱼为生的村落，"俊巴"二字在藏语里原发音"增巴"，意思是"捕手"或"捕鱼者"。一年之中除了萨嘎达瓦节外，俊巴人都会进行捕鱼活动，捕捞的种类主要有尖裸鲤 Oxygymnocypris stewartii（俗称白鱼）、双须叶须鱼 Ptychobarbus dipogon（俗称花鱼）、拉萨裂腹鱼 Schizothorax waltoni（俗称尖嘴鱼）、巨须裂腹鱼 S. macropogon（俗称胡子鱼）、异齿裂腹鱼 S. o'connori（俗称棒棒鱼）、黑斑原鮡（藏鮎）等。当地渔民根据鱼的品种和特点可以制成生鱼酱、清炖鱼等几十道美味菜肴，受到了国内外旅游者的一致赞赏（次旺罗布，2010）。一些旅行社甚至推出"游拉萨景，吃西藏鱼"的特色旅游。

西藏民主改革前，尽管有俊巴渔村这样以捕鱼为生的藏族村庄，但总体上来讲，藏传佛教观念的影响客观上限制了渔业资源的开发利用，对渔业资源起到了良好的保护作用。长期以来，西藏渔业资源基本上处于自生自灭的自然调节状态。民主改革后，渔业生产开始得到发展，1964年在藏南地区已有200余户专业和季节性藏族渔业互助组（张春光和贺大为，1997）。中国共产党第十一届中央委员会第三次全体会议以后，随着改革开放政策的贯彻落实，以及内地渔民进藏生产并带来了一些比较先进的捕鱼技术和工具，全区鱼产量大幅度提高，由20世纪60年代的255 t上升到1995年的1291 t（蔡斌，1997）。

二、资源现状

近年来我国鱼类学家先后开展了对西藏鱼类生物学和渔业资源利用等方面的研究工作。

1992～1994年，陕西省动物研究所、中国科学院动物研究所和西藏自治区水产局的专家学者对全区主要江河湖泊进行了较为全面的调查，根据以往多年捕捞量、资源变化情况、水体生产力等综合因素进行资源评估，西藏湖泊鱼类蕴藏量为1 368 691.7 t，江河为4060.95 t（蔡斌，1997；张春光和贺大为，1997）。

黑斑原鮡由于其肉味鲜美，深受人们喜爱，市场上供不应求，价格高昂，人们对其捕捞强度非常大，其种群数量正急剧减少（陈锋和陈毅峰，2010）。张春光和邢林（1996）报道，沿雅鲁藏布江中游米林—日喀则一线分布的主要经济鱼类资源已表现出捕捞过量，渔获物由20世纪70年代开发初期平均体重500～1000 g/尾，下降到现在的300～500 g/尾。

洛桑等（2011）在近5年的实地调查过程中发现，拉萨河鱼类物种丰富度有明显下降的趋势。以俊巴村捕鱼队为例，相同河段（或区域）、相同季节，2005年采集到11种鱼类，而2010年仅采集到7种鱼类，特别是名贵鱼类黑斑原鮡的平均个体体重从2005年到2010年下降了近一半。

三、资源衰退原因

西藏鱼类资源呈现显著衰退趋势是一些学者共同的认识，普遍认为非法渔业和过度捕捞、水电工程建设引起的生境变化及外来鱼类入侵是引起资源衰退的主要原因。

（1）非法渔业和过度捕捞。尽管西藏自治区已颁布相关渔业法规，但由于西藏地广人稀，一些河段交通十分不便，管理难度较大，毒鱼、电鱼等非法渔业行为仍偶有发生。黑斑原鮡栖总住息流底部的石缝中，较难捕捞，一些渔民采用毒鱼或电鱼的方式捕捞。因为黑斑原鮡市场价格是裂腹鱼类的十几倍乃至几十倍，受利益驱使，这些非法渔业行为主要针对黑斑原鮡。非法渔业的危害对象不分种类，不分大小，同时还会污染水体和危害其他水生生物，导致拉萨河黑斑原鮡基本绝迹。

在拉萨河渔业捕捞中渔民比较常用的是三层刺网，最小网目约 2 cm（陈锋和陈毅峰，2010）。黑斑原鮡渔获物中最小年龄为 3 龄，6 龄及以下个体占 48.2%，这意味着大量黑斑原鮡幼鱼被捕起。西藏地处高原，水温低，饵料生物贫乏，鱼类生长速度缓慢，成熟晚，怀卵量小，种群一旦遭受破坏，将难以恢复。

（2）水电工程建设。雅鲁藏布江及其主要支流上已建和在建的水电站有拉萨河直孔水电站、旁多水电站及巴河（尼洋河支流）老虎嘴水电站，这三座水电站建设地址均为黑斑原鮡产卵场。水电工程建设直接占据产卵场，改变了原有的生态环境，阻断了某些鱼类的洄游通道（沈红保和郭丽，2008），给黑斑原鮡种族繁衍造成直接危害，致使鱼类资源下降。

（3）外来鱼类入侵。目前在拉萨河所发现的绝大部分外来鱼类都喜欢静水环境，主要生活在河边与主河道连通的河汊、沼泽中，与黑斑原鮡生态位有所不同。然而它们与黑斑原鮡食物鱼类高原鳅存在生态位重叠，直接影响这些鱼类生长与繁衍，而外来鱼类中的鲤 *Cyprinus carpio*、鲫 *Carassius auratus* 等因体型侧扁、胸鳍和背鳍具有硬刺等特征，并不适合黑斑原鮡摄食。同时生活在河道两侧浅水区的外来鱼类不仅侵占幼鱼摄食场所，还可能摄食鱼卵和幼鱼，其危害将是无法估量的。

一些学者（蔡斌，1997；张春光和邢林，1996；次旺罗布，2010；陈锋和陈毅峰，2010）对西藏鱼类资源的保护与合理利用分别提出了建议，归纳起来主要为：①进一步建立和健全地方性渔业法规体系。在现有渔业保护措施的基础上，应进一步加强西藏地方渔业立法工作，使其适应西藏渔业发展。②加强渔业管理机构、管理队伍建设和渔政管理工作。西藏水域辽阔，一些水域交通不便，渔业生产已有了较大发展，需要有一个相应的渔业管理机构和队伍，以及相应的装备，以便对西藏鱼类资源的开发利用和保护在宏观上加强调控和管理。③加强对黑斑原鮡生物学和资源动态的研究，制定和实施科学的保护性利用措施。④发展鱼类养殖业。在合理利用天然鱼类资源的同时，要把发展鱼类养殖业放在重要位置。在城镇周围有养殖条件的水域，开展鱼类养殖，满足市场对水产品的需求。⑤保护渔业水域环境。随着西藏经济的发展、人口的增加，工业废水和生活污水排入天然水域后必将对鱼类生活、生存环境造成影响，环境保护和渔政管理部门要加强对渔业水质的监测工作，对任意排放污水的单位依法进行查处。

主要参考文献

蔡斌. 1997. 西藏鱼类资源及其合理利用. 中国渔业经济研究, 4: 38-40

陈锋, 陈毅峰. 2010. 拉萨河鱼类调查及保护. 水生生物学报, 34(2): 278-285

陈宜瑜, 陈毅峰, 刘焕章. 1996. 青藏高原动物地理群的划分和东部地区界限问题. 水生生物学报, 20(2): 97-103

陈宜瑜, 刘焕章. 1995. 生物地理学的研究进展. 生物学通报, 30(6): 1-4

成庆泰, 郑葆珊. 1987. 中国鱼类系统检索(上, 下册). 北京: 科学出版社

褚新洛, 郑葆珊, 戴定远. 1999. 中国动物志·硬骨鱼纲·鲇形目. 北京: 科学出版社

褚新洛. 1979. 鳠鮡鱼类的系统发育及演化谱系: 包括一新属和一新亚种的描述. 动物分类学报, 4(1): 72-82

次旺罗布. 2010. 传说中的圣地渔村——关于曲水县俊巴渔村渔业民俗民间传说的调查. 西藏大学学报, 25(专刊): 142-144

丁城志, 陈毅峰, 何德奎, 姚景龙, 陈锋. 2010. 雅鲁藏布江黑斑原鮡繁殖生物学研究. 水生生物学报, 34(4): 762-768

丁瑞华, 傅天佑, 叶妙荣. 1991. 中国鮡属鱼类二新种记述(鲇形目: 鮡科). 动物分类学报, 16(3): 369-374

丁瑞华. 2003. 我国西部及邻国的鮡属鱼类. 四川动物, 22(1): 27-28

郭宪光, 张耀光, 何舜平, 陈宜瑜. 2004. 16S rRNA 基因序列变异与中国鮡科鱼类系统发育. 科学通报, 49(14): 1371-1379

何舜平, 曹文宣, 陈宜瑜. 2001. 青藏高原的隆升与鳠鮡鱼类(鲇形目: 鮡科)的隔离分化. 中国科学(C 辑), 31(2): 185-192

何舜平. 1996. 云南黑鮡属鱼类 一新种(鲇形目: 鮡科). 动物分类学报, 21(3): 380-382

李恒, 龙春林. 1999. 高黎贡山鱼类区系和板块位移的生物效应. 云南植物研究, Suppl(XI): 21-130

李红敬, 刘鸿艳, 樊启学, 谢从新. 2008. 黑斑原鮡个体生殖力研究. 应用与环境生物学报, 14(4): 499-502

李思忠. 1981. 中国淡水鱼类的分布区划. 北京: 科学出版社: 45-66

李旭. 2006. 中国鲇形目鮡科鳠鮡群鱼类的系统发育及生物地理学分析. 昆明: 西南林学院硕士学位论文

林义浩. 2003. 广东纹胸鮡属鱼类一新种(鲇形目, 鮡科). 动物分类学报, 28(1): 159-162

洛桑, 旦增, 布多. 2011. 拉萨河鱼类资源现状与利用对策. 西藏大学学报(自然科学版), 26(2): 7-10

莫天培, 褚新洛. 1986. 中国纹胸鮡属 Glyptothorax Blyth 鱼类的分类整理. 动物学研究, 7(4): 339-350

任修海, 崔建勋, 余其兴. 1992. 黑斑原鮡的染色体组型及 NOR 单倍性. 遗传, 14(6): 10-12

沈红保, 郭丽. 2008. 西藏尼洋河鱼类组成调查与分析. 河北渔业, (5): 51-54

汪松, 解焱. 2009. 中国物种红色名录第二卷·上·鱼类和两栖类. 北京: 高等教育出版社

王伟, 陈默怡, 何舜平. 2003. 中国鮡科鱼类 RAPD 分析及鳠鮡鱼类单系性的初步研究. 水生生物学报, 27(1): 92-94

伍献文, 何名巨, 褚新洛. 1981. 西藏地区的鮡科鱼类. 海洋与湖沼, 12(1): 74-75

武云飞, 康斌, 门强, 吴翠珍. 1999. 西藏鱼类染色体多样性的研究. 动物学研究, 20(4): 258-264

武云飞, 谭齐佳. 1991. 青藏高原鱼类区系特征及其形成的地史原因分析. 动物学报, (2): 102-106

武云飞, 吴翠珍. 1991. 青藏高原鱼类. 成都: 四川科学技术出版社

西藏自治区水产局. 1995. 西藏鱼类及其资源. 北京: 中国农业出版社

余先觉, 周暾, 李渝成, 李康. 1989. 中国淡水鱼类染色体. 北京: 科学出版社: 161-163

张春光, 贺大为. 1997. 西藏的渔业资源. 生物学通报, 32(6): 9-10

张春光, 邢林. 1996. 西藏地区的鱼类及渔业区划. 自然资源学报, 11(2): 157-163

张春霖, 岳佐, 黄宏金. 1964. 西藏南部的鱼类. 动物学报, 16(2): 172-182

中国药用动物志协作组. 1983. 中国药用动物志(第二册). 天津: 天津科学技术出版社

中科院考古研究所, 西藏自治区文物局. 拉萨曲贡. 1999. 北京: 中国大百科全书出版社

周伟, 褚新洛. 1992. 鮡科褶鮡属鱼类一新种兼论其骨骼形态学的种间分化(鲇形目: 鮡科). 动物分类学报, 17(1): 110-115

周伟, 李旭, 杨颖. 2005. 中国鮡科鳠鮡群系统发育与地理分布格局研究进展. 动物学研究, 26(6): 673-679

周用武, 庞峻峰, 周伟, 张亚平, 张庆. 2007. 鮡科褶鮡属鱼类部分线粒体 DNA 序列分析与分子进化. 西南林学院学报, 27(3): 45-51

de Pinna M C C. 1996. A phylogenetic analysis of the Asian catfish families Sisoridae, Akysidae, and Amblycipitidae, with a hypothesis on the relationships of the Neotropical Aspredinidae (Teleostei: Ostariophysi). Fieldiana Zool (N S), 84(1-4): 1-83

Guo X G, He S P, Zhang Y G. 2007. Phylogenetic relationships of the Chinese sisorid catfishes: a nuclear intron versus mitochondrial gene approach. Hydrobiologia, 579: 55-68

Guo X G, He S P, Zhang Y G. 2005. Phylogeny and biogeography of Chinese sisorid catfishes re-examined using mitochondrial cytochrome *b* and 16S rRNA gene sequences. Mol Phylogenet Evol, 35: 344-362

He S P, Cao W X, Chen Y Y. 2001. The uplift of Qinghai-Xizang (Tibet) Plateau and the vicariance speciation of glyptosternoid fishes (Siluriformes: Sisoridae). Sc China (Series C), 44: 644-651

He S P. 1996. The phylogeny of the glyptosternoid fishes (Teleostei: Silurformes, Sisoridae). Cybium, 20(2): 115-159

Hora S L, Silas E G. 1952. Evolution and distribution of glyptosternoid fishes of the family Sisoridae (Order: Siluroidea). Proc Nat Inst Sci Indian, 18: 309-322

Hora S L. 1923. Note on fishes in the Indian's Museum.V.On the composite genus *Glyptosternum* McClelland. Rec Indian Mus, 25: 1-44

Kapoor D, Dayal R, Ponniah A G. 2002. Fish Biodiversity of India. New Delhi: National Bureau of Fish Genetic Resources Lucknow India: 1-775

Lloyd R E. 1908. Report on the fish collected in Tibet by Capt. F H Sterwart I M S. Rec Indian Mus, 2: 341-344

Nelson J S. 2006. Fishes of the World. 4th ed. New York: John Wiley and Sons: 172-173

Ng H H. 2006. A phylogenetic analysis of the Asian catfish family Sisoridae (Teleostei: Siluriformes), and the evolution of epidermal characters in the group. Michigan: University of Michigan Ph D dissertation

Peng Z G, He S P, Zhang Y G. 2004. Phylogenetic relationships of glyptosternoid fishes (Siluriformes: Sisoridae) inferred from mitochondrial cytochrome *b* gene sequences. Mol Phylogenet Evol, 31: 979-987

Peng Z G, Ho S Y W, Zhang Y G, He S P. 2006. Uplift of the Tibetan plateau: evidence from divergence times of glyptosternoid catfishes. Mol Phylogenet Evol, 39: 568-572

Regan C T. 1905. Descriptions of five new cyprinid fishes from Lhasa, Tibet, collected by Captain H J Waller. Am Mag Nat Hist, 1(7): 185-188

Talwar P K, Jhingran A G. 1991. Inland fishes of India and adjacent countries. Volume 2. A.A. Balkema, Rotterdam: 641-642

Walker K F, Yang H Z. 1999. Fish and fisheries in western China. FAO Fish Tech Pap, 385: 237-278

Zhou W, Zhou Y W. 2005. Phylogeny of the genus *Pseudecheneis* (Sisoridae) with an explanation of its distribution pattern. Zool Stud, 44: 417-433

第二章 年龄与生长

鱼类的生活史是指精卵结合直至衰老死亡的整个生命过程。根据鱼类在整个生命过程中的形态特征和生活习性，生命周期可以分为早期生活史（early life history of fish，ELHF）、幼鱼期、成鱼期、衰老期。ELHF 是鱼类生命周期中对外界环境变化最为敏感、死亡率最高的时期。

种群的年龄结构是鱼类生物学和生态学研究的基础，选择最佳年龄鉴定材料和确定年龄标志则是研究鱼类年龄结构和生长的基础。鱼类的生长是指鱼体体长和体重随时间变化的增长量，是保证物种与环境统一适应性的属性之一。西藏具有独特的自然环境，鱼类在生长上必然会表现出与其他地区鱼类不同的特点。本章通过对雅鲁藏布江黑斑原鮡的早期发育和种群生长的研究，揭示黑斑原鮡的生长特征，也为鱼类资源的合理保护和有效利用提供理论依据。

第一节 早期发育

一、受精卵

黑斑原鮡成熟卵呈圆形，淡黄色；不含油球；卵径 2.88～3.08 mm，平均（3.01±0.06）mm。受精卵遇水后吸水膨胀，卵周隙扩大，卵膜外径 4.78～5.44 mm，平均（5.06±0.22）mm，卵黄直径 2.76～2.91 mm，平均（2.85±0.05）mm；微黏性卵。

二、胚胎发育

（一）时序及形态特征

受精卵室内微流水孵化，流量约 0.1 m³/min，并用气泵补充氧气。孵化水温 11.8～15.8℃，黑斑原鮡胚胎发育从受精卵到出膜历时约 216 h。其过程分为胚盘形成、卵裂、囊胚、原肠、神经胚、器官形成和出膜 7 个阶段，每个阶段根据胚胎发育形态特征的变化划分为若干时期，共计 33 个时期（表 2-1）。因达到各发育期的时间存在个体差异，将 50%个体出现新的特征作为发育时期的划分标准。

1. 胚盘形成阶段

受精 2 h 59 min 后，动物极和植物极开始分化，动物极向上，植物极向下，卵黄向植物极集中，原生质向动物极集中并隆起形成颜色较深的胚盘，胚盘呈圆形，位于动物极中央，原生质流清晰，具有明显的放射纹。

表 2-1 黑斑原鲱的胚胎发育（水温 11.8～15.8℃）

Table 2-1 Embryonic development of catfish G. maculatum (water temperature 11.8 ~ 15.8℃)

发育期 embryonic development stage	水温 water temperature (℃)	距受精时间 time after fertilization (h-min)	主要特征 characteristics	图版 plate
胚盘形成阶段 blastoderm formation stage				
受精卵 fertilized egg	12	0	呈圆形，黏性沉性卵，淡黄色，卵质均匀，极性不明显	II-1-01
胚盘形成期 blastodisc phase	12	2-59	受精卵吸水膨胀，形成较大的卵周隙；动物极和植物极分化，原生质向动物极流动集中并隆起形成颜色较深的胚盘，卵黄向植物极流动；原生质流具有明显的放射纹	II-1-02
卵裂阶段 cleavage stage				
2 细胞期 2-cell Phase	12	5-34	细胞开始分裂，胚盘中间形成凹陷的分裂沟，胚盘分裂形成 2 个均等的细胞	II-1-03
4 细胞期 4-cell Phase	12	7-24	第二次分裂，分裂沟与第一次分裂沟垂直，形成大小相近，2×2 排列的 4 个细胞	II-1-04
8 细胞期 8-cell Phase	12	9-4	第三次分裂，出现两条分裂沟，与第一次分裂沟平行，形态大小相近，2×4 排列的 8 个细胞	II-1-05
16 细胞期 16-cell Phase	12.5	10-34	第四次分裂，出现两条和第二次分裂沟相平行的分裂沟，形成 4×4 排列的 16 个细胞，细胞在体积上开始出现差异，细胞排列较整齐	II-1-06
32 细胞期 32-cell Phase	12.5	12-14	第五次分裂，形成 32 细胞，细胞分裂出现不同步现象，细胞形态、体积出现差异	II-1-07
64 细胞期 64-cell Phase	12	13-54	第六次分裂，细胞分裂不同步，细胞形态、细胞排列无规律	II-1-08
多细胞期 multicellular phase	12	17-4	卵裂的速度加快，细胞越来越小，形态、体积差异小，排列无规律且无法数清楚细胞数目，细胞界限模糊，形成多细胞胚体	II-1-09
桑葚期 morula phase	11.8	20-34	细胞分裂不同步，细胞数目不断增加，细胞界限模糊，细胞体积显著变小，细胞层增厚隆起，形似桑葚	II-1-10
囊胚阶段 blastula stage				
囊胚早期 early blastula phase	12	23-44	细胞体积变得更小，数目更多，细胞界限模糊，细胞团高度增加，呈小丘状，高度约为卵黄径的 1/5	II-1-11
囊胚中期 mid blastula phase	12.5	30-54	细胞继续分裂，胚层开始向外扩展，胚层与卵黄芽界限明显，边缘变滑	II-1-12
囊胚晚期 late blastula phase	12.5	36-59	细胞界限完全模糊，胚层进一步下降，变薄，并开始向卵黄下包，胚层与卵黄连接面平滑；胚胎整体近圆形	II-1-13
原肠阶段 gastrula stage				
原肠早期 early gastrula phase	12.8	60-54	胚层沿卵黄四周扩展厚度均一，胚层内卷不明显，所以胚环不明显，胚层继续下包卵黄 1/3	II-1-14
原肠中期 mid gastrula phase	12	73-19	胚层下包达卵黄 1/2，卵黄侧扁，胚层下包过程中边缘细胞增多，形成明显的胚环，并且在背唇处逐渐形成胚盾	II-1-15
原肠晚期 late gastrula phase	12	75-44	胚盘下包大于 2/3，接近 3/4，胚盾向动物极发展，卵黄下端收缩，略呈倒梨形，胚体逐渐出现	II-1-16

续表

发育期 embryonic development stage	水温 water temperature (℃)	距受精时间 time after fertilization (h·min)	主要特征 characteristics	图版 plate
神经胚阶段 neurula stage				
神经胚期 neurula phase	12.5	80:34	胚层继续下包，仅剩下少许呈栓状的卵黄，胚盾中线中部内陷形成神经沟，胚体隆起并伸过动物极，神经管逐渐形成	II-1-17
肌节出现期 appearance of myomere phase	12.5	89:44	胚体中部偏前出现肌节2～3对，头部开始膨大隆起，脑泡原基出现	II-1-18
胚孔封闭期 closure of blastopore phase	12.3	94:49	胚孔封闭；胚体延长，环绕卵黄1/2周，尾部肥厚，神经板沿体轴形成，肌节增加至11～12对	II-1-19
器官形成阶段 organogenesis stage				
耳囊出现期 otic capsule phase	12.5	110:34	在胚体前端1/4处两侧出现一对椭圆形的耳囊，胚体略微伸长，环绕卵黄3/5周，脊索清晰，肌节20～22对	II-1-20
眼囊期 optic vesicle phase	13	121:48	在胚体头部前方两侧眼囊出现，呈椭圆形，尾芽尚未出现，肌节>24对	II-1-21
尾芽期 tail bud phase	13.3	127:04	尾端明显突出，游离于卵黄，即尾芽出现，胚体开始发生扭曲，呈"S"形，肌节>26对	II-1-22
肌肉效应期 muscular effect phase	13.5	134:54	胚体开始抽动，"S"形游离的尾部小幅摆动，频率4～10次/min，胚体继续伸长，近尾部卵黄突出现凹陷，肌节>30对	II-1-23
心脏原基期 heart rudiment phase	13.5	141:34	心脏原基出现，呈短管状，胚体扭动幅度加大，频率20～24次/min，胚体与卵黄分离部分约占整个胚体的1/3，肌节>32对	II-1-24
嗅板期 olfactory plate phase	14	147:54	胚体扭动频率29～35次/min；脑室分化为前中后三部，肌节>35对，胚体游离部分略伸长	
心脏搏动期 heart pulsation phase	14.5	155:24	心脏进一步发育，并开始有节律地跳动，心率56～60次/min，尚未观察到血液流动	II-1-25
耳石出现期 appearance of otolith phase	14.3	165:34	耳囊的半透明区域内隐约出现两个小黑点即耳石；胚体游离部分>1/2，肌节>40 ，胚体扭动频率31～36/min，胚体游离部分略伸长	II-1-26
嗅囊出现期 olfactory capsules phase	14.5	169:57	眼囊上前方出现椭圆囊状突起，为嗅囊；日即黄吸收明显，形成一定的凹陷缩褶；心率90～100次/min	II-1-27
血液循环期 blood circulation phase	14.5	173:44	心脏、躯干、尾部出现血液循环，血液半透明，无血细胞；心室心房分化，心脏收缩舒张明显，心率113～120次/min；心室开始出现搏动	II-1-28
眼晶体出现期 eye lens formation phase	15.2	182:28	眼囊中出现圆形、透明的晶体，心率120～130次/min，血液循环更加明显，血液仍为无色，头部开始出现血液循环环	II-1-29
尾鳍出现期 caudal fin phase	15.5	189:49	出现尾鳍褶；卵黄上居维氏管及分支血管出现，参与循环，心率112～120次/min	II-1-30
出膜前期（消化道形成期）pre-hatching phase	15.8	205:29	胚体尾部游离约占整个胚体的3/5；腹部消化道形成，肛门（肛凹）明显，心率114～120次/min；胚体扭动33～37次/min	II-1-31
出膜期 hatching phase	15.5	216:14	胚胎头部将卵膜顶破，随尾部不停地摆动，身体逐渐出来，所用时间同短暂	II-1-32

2. 卵裂阶段

本阶段从胚盘开始分裂为 2 细胞，经过一再分裂到细胞界限模糊，细胞团高度增加至呈小丘状。水温 12～12.5℃，从受精后 5 h 34 min 到受精后 20 h 34 min，共经历 15 h（表 2-1，图版Ⅱ-1-03）。

3. 囊胚阶段

本阶段从细胞层增厚隆起，形似桑葚，发育至胚层下降、变薄，开始向卵黄下包，胚层与卵黄连接面平滑。水温 12～12.5℃，从受精后 20 h 34 min 到受精后 60 h 54 min，共经历 40 h 20 min（表 2-1，图版Ⅱ-1-11）。

4. 原肠阶段

本阶段从胚层开始下包，发育至胚盾向动物极发展，卵黄下端收缩，略呈倒梨形，胚体雏形渐渐出现。水温 12～12.8℃，从受精后 60 h 54 min 到受精后 80 h 34 min，共历时 19 h 40 min（表 2-1，图版Ⅱ-1-14）。

5. 神经胚阶段

本阶段从开始出现胚体雏形，发育至神经板沿体轴形成，肌节从背部向尾部方向增加，11～12 对。水温 12.3～12.5℃，从受精后 80 h 34 min 到受精后 110 h 34 min，共历时 30 h（表 2-1，图Ⅱ-1-17）。

6. 器官形成阶段

本阶段从开始出现耳囊，发育至全部器官基本形成，胚体肌节数＞40 对，胚体扭动频率 33～37 次/min。水温 12.5～15.8℃，从受精后 110 h 34 min 到受精后 205 h 29 min，共历时约 96 h（表 2-1，图版Ⅱ-1-20）。

7. 出膜阶段

受精后约 209 h，开始进入出膜阶段，至 216 h 14 min 出膜完毕，整个出膜历时约 7 h。出膜时，胚胎头部将卵膜顶破，随着尾部不停地摆动，身体破膜而出，所用时间短暂。出膜的仔鱼静息水底，尾部不停地摆动，能靠尾部摆动正卧或原地转圈。极个别尾部先出来，但因出膜时间拖得太长容易死亡。

（二）胚胎发育的有效积温

孵化过程每个阶段的积温是本阶段的平均温度和该阶段所持续时间的乘积，根据公式 $K = NT$（K，有效积温；N，某一发育阶段所经历的时间；T，发育阶段平均水温）计算黑斑原鮡孵化过程每个阶段的有效积温。某一批次黑斑原鮡胚胎发育各阶段有效积温见表 2-2。

黑斑原鮡孵化过程的有效总积温为各个阶段的有效积温之和，经过多批次试验观察纪录，计算得黑斑原鮡胚胎发育的有效积温为 2952.41～3258.09 h·℃。

表 2-2　黑斑原鮡胚胎发育各阶段的有效积温

Table 2-2　Effective accumulated temperature of *G. maculatum* at different stages of embryonic development

发育期 development stage	所经历时间（h） experimental time	平均温度（℃） average temperature	有效积温（h·℃） effective accumulated temperature
受精卵 fertilized egg	2.98	12.0	35.76
胚盘形成阶段 blastoderm formation stage	2.58	12.0	30.96
卵裂阶段 cleavage stage	15.00	12.1	182.1
囊胚阶段 blastula stage	40.33	12.2	492.03
原肠阶段 gastrula stage	19.67	12.3	241.35
神经胚阶段 neurula stage	14.25	12.4	177.13
器官形成阶段 organogenesis stage	118.42	14.2	1676.83
出膜期 hatching stage	7.50	15.5	116.25

三、仔稚鱼的发育

（一）仔鱼前期

　　刚出膜仔鱼全长 7.55～8.28 mm，平均（7.89±0.23）mm，此时仔鱼为内源营养期。出膜后 4 h 30 min，仔鱼心脏中出现红色，血细胞形成，但在血管中红色不明显，心率 120～130 次/min；在上颌须后下方出现一对突起，为第一下颌须；耳囊后下方胸鳍出现，呈月牙状；此时鳃盖也已形成，鳃盖后缘游离，上下颌形成，口未开，只有很小的凹陷（图版Ⅱ-2-01）。

　　出膜后 12 h 10 min，眼囊内出现零星的点状黑色素；血管中可以观察到红色，心率 120～130 次/min。出膜后 28 h 10 min，眼色素增多，从眼上缘开始向下覆盖，在眼囊上部形成月牙状；心脏前移到头前部下方；耳囊前移；尾椎开始上翘；仔鱼静卧池底，尾部不停地摆动，在刺激的情况下可以平游（图版Ⅱ-2-02）。

　　3～4 d 龄，仔鱼全长 9.55～9.90 mm，平均 9.71 mm，在第一下颌须前方内侧出现一对突起，为第二下颌须；口裂清晰，下颌微微合动，消化道前后贯通；鳃弓 4 对，且有血液流过进行鳃循环；仔鱼血液呈淡红色，分支血管清晰，心率 125～136 次/min；胸鳍增大并且上翘，尚未出现鳍条骨，尾鳍宽大；头部前方鼻囊出现凹陷即鼻孔出现；卵黄上出现零星点状的黑色素；仔鱼集群现象明显且具有避光性，聚集在角落里或石头下面（图版Ⅱ-2-03～04）。

　　5～6 d 龄，仔鱼全长 9.68～10.64 mm，平均 1.38 mm，鳃部血液流动明显，鳃弓上出现突起，鳃丝逐渐形成；仔鱼头部出现零星的稀疏的体色素，卵黄明显减小，呈长椭圆形且色素增加；上颌须、第一下颌须明显增长；胸鳍呈明显扇形，且有血液流动；仔鱼可以上下游动，游动迅速，活力很强（图版Ⅱ-2-05）。

（二）仔鱼期

　　7 d 龄，仔鱼开始摄食外界食物，同时消耗卵黄作为营养物质，仔鱼进入混合营养期。

仔鱼体形与成鱼有一定差异，器官发育不完善，是内源营养期向外源营养期过渡的时期。

7～8 d龄，仔鱼全长 10.41～10.93 mm，平均 10.73 mm，仔鱼背部出现色素；耳囊变大且可以清晰地看到其中管状结构；鳃丝增多加长，血液循环清晰；消化道有血液循环，并且其中有淡绿色的内含物，出现粪便的排泄；上颌须出现血液循环，仔鱼心率 118～125 次/min（图版Ⅱ-2-06）。

9～10 d龄，仔鱼全长 10.76～11.90 mm，平均 11.31 mm，仔鱼尾鳍出现 5～8 枚放射状的鳍条骨，胸鳍出现 4～5 枚鳍条骨；鼻孔清晰呈"∞"形，"∞"中间处鼻须出现；在胸鳍上方耳囊后方肝脏出现（解剖观察为土肝）；尾鳍出现星芒状的黑色素；消化道出现皱褶，吸收面积增大（图版Ⅱ-2-07）。

11～12 d龄，仔鱼全长 11.80～12.78 mm，平均 12.33 mm，胸鳍鳍条骨增至 7～9 枚（达到成鱼数目），尾鳍鳍条骨增至 13～14 枚；背部鳍褶出现凹陷，背鳍和脂鳍开始分化；消化道有明显的食物团；背部、尾部色素明显增多；卵黄继续减小呈狭长状。第一下颌须出现血液循环；仔鱼心率 116～124 次/min（图版Ⅱ-2-08）。

15 d龄，仔鱼全长 13.46～14.83 mm，平均 13.98 mm，上、下颌齿出现；鳃丝继续增多；胸鳍继续增大且基部出现色素，背鳍出现鳍条骨 3～4 枚；尾鳍鳍条骨 17～18 枚；胸鳍、尾鳍外缘呈波状；肛门后方臀鳍开始分化，鳍条骨 3～4 枚；上颌须有色素出现。消化道上形成膨大的胃，肠道出现第一次大的弯曲；肝脏明显（图版Ⅱ-2-09）。

17 d龄，仔鱼全长 14.60～15.48 mm，平均 15.02 mm，颌齿增多呈带状；背鳍、脂鳍有色素出现；背鳍鳍条骨 6～7 枚，臀鳍鳍条骨 7～8 枚；胸鳍鳍条骨 8～9 枚，尾鳍鳍条骨 17～19 枚；肛门前方卵黄后方腹鳍形成，呈半圆状；第一下颌须色素出现；第二下颌须、鼻须开始有血液循环（图版Ⅱ-2-10）。

21 d龄，仔鱼全长 14.74～15.74 mm，平均 15.44 mm，鼻须显著增长且有色素出现，第二下颌须有少量色素出现，背鳍、臀鳍、尾鳍、胸鳍血液循环清晰；背鳍、臀鳍外缘呈波状；鱼体色素增多，背面观呈黑色。

24 d龄，仔鱼全长 15.67～16.29 mm，平均 15.97 mm，仔鱼卵黄耗尽；肠道出现第二次大盘曲；腹鳍增大（图版Ⅱ-2-11～12）。

（三）稚鱼期

稚鱼完全从外界获取营养物质，器官分化逐渐完善，外形向成鱼外形过渡。27 d龄，全长 16.01～16.84 mm，平均 16.38 mm，腹鳍鳍条骨出现，4～5 枚；除腹鳍外，其余各鳍基本布满色素。

30 d龄，全长 16.46～17.65 mm，平均 16.91 mm，4 对须基本布满色素，各鳍分化逐渐完善。

四、早期发育特点及对环境的适应

（一）早期发育特点

研究表明，黑斑原鮡早期发育过程与其他鱼类有诸多不同之处。表 2-3 和表 2-4 比较了黑斑原鮡与苏氏圆腹芒 *Pangasius sutchi*、大鳍鳠 *Mystus macropterus*、胡子鲶 *Clarias*

表 2-3 黑斑原鮡与其他鲇形目鱼类胚胎发育特点比较

Table 2-3 Comparison of the embryonic developmental characteristics among *G. maculatum* and other Siluriformes fishes

	鮡科 Sisoridae		鮰科 Ictaluridae	鲿科 Pangasidae	鲿科 Bagridae	胡子鲇科 Clariidae	鲇科 Siluridae
	黑斑原鮡 *G. maculatum*	福建纹胸鮡 *Gl. fukiensis fukiensis*	斑点叉尾鮰 *I. punctatus*	苏氏圆腹鲿 *P. sutchi*	大鳍鳠 *M. macropterus*	胡子鲇 *C. fuscus*	南方鲇 *S. meridionalis*
卵色	淡黄色	淡绿色	橘黄色	淡黄绿色	橙黄色	橙或黄绿色	橙黄色
黏性	弱	强	较强	较强	弱	较强	较强
卵径（mm）	2.88~3.0	1.3~1.8	长径：3.481~3.493 短径：3.1071~3.127	长径：0.916~0.992 短径：0.902~0.96	长径：2.8~3.2 短径：2.50~2.80	1.7~1.9	1.878~2.250
吸水膨胀后卵径（mm）	4.78~5.44	3.0~3.6	4.584	1.122~1.192	3.5~3.8	1.9~2.1	2.902~3.346
肌节出现时间	胚孔封闭前	胚孔封闭后	胚孔封闭前	胚孔封闭前	胚孔封闭前	胚孔封闭前	胚孔封闭前
色素出现时间	孵化后 12 h 10 min	孵化前 12 h	孵化前 61 h 10 min	孵化后 7 h 50 min	孵化前 6 h	孵化后 14 h	孵化后 3 d
消化道出现时间	出膜前	出膜后	出膜前	出膜前	出膜后	出膜后	出膜前
出膜方式	多以头部破膜脱出	多以尾部破膜脱出	多以头部破膜脱出	以尾部破膜脱出	多以尾部破膜脱出	以腹部卵黄囊破膜脱出	以尾部破膜脱出
出膜时发育阶段	消化道出现后	色素出现后	胸鳍原基形成后	血液循环期后	色素出现后	心脏搏动期后	心脏搏动期后
胚胎发育经历时间	216 h 14 min	115 h 50 min	146 h 56 min	22 h 51 min	50 h 57 min	28 h 25 min	53 h 25 min
胚胎发育水温（℃）	11.8~15.8	15.6~18.5	25.5~29.0	26.5~31.5	26.5~31.5	28.5~31.0	16.5~18.5

表 2-4 黑斑原鮡与其他鮡形目鱼类幼鱼发育特点比较

Table 2-4 Comparison of the larval developmental characteristics among *G. maculatum* and other Siluriformes fishes

	鮡科 Sisoridae		鲴科 Ictaluridae	𩷶科 Pangasidae	鲿科 Bagridae	胡子鲇科 Clariidae	鲇科 Siluridae
	黑斑原鮡 *G. maculatum*	福建纹胸鮡 *Gl. fukiensis fukiensis*	斑点叉尾鲴 *I. puctatus*	苏氏圆腹𩷶 *P. sutchi*	大鳍鳠 *M. macropterus*	胡子鲇 *C. fuscus*	南方鲇 *S. meridionalis*
出膜仔鱼全长 (mm)	7.55~8.28	4.4~5.0	7.89~8.13	2.923	7.0~8.0	4.8~5.1	5.0~7.05
出膜仔鱼肌节数	>40	40~41	48~49	38~40	51	53~54	44~46
仔鱼开始摄食时间 (d)	7	6	4	2	5~6	3	10
仔鱼开始摄食时全长 (mm)	10.41~10.93	6.2~7.0	14.8~14.95	5.86~6.42	11.4	7.8~9.5	11.3~12.8
腹鳍出现时间 (d)	17	25	3	3	4	3	15
腹鳍出现时仔鱼全长 (mm)	14.60~15.48	10.5~11.4	14.1~14.3	7.02~7.48	10.5	7.8~9.5	15.6~18.1
卵黄耗尽时间 (d)	24	12	5.5	2.5~3	11~12	3	11
卵黄耗尽时全长 (mm)	15.67~16.29	7.8~8.6	15.8~15.83	6.58~6.72	18.4	7.8~9.5	12.5~15.3
发育水温 (℃)	14.5~16	14.0~27.5	23.5~27.0	25.5~29	26~29	27~31.5	14~21

注：d，出膜后天数

Note: d, days after hatching

fuscus 和南方鲇 *Silurus meridionalis* 等其他鲇形目鱼类胚胎和幼鱼的发育特点。从中可以看出，黑斑原鮡早期发育过程和特征与大多数鲇形目鱼类相似，但也表现出种的特异性，主要表现在以下方面。

（1）胚孔封闭时肌节达 11～12 对，而斑点叉尾鮰 *Ictalurus punctatus*、福建纹胸鮡和长臂鮠 *Cranoglanis bouderius bouderius* 在胚孔封闭后肌节出现。

（2）与多数鲇形目鱼类不同，器官形成阶段一直未见尾泡的形成。

（3）出膜仔鱼具有避光性，且集群现象明显，聚集在角落里或石头下面，与黄颡鱼 *Pelteobagrus fulvidraco*、福建纹胸鮡相似。

（4）仔鱼开始摄食时间为出膜后 7 d，卵黄耗尽时间为出膜后 24 d，混合营养期长达 17 d，是鲇形目鱼类中混合营养期最长的种类。

（二）早期发育与环境适应性

雅鲁藏布江常年水温 1～16℃，黑斑原鮡繁殖季节的 5～6 月水温为 11～15℃，常年的低温不仅使胚胎和仔鱼发育较慢，还导致水体中饵料生物贫乏。根据作者在谢通门江段不同采样点的调查，适于黑斑原鮡仔鱼摄食的周丛生物夏季生物量最高为 55.85 mg/m²，最低仅 2.69 mg/m²，平均为 24.18 mg/m²，这意味着仔鱼孵出后，面临食物短缺（参见第三章第一节）。

黑斑原鮡成熟卵呈圆形，淡黄色，微黏性，平均直径 3.01 mm（2.88～3.08 mm）。受精卵吸水膨胀后，卵膜平均外径 5.06 mm（4.78～5.44 mm），平均体积为 67.83 mm³；卵黄平均直径 2.85 mm（2.76～2.91 mm），平均体积为 12.12 mm³；前者直径和体积分别为后者的 1.78 倍和 5.60 倍。出膜仔鱼全长达 7.55～8.28 mm，混合营养期长达 17 d。

黑斑原鮡为鲇形目中卵最大的种类之一，与鲇 *Silurus asotus*（4.05～5.57 mm）（魏刚和罗学成，1994）相当，但远大于鲇形目其他种类（苏良栋等，1985；谢小军，1986；王令玲等，1989；张耀光等，1991）。人工孵化期间，在微流水条件下，受精卵沉入悬挂在水泥池中的小网箱底部，但只要稍微搅动或改变水流方向，静卧箱底的受精卵便产生移动。在自然条件下，卵周隙小有利于布卵，微黏性则是为了黏附微小颗粒，增加卵的重量，这些特点不仅有利于将受精卵传播到周围石头缝隙中，避免受精卵堆积在一起，同时有利于消除水流的影响，是对产卵生态环境的适应。

黑斑原鮡繁殖力较小，个体绝对繁殖力 141～2162 粒，采取的是"以质取胜"的繁殖策略。卵大，卵黄也大，意味着营养丰富。大卵的卵黄虽然可能降低初孵仔鱼活动能力，但会延长从内源转向外源营养的时间，一般在较低温度条件下，孵化期长、代谢率低，对大卵有利；相反，在较高温度条件下，孵化期短、代谢率高，对小卵有利。黑斑原鮡仔鱼孵化后 7 d 开始摄食，24 d 龄卵黄吸收完毕，混合营养期长达 14 d。前面述及雅鲁藏布江水温低，仔鱼发育缓慢，各个器官特别是消化和摄食器官从开始发育到功能完善需要一个较长的过程，加之外界食物特别贫乏，食物的可得性差。延长混合营养期的生态学意义在于有利于仔鱼建立初次摄食、生长、逃避敌害和提高成活率。

不同鱼类卵发育的水温范围不同。一般这一范围不会超越产卵季节和场所的水温变幅，否则会引起发育停滞、异常或死亡。卵的发育速率受水温影响最大，一般在许可的温度范围内，发育时间随水温降低而延长，随水温上升而缩短。孵化期水温能影响仔胚的体长、卵黄囊大小、肌节、色素沉着和上、下颌的分化。例如，许多鱼类仔胚的体长随孵化期水温下降而增加，而较长的身体对初孵仔鱼的运动是有利的。因此，最适孵化水温，不仅要考虑发育速率，还要考虑初孵仔鱼器官发育和健康程度。2004～2010 年，进行了 20 余批次的受精卵孵化和仔鱼培育试验，水温在 11～17℃变化。观察结果表明，水温如果较长时间超过 16.0℃将引起胚胎和仔鱼大量死亡，建议孵化水温控制在 13.0～15.5℃。

不同鱼类要求的光照条件不同。有些鱼类的卵和仔鱼适宜在光线差的深水层，抑或在极黑暗的底质内避光发育，加强光照往往会延缓甚至破坏它们的发育。黑斑原鲱为底栖鱼类，视觉退化，在早期发育过程中，晶体不发达。上颌须在出膜之前便已出现，出膜后 4 对须发育迅速，进入外源性营养阶段后，触觉灵敏，弥补了视觉的不足。仔鱼在具有运动能力后开始集群，藏匿在放置的石块阴影下，表明了营底栖生活的黑斑原鲱早期发育对环境的适应性。因此仔稚鱼培育期间应为其提供必要的庇护场所。

第二节　年　　龄

2004 年 5～9 月和 2005 年 4～5 月，在西藏雅鲁藏布江中游林芝至日喀则段干流及支流拉萨河和尼洋河，用刺网随机采集黑斑原鲱220 尾。取耳石、鳃盖骨和脑颅后第 5～10 枚脊椎骨作为年龄鉴定材料。

一、年轮特征

（一）鳃盖骨

黑斑原鲱19%的鳃盖骨没有完整的年轮结构，仅在骨片的局部区域看到有明暗相间排列的轮纹，轮纹向两嵴端延伸并逐渐变得模糊（图版Ⅱ-3-1）。其余81%的鳃盖骨可见明暗相间的轮纹。轮纹特征有三大类：①明带、暗带条纹均较宽，由鳃盖骨生长中心向外呈均匀的相间排列，年轮清晰可见，轮纹向两侧延伸几达嵴部（图版Ⅱ-3-2）；②明带、暗带均较窄，呈均匀的相间排列，明带稍稍隆起，隆起的外缘即为年轮，年轮清晰可见（图版Ⅱ-3-3）；③明带、暗带不完整，走向不规律，带宽变化幅度大，局部区域明带、暗带有交叉重叠现象，给年轮判读带来了困难（图版Ⅱ-3-4）。

鳃盖骨上的明、暗相间的轮纹一般呈"C"字形排列，有些呈"S"形，少部分走向不规则；近生长中心处的 1～2 轮及最外缘的年轮多呈现不连续状结构，这些都干扰了正常年轮的观察。此外，有些明带中有细小的暗条纹，暗带中也可看到细小的明带条纹，这些干扰条纹的多少没有规律可循，从而也增加了年轮识别的难度。

（二）脊椎骨

反射光下，脊椎骨中心核部位颜色浅淡，围绕中心核的周围间隔排列着透明的亮带和不透明的暗带，形成近似同心圆状的一条条环带，相邻的明带与暗带构成年轮；多数脊椎骨明带与暗带较明显，年轮清晰（图版Ⅱ-3-5）。多数年轮的明带、暗带的轮纹宽度

表 2-7 黑斑原鮡耳石、脊椎骨和鳃盖骨年龄鉴定的吻合率

Table 2-7 Percent agreements of estimated age among otolith，opercula and vertebrae for *G. maculatum*

年龄 age	脊椎骨/耳石 vertebrae/otolith		脊椎骨/鳃盖骨 vertebrae/opercula		耳石/鳃盖骨 otolith/opercula	
	吻合率 percent（%）	样本数 sample size	吻合率 percent（%）	样本数 sample size	吻合率 percent（%）	样本数 sample size
3	0.00	1/0	0.00	1/0	0.00	0/0
4	71.43	7/5	28.75	7/2	37.50	8/3
5	57.89	19/11	68.42	19/13	60.87	23/14
6	58.00	50/29	62.00	50/31	64.52	62/40
7	58.93	56/33	39.29	56/22	53.33	60/32
8	38.46	26/10	30.77	26/8	45.00	20/9
9	36.36	11/4	27.27	11/3	62.50	8/5
10	50.00	6/3	50.00	6/3	42.86	7/3
11	21.43	14/3	28.57	14/4	50.00	4/2
12	33.33	3/1	0.00	3/0	0.00	1/0
总和 total		193/99		193/86		193/108

作出过于乐观的估计，造成对资源的过度开发。

除了利用耳石轮纹外，也有用耳石重量来鉴定年龄的（宋昭彬和曹文宣，2001；沈建忠等，2002；Worthington and Dohorty，1995）。此外，Allen 等（1999）使用离子交换分离技术和光谱分析法测定了耳石中同位素 Ra^{226} 来观察高龄鱼类耳石上的年轮。Baker 等（2001）通过测定耳石中放射性同位素 Ra 与 Pb 的量来确定年龄。整体上，国外学者在鉴定鱼类年龄时大多采用矢耳石，少数采用微耳石和星耳石（Stevenson and Campana，1992）。

Hans Hederstrom 最早采用脊椎骨鉴定鱼类年龄（殷名称，1995）。目前，许多学者都选用脊椎骨作为鱼类年龄的鉴定材料（Brown and Gruber，1988）。谢小军（1986）指出脊椎骨是鲇类年龄和生长研究的好材料。马骏（1991）在研究黄颡鱼的生物学时，分别观察了复合神经棘和脊椎骨上的年轮特征，认为在准确判别脊椎骨上年轮的情况下，两者的吻合率达 100%。Menon（1986）用胸鳍棘、脊椎骨和鳃盖骨上的年轮标志数退算了一种海鲇 *Tachysurus thalassinus* 的各龄体长，其结果无明显差异。Clay（1982）对黄边胡鲇 *Clarias gariepinus* 的脊椎骨、胸鳍棘、背鳍棘和体长频度分析的比较结果显示，体长频度分析与脊椎骨鉴定的年龄相吻合。Appelget 和 Smith（1951）、吴清江（1975）、Smith（1984）、Prince 等（1985）和谢小军（1986）等用脊椎骨研究鱼类的年龄和生长，均取得了理想的结果。不同鱼类，其年轮在不同脊椎骨上的清晰程度不同，所以首先应确定所采取脊椎骨的位置，一般取脑后第 3～10 个脊椎骨。国内学者用鳃盖骨较好地研究了鳜 *Siniperca chuatsi* 的年龄（蒋一珪，1959）。陈焜慈等（1999）用鳃盖骨鉴定了斑鳠 *Mystus guttatus* 的年龄，指出鳃盖骨上年轮排列较有规律，生长中心明确，便于测量

轮径,是作为鉴定斑鳜年龄的上佳材料。对于鳜和鲈 *Lateolabrax japonicus* 等鳃盖骨较薄的鱼类,因其鳃盖骨取材方便,甚至可以直接用肉眼观察年轮,而受到一些鱼类学工作者的青睐。有些鱼类的鳃盖骨较厚,不仅打磨困难,而且较难确定生长中心,直接影响到生长退算的准确性。

叶富良等(1994)、张健东(2002)等用支鳍骨鉴定鱼类的年龄,Cass 和 Beamish(1983)及吴立新等(1996)用鳍棘对鱼类的年龄与生长进行了研究,均取得了理想的结果。陈康贵等(2002)对用胸鳍棘鉴定鱼类年龄的方法进行技术改进,提出了简易脱钙切片法,使组织切片法更简便快捷。还有用舌骨(杨明生,1997)、匙骨(Casselman,1990)等其他钙化组织进行年龄鉴定的。最近,Blunh 和 Brey(2001)还通过自动荧光镜分析了脂褐质的浓度,利用脂褐质浓度的频率分布图推断鱼类的年龄。

大量的研究表明,不同鱼类适合鉴定年龄的材料是不同的。多数学者认为,几种年龄材料中,鳞片只适用于生长较快的低龄鱼的年龄鉴定,它通常低估高龄和生长缓慢个体的年龄,其准确度和精确度要比耳石、鳃盖骨、脊椎骨、鳍条和匙骨差(Welch et al.,1993)。而鉴定生长缓慢的高龄鱼,耳石比鳞片和鳍条更容易、更准确。脊椎骨虽然轮纹比较清晰,但取材不方便;鳃盖骨由于重吸收等,难以确定起始轮。因此,对于那些前人没有研究过的鱼类,在研究其年龄结构和生长之前,对不同年龄鉴定材料进行比较研究,从中找出最佳年龄鉴定材料是非常必要的。

一些学者对斑点叉尾鮰(Appelget and Smith,1951)、长吻鮠 *Leiocassis longirostris*(吴清江,1975)、南方鲇(谢小军,1986)、瓦氏黄颡鱼 *P. vachelli*(段中华和孙建贻,1999)的研究证明了脊椎骨作为鲇形目鱼类年龄鉴定材料的可靠性。本文从黑斑原鲵脊椎骨、耳石和鳃盖骨 3 种材料年龄鉴定能力、吻合率等结果综合考虑,筛选出脊椎骨作为年龄鉴定材料。由脊椎骨鉴定的各龄的退算体长与实测体长较为接近,证明用脊椎骨鉴定年龄是可信的。

第三节　渔获物组成

2004 年 5～9 月和 2005 年 4～5 月,在西藏雅鲁藏布江中游林芝至日喀则段干流及支流拉萨河和尼洋河,用刺网随机采集黑斑原鲵220 尾,其中雄性个体77 尾,雌性个体128 尾,未知雌雄15 尾。

渔获物体长 115.0～320.0 mm,平均全长为(193.41±36.15)mm;体重 16.3～373.7 g,平均体重为(91.67±60.01)g;年龄 3～13 龄,其中 5 龄、6 龄和 7 龄分别占 22.44%、35.61% 和 20.97%。

雌性个体全长为 115.0～270 mm,平均全长为(191.06±25.96)mm;体重为 16.3～233.9 g,平均体重为(70.4±36.37)g;年龄为 3～13 龄,5 龄、6 龄和 7 龄分别占 20%、24.39%和 9.75%。

雄性个体全长为 147.0～320.0 mm,平均全长(228.32±37.87)mm;体重为 31.1～373.7 g,平均体重为(126.8±73.87)g;年龄为 3～13 龄,5 龄、6 龄和 7 龄分别占 2.43%、11.21%和 11.21%(图 2-1)。

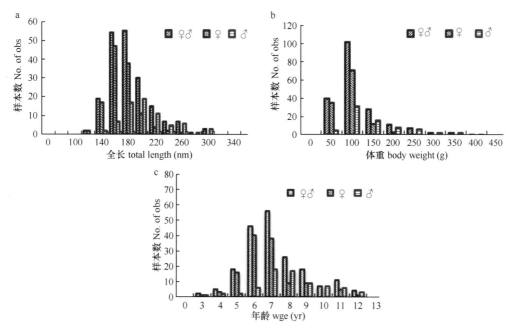

图 2-1　2004 年雅鲁藏布江黑斑原鲱雌雄个体的全长（a）、体重（b）和年龄（c）分布
Fig. 2-1　The frequency distribution of total length（a），body weight（b）and age（c）of
G. maculatum collected from the Yarlung Zangbo River in 2004

第四节　生　长　特　征

一、全长和体重的关系

以实测全长和实测体重数据（$n_♀ = 128$，$n_♂ = 77$）作散点图（图 2-2），体重与全长均呈幂函数关系，拟合得到黑斑原鲱雌雄的全长与体重回归方程为

$$W_♀ = 5×10^{-6} L^{3.142} \quad （R^2 = 0.9638）$$

$$W_♂ = 5×10^{-6} L^{3.147} \quad （R^2 = 0.9742）$$

经检验，雌雄的全长和体重关系存在显著性差异（$F = 1.4193$，$P < 0.01$）。b 值是反映鱼类在不同阶段和环境中生长的特征参数，用 Pauly 的 t^2 检验法检验全长与体重回归方程的幂指 b 值与 3 之间的差异，雌性 $t = 1.8829$，雄性 $t = 1.7963$，均小于 $t_{0.05} = 1.96$，表明黑斑原鲱雌雄个体均为等速生长。

二、脊椎骨半径与全长的关系

选用线性、乘幂、指数及对数等 4 种回归模型，分别对雌雄样本脊椎骨轮径与体长进行回归，雌雄样本间显著不同（ANCOVA，$P < 0.05$），4 种模型中，线性回归的相关系数最大（表 2-8），因此选用线性方程来拟合脊椎骨半径和体长的关系（图 2-3），得出黑斑原鲱的退算体长方程为

$$L_♀ = 97.173 R_c + 29.068 \quad （R^2 = 0.8790）$$

$$L_♂ = 107.88 R_c + 13.402 \quad （R^2 = 0.9612）$$

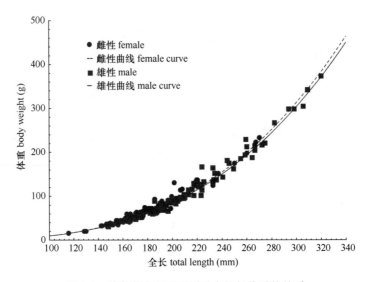

图 2-2　雅鲁藏布江黑斑原鮡全长与体重的关系

Fig. 2-2　Total length-body weight relationships of *G. maculatum* in the Yarlung Zangbo River

表 2-8　2004 年雅鲁藏布江黑斑原鮡脊椎骨半径与全长的相关系数

Table 2-8　Correlation coeffecient of the relationships between total length and vertebra radius for male and female *G. maculatum* collected from the Yarlung Zangbo River in 2004

性别　sex	线性 linear	乘幂 power	对数 logarithmic	指数 polynomial
雌性　female	0.8790	0.8552	0.8455	0.8599
雄性　male	0.9612	0.9535	0.9355	0.9516

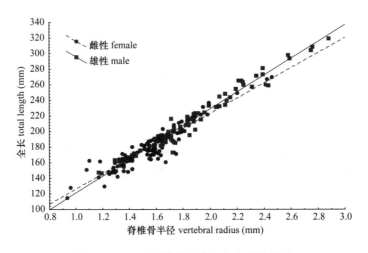

图 2-3　黑斑原鮡脊椎骨半径与全长的关系

Fig. 2-3　Relationships between the total length（TL）and the vertebral radius（R）of *G. maculatum*

　　根据脊椎骨半径与全长的关系式，退算出黑斑原鮡各龄的全长（表 2-9）。χ^2 检验表明，全长的退算值和实测值之间无显著性差异（♀：$\chi^2 = 4.202\,106$，d$f = 9$，$P < 0.897\,612$；♂：$\chi^2 = 1.094\,411$，d$f = 10$，$P < 0.999\,740$）。

表 2-9　雅鲁藏布江黑斑原鮡各龄退算全长

Table 2-9　Backed-calculated total length (TL) of *G. maculatum* collected from the Yarlung Zangbo River

注：此表为"退算全长 back-calculated total length at age (mm)"矩阵，对角线上方为雄性（♂），对角线下方为雌性（♀）。以下按性别分列重建。

雄性 ♂（实测值 observed / 退算全长 back-calculated TL at age）

年龄 age	n	平均 mean	1	2	3	4	5	6	7	8	9	10	11	12	13
13	1	320.0	54.08	85.06	119.25	145.06	173.76	197.76	221.61	243.14	265.98	282.64	297.99	313.67	319.78
12	2	311.5	54.39	98.63	111.57	148.25	175.22	202.19	228.08	255.05	270.16	286.34	299.28	314.38	—
11	2	302.0	56.55	91.08	115.88	138.54	174.14	191.40	211.9	230.24	269.08	282.02	297.12	—	—
10	2	288.8	51.16	86.76	124.52	139.62	160.12	193.56	212.98	238.87	260.44	284.18	—	—	—
9	8	272.0	46.84	81.37	125.59	148.25	163.35	200.03	223.76	249.66	266.92	—	—	—	—
8	9	252.5	55.48	75.97	106.18	147.17	173.06	197.88	215.13	244.26	—	—	—	—	—
7	23	227.2	60.87	96.47	133.15	138.54	176.30	201.13	230.24	—	—	—	—	—	—
6	23	201.3	55.48	83.52	122.36	147.17	170.91	195.72	—	—	—	—	—	—	—
5	5	176.4	50.08	83.52	115.89	146.09	178.46	—	—	—	—	—	—	—	—
4	1	151.0	55.48	86.76	114.81	141.78	—	—	—	—	—	—	—	—	—
3	1	119.0	50.08	93.23	116.97	—	—	—	—	—	—	—	—	—	—

雌性 ♀（实测值 observed / 退算全长 back-calculated TL at age）

实测值 年龄 age	n	平均 mean	1	2	3	4	5	6	7	8	9	10	11	12
1	—	—	—											
2	—	—												
3	1	115.0	54.33	93.20	119.43									
4	5	142.8	68.91	90.29	136.93	127.21								
5	41	168.9	66.97	93.20	105.84	159.28	164.14							
6	50	192.2	66.97	92.23	130.13	146.64	160.25	198.96						
7	20	218.3	64.05	103.39	133.04	137.9	166.08	193.29	199.12					
8	5	233.5	65.99	79.60	113.61	143.73	154.42	170.94	211.75	214.66				
9	2	247.3	66.97	84.46	114.56	137.90	172.88	181.63	203.98	217.58	235.07			
10	1	257.8	62.11	84.46	102.92	142.76	158.30	183.57	197.18	183.57	230.21	245.76		
11	1	265.7	65.02	90.29	121.38	146.64	170.94	181.63	204.95	220.50	229.24	242.85	256.45	
12	2	270.0	66.97	96.12	120.41	162.19	183.57	193.29	210.78	228.27	243.82	251.59	258.39	263.25

加权平均全长 weighted mean TL（雌性 ♀，按退算龄 age 1–13）：

age	1	2	3	4	5	6	7	8	9	10	11	12
weighted mean TL	66.40	93.59	121.67	148.54	162.94	187.76	202.35	219.08	236.21	247.95	257.74	263.25

加权平均全长 weighted mean TL（雄性 ♂，age 13）：319.78

*对角线的上面为雄性加权平均全长，对角线的下面为雌性加权平均全长
*Male weighted average TL values are above the diagonal, and female are under

三、生长速度

（一）相对生长率

根据平均退算全长，计算出各龄的平均退算体重；结合退算全长和生长指数的经验公式，求得全长相对增长率[$100(L_{t+1}-L_t)/L_t$]、体重相对增长率[$100(W_{t+1}-W_t)/W_t$]和生长指标{[($\lg L_{t+1}-\lg L_t$)/0.4343]L_t}。结果见表 2-10。

表 2-10　雅鲁藏布江黑斑原鮡的生长指标

Table 2-10　Growth index of *G. maculatum* collected from the Yarlung Zangbo River

年龄 age	退算全长 back-calculated TL（mm）	全长相对增长率 relative growth rate	生长指标 growth index	退算体重 back calculated BW（g）	体重相对增长率 relative growth rate
雌鱼 female					
1	66.40	—	—	2.65	
2	93.59	40.95	22.79	7.81	194.72
3	121.67	30.00	24.55	17.82	128.17
4	148.54	22.08	24.27	33.33	87.04
5	162.94	9.69	13.74	44.58	33.75
6	187.76	15.23	23.10	69.60	56.12
7	202.35	7.77	14.05	88.05	26.51
8	219.08	8.27	16.07	113.01	14.58
9	236.21	7.82	16.49	143.17	26.69
10	247.95	4.97	11.45	166.74	16.46
11	257.74	3.95	9.60	188.32	12.97
12	263.25	2.14	5.45	201.26	6.87
雄鱼 male					
1	54.08	—	—	1.42	
2	85.06	56.53	24.49	5.92	316.90
3	119.25	40.20	28.73	17.15	189.70
4	145.06	21.64	23.36	31.78	85.31
5	173.76	19.79	26.18	56.10	76.53
6	197.76	13.81	22.48	84.30	50.27
7	221.61	12.06	22.51	120.63	43.10
8	243.14	9.72	20.54	161.51	33.89
9	265.98	9.39	21.83	214.25	32.65
10	282.64	6.26	16.15	259.41	21.08
11	297.99	5.43	14.94	306.38	18.11
12	313.67	5.26	15.28	360.05	17.52
13	319.78	1.95	24.49	382.59	6.26

黑斑原鮡雌雄鱼全长绝对生长量，第一年分别达到 66.40 mm 和 54.08 mm，2～4 龄为 30 mm 左右；5～8 龄各龄绝对生长量不超过 20 mm；9 龄以后各龄绝对生长量不超过

10 mm。其生长速度与嘉陵江的福建纹胸鮡相似（申严杰等，2005）。

从表 2-10 可以看出，1～4 龄雌鱼全长较雄鱼略大，5 龄后雄鱼全长较雌鱼大，并且随着年龄的增大，差距更大。黑斑原鮡最小性成熟年龄为 4 龄（见第四章），性成熟后，雌鱼的性体指数远大于雄性，与雄鱼比较，雌鱼吸收的营养物质和能量更多地用于性腺发育，故性成熟后雄性的生长速度快于雌性。

（二）生长指标

雌雄鱼的相对增长率和生长指标总体上呈现出随着年龄的增长而降低的趋势。生长指标雌鱼在 6～7 龄，雄鱼在 5～6 龄间出现第一次跳跃性下降，雌雄鱼在 9～10 龄出现第二次跳跃性下降，显示黑斑原鮡的线性生长出现明显的阶段性。即雌雄鱼分别在 7 龄和 6 龄前为快速生长阶段，雌鱼 7～10 龄、雄鱼 6～10 龄为稳定生长阶段，10 龄以后为缓慢生长阶段。

鱼类性成熟前，生长速度快，体长的变动幅度较大，容易受外界因子，特别是食物因子的影响。性成熟后，体长生长受遗传因素制约，同种鱼往往接近，而不同种间往往差异较大。因此，第一阶段的生长指标用于比较同种鱼不同种群之间的生长差异，第二阶段的生长指标用于比较不同种鱼的生长。黑斑原鮡整个生命周期的生长速度均较其他鲇形目鱼类慢。雅鲁藏布江表层水温年际变化为 5.6～11.2℃，饵料生物匮乏，表明其生长受高原水温低、食物匮乏等环境因素影响，同时也受遗传因素制约，而这种遗传因素则是对高原环境长期适应的结果。同一地区的裂腹鱼类也呈现这一状况（杨军山等，2002；陈毅峰等，2002a）。

四、生长模型

（一）生长方程

用表 2-10 中不同年龄组的退算全长平均值，按最小二乘法（♀：$R^2 = 0.9962$，♂：$R^2 = 0.9983$）拟合 von Bertalanffy 生长参数，分别得到黑斑原鮡雌、雄鱼全长生长方程如下：

$$L_{t♂} = 465.20[1 - e^{-0.0872(t+0.2718)}]$$
$$L_{t♀} = 342.66[1 - e^{-0.1142(t+0.7688)}]$$

F 检验结果表明上述方程的回归极显著（$P<0.01$）。将雌雄个体各龄的理论全长与退算值进行 χ^2 检验，分别为 $\chi^2_F = 2.9304$（$df=12$，$P<0.996\,015$）和 $\chi^2_M = 1.0678$（$df=13$，$P<0.999\,930$），说明差异不显著，显示生长曲线拟合程度可靠。雌、雄鱼全长生长曲线见图 2-4。

根据全长—体重相关式求得雌、雄鱼的渐近体重分别为 $W_∞ = 460.80$ g 和 $W_∞ = 1241.74$ g，黑斑原鮡体重生长方程如下：

$$W_{t♀} = 460.80[1 - e^{-0.1142(t+0.7688)}]^{3.142}$$
$$W_{t♂} = 1241.74[1 - e^{-0.0872(t+0.2718)}]^{3.147}$$

（二）生长速度、加速度和生长拐点

对黑斑原鮡的全长、体重生长方程求一阶和二阶导数，得到全长、体重的生长速度（一次微分）和加速度（二次微分）方程。

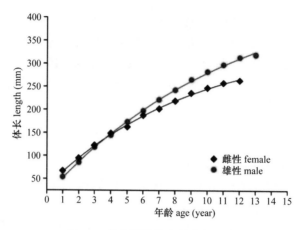

图 2-4　黑斑原鮡的全长生长曲线

Fig. 2-4　von Bertalanffy growth curves fitted to the total length at age of *G. maculatum*

雌性：

$$dL/dt = L_\infty k e^{-k(t-t_0)} = 39.1317 e^{-0.1142(t+0.7688)}$$

$$d^2L/dt^2 = -L_\infty k^2 e^{-k(t-t_0)} = -4.4688 e^{-0.1142(t+0.7688)}$$

$$dW/dt = bW_\infty k e^{-k(t-t_0)}(1-e^{-k(t-t_0)})^{b-1} = 165.342 e^{-0.1142(t+0.7688)}(1-e^{-0.1142(t+0.7688)})^{2.142}$$

$$d^2W/dt^2 = bW_\infty k^2 e^{-k(t-t_0)}(1-e^{-k(t-t_0)})^{b-2}(be^{-k(t-t_0)}-1) =$$

$$18.8821 e^{-0.1142(t+0.7688)}(1-e^{-0.1142(t+0.7688)})^{1.142}(3.142 e^{-0.1142(t+0.7688)}-1)$$

雄性：

$$dL/dt = L_\infty k e^{-k(t-t_0)} = 40.565 e^{-0.0872(t+0.2718)}$$

$$d^2L/dt^2 = -L_\infty k^2 e^{-k(t-t_0)} = -3.5373 e^{-0.0872(t+0.2718)}$$

$$dW/dt = 370.036 e^{-0.0872(t-0.2630)}(1-e^{-0.0872(t+0.2718)})^{2.147}$$

$$d^2W/dt^2 = 32.267 e^{-0.0872(t+0.2718)}(1-e^{-0.0872(t+0.2718)})^{1.147}(3.1474 e^{-0.0872(t+0.2718)}-1)$$

从图 2-5 可以看出，随着年龄的增大，全长生长速度逐渐下降，为正值；全长加速度生长曲线逐渐上升，但为负值，表明随着全长生长速度下降，其递减速度逐渐变缓。

体重生长拐点年龄 $t_i = \ln b/k + t_0$，将雌雄鱼 VBGF 体重生长方程中的 b、k 和 t_0 分别代入，得出黑斑原鮡体重生长的拐点年龄 t_i，雌鱼为 9.178 龄，雄鱼为 12.876 龄。体重生长在拐点年龄以前，生长速度逐渐上升，加速度先上升后下降，二者均为正值；在拐点后，生长速度逐渐下降，为正值，说明其体重的增长减缓，加速度先下降后缓慢上升，为负值（图 2-5）。

Branstetter（1987）认为 k 值为 0.05～0.10/年的是慢速生长鱼类，为 0.10～0.20/年的是中速生长鱼类，0.20～0.50/年是快速生长鱼类，基于这种分类原则，黑斑原鮡雄性是缓慢生长类型，雌性具温和的生长率，要比同一区域的错鄂裸鲤 *Gymnocypris cuoensis*（0.0291）（杨军山等，2002）和色林错裸鲤 *G. selincuoensis*（♂0.068 39，♀0.071 00）（陈毅峰等，2002c）生长快，而比低纬度的其他鲇形目鱼类黄颡鱼（0.2476）（李秀启等，2006）、福建纹胸鮡（0.2541）（申严杰等，2005）和南方鲇（♂0.203 37，♀0.147 43）（谢小军，1986）生长要慢。雅鲁藏布江表层水温年际变化为 5.6～11.2℃，月平均水温高于

9℃只有 7~9 月 3 个月，使得雅鲁藏布江黑斑原鲱表现出生长缓慢和种群年龄结构复杂的现象。同一地区的裂腹鱼类也呈现这一状况（杨军山等，2002；陈毅峰等，2002c）。

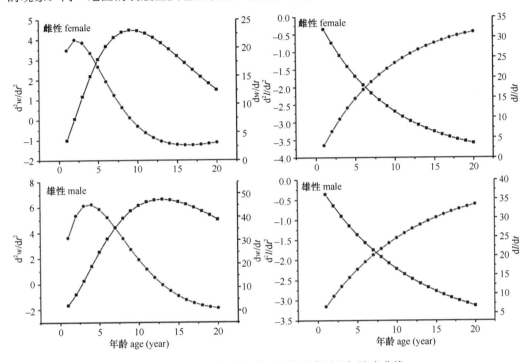

图 2-5 黑斑原鲱全长和体重生长速度以及加速度曲线

Fig. 2-5 Growth rate curve and growth accelerated rate curve of total length and body weight of *G. maculatum*

小　结

（1）黑斑原鲱成熟卵呈圆形，淡黄色，不含油球，微黏性；卵径 2.88~3.08 mm，平均卵径为（3.01±0.06）mm。卵子受精后吸水膨胀，呈透明状，沉于水体底部发育，卵膜外径 4.78~5.44 mm，平均值为（5.06±0.22）mm，卵黄直径 2.76~2.91 mm，平均值为（2.85±0.05）mm。胚胎发育过程划分为胚盘形成、卵裂、囊胚、原肠、神经胚、器官分化和出膜 7 个阶段。水温 11.8~15.8℃时，胚胎发育时间约为 216 h，有效积温为 2952.41~3258.09 h·℃。

（2）出膜仔鱼呈透明状，全长为 7.55~8.28 mm，平均值为（7.89±0.23）mm；出膜 7 d 龄时仔鱼开始摄食，进入混合营养期；出膜 24 d 龄的稚鱼卵黄消耗完毕，进入外源性营养期。黑斑原鲱受精卵卵径较大，卵间隙较小，以及体节、心脏原基和消化道原基等器官和组织的提早形成等特征是其对低水温、食物贫乏等不利高原水域生态环境的适应。

（3）繁育水温控制在 16℃以下，建立遮光的庇护所，能够有效提高黑斑原鲱出膜率和仔稚鱼的成活率。

（4）刺网渔获物全长 115.0~320.0 mm，平均全长为（193.41±36.15）mm；体重为 16.3~373.7 g，平均体重为（91.67±60.01）g；年龄为 3~13 龄，其中 5 龄、6 龄和 7 龄分别占 22.44%、35.61%和 20.97%。

（5）脊椎骨是黑斑原鲱年龄鉴定的最合适材料。黑斑原鲱渔获物年龄组成为3～13龄，其中5～7龄个体占79.03%。渔获物的全长为115～312 mm，平均全长为（193.41±36.15）mm；体重为16.3～373.7 g，平均体重为（91.67±60.01）g。

（6）体重和全长的关系为 $W_{\female} = 5 \times 10^{-6} L^{3.142}$，$W_{\male} = 5 \times 10^{-6} L^{3.147}$。全长与脊椎骨轮径的相关方程为 $L_{\female} = 97.173R_c + 29.068$，$L_{\male} = 107.88R_c + 13.402$。von Bertalanffy 生长方程：雌鱼 $L_{t\female} = 342.66[1-e^{-0.1142(t+0.7688)}]$，$W_{t\female} = 460.80[1-e^{-0.1142(t+0.7688)}]^{3.142}$；雄鱼 $L_{t\male} = 465.20[1-e^{-0.0872(t+0.2718)}]$，$W_{t\male} = 1241.74[1-e^{-0.0872(t+0.2718)}]^{3.147}$。雌、雄鱼的生长拐点分别为9.178龄和12.876龄。

主要参考文献

陈康贵, 王德寿, 王瑞兰. 2002. 对胸鳍棘鉴定鱼类年龄方法进行技术改进—简易脱钙切片法. 动物学杂志, 37(5): 46-48

陈焜慈, 邹国民, 李恒颂, 李大疆, 邓国成, 黎镇芳, 胡隐昌. 1999. 珠江斑鳠年龄和生长的研究. 中国水产科学, 6(4): 62-65

陈佩薰. 1959. 梁子湖鲤鱼鳞片年轮的标志及其形成的时期. 水生生物学集刊, (3): 255-261

陈毅峰, 何德奎, 曹文宣, 段中华. 2002c. 色林错裸鲤的生长. 动物学报, 48(5): 667-676

陈毅峰, 何德奎, 陈宜瑜. 2002b. 色林错裸鲤的年龄鉴定. 动物学报, 48(4): 527-533

陈毅峰, 何德奎, 段中华. 2002a. 色林错裸鲤的年轮特征. 动物学报, 48(3): 384-392

段中华, 孙建贻. 1999. 瓦氏黄颡鱼年龄与生长的研究. 水生生物学报, 3(6): 617-623

姜志强, 秦克静. 1996. 达里湖鲫的年龄与生长. 水产学报, 20(3): 216-222

蒋一珪. 1959. 梁子湖鳜鱼的生物学. 水生生物学集刊, (3): 375-385

李秀启, 陈毅峰, 陈垫. 2006. 抚仙湖外来黄颡鱼种群的年龄和生长特征. 动物学报, 52(2): 263-271

马骏. 1991. 洪湖黄颡鱼生物学研究 // 中国科学院水生生物研究所洪湖课题研究组. 洪湖水体生物生产力综合开发及湖泊生态环境优化研究. 北京: 海洋出版社: 153-161

申严杰, 蒲德永, 高梅, 王怀林, 王志坚. 2005. 福建纹胸鲱年龄与生长的初步研究. 西南农业大学学报(自然科学版), 27(1): 106-110

沈建忠, 曹文宣, 崔奕波, 常剑波. 2002. 鲫耳石重量与年龄的关系及其在年龄鉴定中的作用. 水生生物学报, 26(6): 662-668

宋昭彬, 曹文宣. 2001. 鱼类耳石微结构特征的研究与应用. 水生生物学报, 25(6): 613-619

苏良栋, 何学福, 张耀光, 魏刚. 1985. 长吻鮠 Leiocassis longirostris Günther 胚胎发育的初步观察. 淡水渔业, (4): 2-4

王令玲, 仇潜如, 邹世平, 刘寒文, 吴福煌. 1989. 黄颡鱼胚胎和胚后发育的观察研究. 淡水渔业, (5): 9-12

魏刚, 罗学成. 1994. 鲶胚胎和幼鱼发育的研究. 四川师范学院学报(自然科学版), 15(4): 225-232

吴立新, 姜志强, 秦克静, 邹波. 1996. 碧流河水库黄鳝年龄和生长的研究. 大连水产学院学报, 11(2): 30-38

吴清江. 1975. 长吻鮠的种群生态学及最大持续渔获量的研究. 水生生物学集刊, 5(3), 5: 237-405

谢小军. 1986. 嘉陵江南方大口鲇的年龄与生长的研究. 生态学报, 7(4): 359-367

杨军山, 陈毅峰, 何德奎, 陈自明. 2002. 错鄂裸鲤年轮与生长特性的探讨. 水生生物学报, 26(4): 378-387

杨明生. 1997. 黄鳝舌骨及生长的研究. 动物学杂志, 32(1): 12-14

叶富良, 张健东, 朱龙苏. 1994. 乌塘鳢的年龄研究. 湛江水产学院学报, 14(2): 14-16

殷名称. 1995. 鱼类生态学. 北京: 中国农业出版社

张健东. 2002. 中华乌塘鳢的生长、生长模型和生活史类型. 生态学报, 22(6): 841-846

张耀光, 王德寿, 罗泉笙. 1991. 大鳍鳠的胚胎发育. 西南师范大学学报(自然科学版), 16(2): 350-355

Allen H A, Kenneth H C, Jocelyn L N. 1999. Application of an ion-exchange separation technique and thermal ionization mass spectrometry to ^{226}Ra determination in otoliths for radiometric age determination of long-lived fishes. Can J Fish Aquat Sci, 56: 1329-1338

Appelget J, Smith Jr L L. 1951. The determination of the channel catfish, Ictalurus lacustris. Trans Amer Fish Soc, 80(2): 119-139

Baker F A, Wilson K, Vangent V. 2001. Testing assumptions of otolith radiometric aging with two long lived fishes from the northern Gulf of Mexico. Can J Fish Aquat Sci, 58: 1244-1252

Beamish R J, Foumier D A. 1981. A method for comparing the precision of a set of age determinations. Can J Fish Aquat

Sci, 38: 982-983

Blunh B A, Brey T. 2001. Age determination in the Antarctic shrimp *Notocrangon antarcticus* (Crustacea: Decapoda) using the autofluorescent lipofuscin. Mar Biol, 138: 247-257

Branstetter S. 1987. Age and growth estimates for blacktip, *Carcharhinus limbatus*, and spinner, *Carcharhinus brevipinna*, sharks from the northwestern Gulf of Mexico. Copeia, 4: 964-974

Brown C A, Gruber S H. 1988. Age assessment of the lemon shark, *Negaprion brevirostris*, using tetracycline validated vertebral centra. Copeia, 3: 747-753

Cass A J, Beamish R J. 1983. First evidence of validity of the fin-ray method of age determination for marine fishes. N Am J Fish Man, 3: 182-188

Casselman J M. 1990. Growth and relative size of calcified structures of fish. Trans Am Fish Soc, 119: 673-688

Clay D A. 1982. Comparison of different methods of age determination in the sharptooth catfish, *Clarias gariepinus*. J Limnol Soc South Afr, 8(2): 61-70

Menon N G. 1986. Age and growth of the Marine Catfish *Tachysurus thalassinus* (Ruppell). Indian J Fish, 33(4): 413-425

Prince E D, Lee D W, Javech J C. 1985. Internal iodations in sections of vertebrae from Atlantic blue fin tuna, *Tunas thymus*, and their potential use in age determination. Canada J Fish Aquat sci, 42: 938-946

Smith S. 1984. Timing of vertebral band, deposition in tetracycline-injected leopard sharks. Trans Amer Fish Soc, 113(3): 308-313

Stevenson D K, Campana S E. 1992. Otolith microstructure examination and analysis. Can Spec Publ Fish Aquat Sci, 117: 126

Vilizzi L, Walker K F. 1999. Age and growth of the common carp, *Cyprinus carpio*, in the River Muray, Australia: Validation, consistency of age interpretation, and growth models. Environmental Bio Fishes, 54: 77-106

Welch T J, van Den M J, Avyle R K, Betsill M, Driebe M. 1993. Precision and relative accuracy of striped bass age estimates from otolith, scales, and anal rays and spines. N Am J Fish Manag, 13: 616-620

Worthington D G, Dohorty P J. 1995. Variation in the relationship between otolith weight and age, implications for the estimation of age of two damselfish. Can J Fish Aquat Sci, 52: 233-242

第三章　食物与消化生理

摄食是鱼类生命特征的重要组成部分，鱼类通过摄食获得生命活动、生长、繁衍后代的能量。研究鱼类的食物组成、摄食和消化器官的结构及消化酶的理化性质，有助于了解高原极端环境条件下鱼类的摄食特性，为人工养殖黑斑原鮡提供基础生物学资料。

第一节　食物基础

张觉民和何志辉（1991）采用常规方法调查了雅鲁藏布江谢通门段 6 个采样点的水生生物种类组成、密度和生物量。文中 6 个采样站的具体位置及主要特征如下。

I 站（88°19′27″E，29°21′03″N）位于谢通门县城下游 6 km 处安居堂沙厂附近，该处是土著藏民的一座水葬场，调查期间有水葬活动进行，该活动对水质有明显影响。II 站（88°21′07″E，29°20′08″N）位于谢通门县荣玛乡上游约 8 km 处，该江段右岸 400 m 左右河漫滩上多灌木丛。III站（88°26′26″E，29°20′08″N）位于谢通门县荣玛乡下游约 1 km 处，该段右岸至公路间 50 m 左右是农田，附近有一提灌用的抽水站。IV站（88°31′37″E，29°21′43″N）位于谢通门县荣玛乡吴坚村下游 5 km。V 站（88°24′40″E，29°19′42″N）位于谢通门县荣玛乡上游约 2 km 处与干流相通的一个浅潭。VI站（88°36′48″E，29°21′29″N）在谢通门县答那答乡下游约 2 km 处，该处沿干流旁边有一条引水渠。

各类生物的鉴定分别参照相关文献（王家楫，1961；中国科学院青藏高原综合科学考察队，1983，1992；沈韫芬等，1990；朱蕙忠和陈嘉佑，2000；胡鸿钧和魏印心，2006），种类尽可能鉴定到种（属）。大型生物直接用分析天平（精确至 0.0001 g）称重，小型生物的生物量采用体积换算法（章宗涉和黄祥飞，1981）。

一、浮游生物的群落结构和现存量

（一）浮游植物

1. 种类组成

两次调查 6 个采样站共采集到浮游藻类 6 门 26 科 50 属（表 3-1），其中硅藻门和绿藻门属数最多，各有 18 属，各占藻类总属数的 36.0%；蓝藻门有 9 属，占 18.0%；裸藻门有 3 属，占 6.0%；金藻门和甲藻门均只有 1 属，各占 2.0%。

2. 密度和生物量

浮游藻类的密度为 47 870 ind./L。其中，硅藻的密度为 43 748 ind./L，占总密度的 91.4%；蓝藻的密度为 2952 ind./L，占 6.2%。绿藻的密度为 745 ind./L，占 1.6%；裸藻的密度为 375 ind./L，仅占 0.8%；金藻和甲藻只在定性样品中出现。

表 3-1 雅鲁藏布江谢通门江段浮游植物的组成

Table 3-1 Composition of phytoplankton from Xietongmen section of the Yarlung Zangbo River

类群 taxon	采样站 sampling station					
	I	II	III	IV	V	VI
一、硅藻门 Bacillariophyta						
（一）圆筛藻科 Coscinodiscaceae						
1. 直链藻属 *Melosira*	+	+	+			
2. 小环藻属 *Cyclotella*	+	+		+		
3. 马鞍藻属 *Camolodiscus*		+				
（二）脆杆藻科 Fragilariaceae						
4. 等片藻属 *Diatoma*		+	+			
5. 蛾眉藻属 *Ceratoneis*	+	+		+		
6. 脆杆藻属 *Fragilaria*	+	+	+	+		
7. 针杆藻属 *Synedra*	+	+	+	+	++	+
（三）舟形藻科 Naviculaceae						
8. 布纹藻属 *Gyrosigma*	+	+				
9. 羽纹藻属 *Pinnularia*	++	++	+	+	+	+
10. 舟形藻属 *Navicula*	++	++	++	+++	++	
11. 双眉藻属 *Amphora*	+	+	+	+		
（四）桥弯藻科 Cybellaceae						
12. 桥弯藻属 *Cybella*	+++	++	++	++	+	+
（五）异极藻科 Gomphonemaceae						
13. 异极藻属 *Gomphonema*	+	+	+	+		+
（六）曲壳藻科 Achnanthaceae						
14. 曲壳藻属 *Achnanthes*		+		+		
15. 卵形藻属 *Cocconeis*		+				
（七）菱形藻科 Nitzschiaceae						
16. 菱形藻属 *Nitzschia*	+++	++	+++	+++	++	++
（八）双菱藻科 Surirellaceae						
17. 波缘藻属 *Cymatopleura*	+	+	+	+		
18. 双菱藻属 *Surirella*		+				
二、蓝藻门 Cyanophyta						
（九）色球藻科 Chroocococcaceae						
19. 色球藻属 *Chroocococcua*	+					
20. 束球藻属 *Gomphosphaeria*				++		
21. 隐球藻属 *Aphanocapsa*			+	+		
22. 平裂藻属 *Merismopedia*		+		+		
23. 蓝纤维藻属 *Dactylococcopsis*	+	+		+		
（十）颤藻科 Oscillatoriaceae						
24. 螺旋藻属 *Spirulina*			+			
25. 颤藻属 *Oscillatoria*	+	+	+	+		
26. 鞘丝藻属 *Lyngbya*	+					
27. 胶鞘藻属 *Phormidium*	+	+	+	+		
三、绿藻门 Chlorophyta						
（十一）衣藻科 Chlamydomonaceae						
28. 衣藻属 *Chlamydomonas*		+	+	+	+	+

续表

类群 taxon	采样站 sampling station					
	I	II	III	IV	V	VI
（十二）栅藻科 Scenedesmaceae						
29. 栅藻属 *Scenedesmus*				+		
（十三）四孢藻科 Tetrasporaceae						
30. 裂壁藻属 *Schizochlamys*				+		
（十四）四集藻科 Palmellaceae						
31. 胶囊藻属 *Gloeocystis*		+		+		
32. 皮襟藻属 *Hormotila*			+			
（十五）丝藻科 Ulotrichaceae						
33. 丝藻属 *Ulotrix*	+	+				
34. 尾丝藻属 *Uronema*	+	+	+	+		
35. 骈胞藻属 *Binuclearia*	+	+	+	+		
（十六）胶毛藻科 Chetophoraceae						
36. 毛枝藻属 *Shigeoctonium*	+	+	+			
（十七）无隔藻科 Vaucheiaceae						
37. 无隔藻属 *Vaucheia*			+			
（十八）鞘藻科 Oedogoniaceae						
38. 鞘藻属 *Oedogonium*			+	+		+
（十九）刚毛藻科 Cladophoraceae						
39. 刚毛藻属 *Clodophora*		+				
（二十）水网藻科 Hydrodictyaceae						
40. 盘星藻属 *Pediastrum*					+	
（二十一）双星藻科 Zygnemataceae						
41. 水绵属 *Spirogyra*	+	+	+	++	+	+
42. 转板藻属 *Mougeotia*	+	+	+	+		+
43. 双星藻属 *Zygnema*						+
（二十二）鼓藻科 Desnidiaceae						
44. 鼓藻属 *Cosmartium*	++			+		
45. 新月藻属 *Closterium*	+	+	+			
四、甲藻门 Pyrrophyta						
（二十三）裸甲藻科 Gymndoiniaceae						
46. 裸甲藻属 *Gymndoinium*			+			
五、裸藻门 Euglenophyta						
（二十四）裸藻科 Euglenaceae						
47. 裸藻属 *Euglena*		+		+		
48. 囊裸藻属 *Trachelomonas*				+	+	
（二十五）瓣胞藻科 Petalomonadaceae						
49. 瓣胞藻属 *Petalomonas*				+		
六、金藻门 Chrysophyta						
（二十六）棕鞭藻科 Ochromonadaceae						
50. 锥囊藻属 *Dinobryon*			+			

注："+"表示在该站点出现，"++"表示数量较多，"+++"表示数量很多

Note："+" means occurrence at the station，"++" means relatively large quantity，and "+++" means quite a lot

　　浮游藻类的生物量为 0.276 mg/L。其中，硅藻生物量为 0.217 mg/L，占 78.6%；蓝藻生物量为 0.031 mg/L，占 11.2%；绿藻生物量为 0.009 mg/L，占 3.3%；裸藻生物量为 0.019 mg/L，占 6.9%。

（二）浮游动物

1. 种类组成

　　在雅鲁藏布江干流谢通门江段 4 个采样点共采集到浮游动物 30 属，其中原生动物 6 属，占 20.0%；轮虫 18 属，占 60.0%；枝角类 4 属，占 13.3%；桡足类 2 属，占 6.7%（表 3-2）。各类浮游动物的数量均极少，没有明显的优势类群，仅原生动物的出现频率略高。

表 3-2　雅鲁藏布江谢通门江段浮游动物的组成
Table 3-2　Composition of zooplankton in Xietongmen section of the Yarlung Zangbo River

类群 taxon	采样站 sampling station					
	I	II	III	IV	V	VI
一、原生动物 Protozoan						
1. 砂壳虫属 *Diffugia*	+	+	+	+	+	+
2. 表壳虫属 *Arcella*		+				+
3. 累枝虫属 *Epistylis*	+				+	
4. 变形虫属 *Amoeba*		+			+	+
5. 侠盗虫属 *Strobilidium*		+				
6. 钟虫属 *Vorticella*			+			
二、轮虫 Rotifer						
7. 旋轮虫属 *Philodina*	+					+
8. 椎轮虫属 *Notommata*						+
9. 龟甲轮虫属 *Keratella*	+	+			+	+
10. 叶轮虫属 *Notholca*	+	+	+			
11. 腔轮虫属 *Lecane*			+			+
12. 单趾轮虫属 *Monostyla*	+		+		+	+
13. 鬼轮虫属 *Trichotri*	+					+
14. 巨头轮虫属 *Cephalodella*	+					
15. 鞍甲轮虫属 *Lepadella*		+				
16. 狭甲轮虫属 *Colurella*			+			
17. 晶囊轮虫属 *Asplanchna*					+	
18. 无柄轮虫属 *Ascomopha*		+		+		+
19. 聚花轮虫属 *Conochilus*		+				
20. 须足轮虫属 *Euchlanus*					+	
21. 猪吻轮虫属 *Dicranophorus*	+	+				
22. 龟纹轮虫属 *Anuraeopsis*		+				
23. 轮虫属 *Rataria*		+				
24. 柱头轮虫属 *Eosphora*			+			

类群 taxon	采样站 sampling station					
	I	II	III	IV	V	VI
三、枝角类 Cladocera						
25. 低额溞属 *Simocephalus*	+					+
26. 尖额溞属 *Alona*				+		
27. 盘肠溞属 *Chydorus*	+			+		+
28. 泥溞属 *Llyocryptus*			+			
四、桡足类 Copepod						
29. 剑水蚤属 *Cyclops*			+	+		+
30. 异足猛水蚤属 *Canthocamptus*		+				
Ⅰ. 无节幼体 Nauplius			+		+	
Ⅱ. 桡足幼体 Copepodid			+			

注："+"表示在该站点采集到

Note："+" means occurrence at the station

2. 密度和生物量

雅鲁藏布江浮游动物数量极少，没有明显的优势类群。原生动物的平均密度和生物量分别为 0.025 ind./L 和 7.5×10^{-8} mg/L，轮虫的平均密度和生物量分别为 0.025 ind./L 和 1.25×10^{-5} mg/L，枝角类的平均密度和生物量分别为 0.075 ind./L 和 0.0032 mg/L，桡足类的平均密度和生物量分别为 0.0875 ind./L 和 0.022 mg/L。

二、底栖生物的群落结构和现存量

（一）着生藻类

1. 种类组成

4 个采样站共采集到着生藻类 4 门 16 科 30 属（表 3-3）。其中硅藻门的属数最多，共有 14 属，占 46.7%；绿藻门次之，有 9 属，占 30.0%；蓝藻门有 4 属，占 13.3%；裸藻门有 3 属，占 10.0%。

Ⅰ站占明显优势的是桥弯藻属和舟形藻属藻类；Ⅱ站占优势的是桥弯藻、舟形藻和异极藻；Ⅲ站和Ⅳ站没有明显的优势属。

2. 密度和生物量

着生藻类的密度为 143 ind./cm²。其中，硅藻的密度为 122.7 ind./cm²，占总密度的 85.8%；蓝藻的密度为 15.6 ind./cm²，占 10.9%；绿藻的密度为 4.4 ind./cm²，占 3.1%；裸藻的密度为 0.4 ind./cm²，仅占 0.3%。各采样站中着生藻类密度最大的是Ⅰ站，平均为 303.0 ind./cm²；其次是Ⅱ站，平均为 193.2 ind./cm²；Ⅲ站和Ⅳ站较接近，分别为 41.6 ind./cm² 和 33.92 ind./cm²。

着生藻类的生物量为 15.22 mg/m²。其中，硅藻占绝对优势，其生物量为 13.42 mg/m²，

表 3-3 雅鲁藏布江谢通门江段着生藻类的组成

Table 3-3 Composition of periphytic alga from Xietongmen section of the Yarlung Zangbo River

类群 taxon	采样站 sampling station			
	I	II	III	IV
一、硅藻门 Bacillariophyta				
（一）脆杆藻科 Fragilariaceae				
1. 等片藻属 *Diatoma*	+	+		
2. 蛾眉藻属 *Ceratoneis*	+	+	+	
3. 脆杆藻属 *Fragilaria*	+	+		
4. 针杆藻属 *Synedra*		+		
（二）舟形藻科 Naviculaceae				
5. 羽纹藻属 *Pinnularia*	+	+	+	+
6. 舟形藻属 *Navicula*	+++	+++	+	+
（三）桥穹藻科 Cybellaceae				
7. 双眉藻属 *Amphora*		+		+
8. 桥穹藻属 *Cybella*	+++	+++	+	+
（四）异极藻科 Gomphonemaceae				
9. 双楔藻属 *Didimosphenia*		+		
10. 异极藻属 *Gomphonema*	+	++		+
（五）曲壳藻科 Achnanthaceae				
11. 卵形藻属 *Cocconeis*		+		
12. 曲壳藻属 *Achnanthes*		+		
（六）双菱藻科 Surirellaceae				
13. 波缘藻属 *Cymatopleura*		+		
14. 双菱藻属 *Surirella*				
二、蓝藻门 Cyanophyta				
（七）色球藻科 Chroocococcaceae				
15. 蓝纤维藻属 *Dactylococcopsis*	+			
16. 平裂藻属 *Merismopedia*	+	+		
（八）颤藻科 Oscillatoriaceae				
17. 颤藻属 *Oscillatoria*	+		+	+
18. 胶鞘藻属 *Phormidium*	+	+	+	+
三、绿藻门 Chlorophyta				
（九）衣藻科 Chlamydomonaceae				
19. 扁胞藻属 *Platymonast*		+		
（十）水网藻科 Hydrodictyaceae				
20. 盘星藻属 *Pediastrum*			+	
（十一）栅藻科 Scenedesmaceae				
21. 栅藻属 *Scenedesmus*		+		
（十二）丝藻科 Ulotrichaceae				
22. 尾丝藻属 *Uronema*		+	+	
23. 骈胞藻属 *Binuclearia*	+	+	+	

续表

类群 taxon	采样站 sampling station			
	I	II	III	IV
（十三）双星藻科 Zygnemataceae				
24. 转板藻属 *Mougeotia*	+			
25. 新月藻属 *Closterium*			+	
26. 水绵属 *Spirogyra*	+		+	
（十四）鼓藻科 Desnidiaceae				
27. 鼓藻属 *Cosmartium*				+
四、裸藻门 Euglenophyta				
（十五）裸藻科 Euglenaceae				
28. 扁裸藻属 *Phacus*		+		
29. 囊裸藻属 *Trachelomonas*		+		
（十六）瓣胞藻科 Petalomonadaceae				
30. 瓣胞藻属 *Petalomonas*			+	

注："+"表示在该站点出现，"++"表示数量较多，"+++"表示数量很多

Note："+" means occurrence at the station，"++" means relatively large quantity，and "+++" means quite a lot

占 88.17%；蓝藻的生物量为 1.38 mg/m²，占 9.07%；绿藻为 0.42 mg/m²，占 2.76%。各采样站着生藻类生物量的大小顺序是 II 站 > I 站 > III 站 > IV 站，生物量依次为 32.77 mg/m²、19.91 mg/m²、6.52 mg/m² 和 3.51 mg/m²。

（二）底栖动物

1. 种类组成

在雅鲁藏布江干流谢通门江段 4 个采样点共采集到大型底栖动物 3 门 4 纲 6 目 9 科 12 属（表 3-4）。

2. 密度和生物量

大型底栖动物的平均密度为 280 ind./m²。其中，包括水生昆虫和水蜘蛛在内的节肢动物占绝对多数，其密度为 267 ind./m²，占底栖动物总数量的 96.0%；环节动物（仅寡毛类）的密度为 8.5 ind./m²，占 3.1%；线虫动物的密度为 4.5 ind./m²，只占 1.6%。

水生昆虫中又以摇蚊科幼虫的密度最大，其密度为 135.5 ind./m²，占底栖动物总密度的 48.4%；其后四节蜉科的密度为 97.5 ind./m²，占 34.8%。

底栖动物的密度大小顺序是 III 站 > II 站 > I 站 > IV 站（图 3-1a）。

底栖动物的平均生物量为 0.2946 g/m²。其中节肢动物占绝对多数，其生物量为 0.2913 g/m²，占底栖动物总生物量的 98.9%；环节动物的生物量为 0.0033 g/m²，仅占 1.1%。

水生昆虫中四节蜉科幼虫的生物量最大，为 0.1924 g/m²，占底栖动物总生物量的 65.3%；其次摇蚊科的生物量为 0.0683 g/m²，占 23.2%。底栖动物生物量顺序与密度一样，是 III 站 > II 站 > I 站 > IV 站（图 3-1b）。

表 3-4　雅鲁藏布江谢通门江段底栖动物的种类组成
Table 3-4　Composition of zoobenthos at Xietongmen section of the Yarlung Zangbo River

类群 taxon	采样站 sampling station			
	I	II	III	IV
一、线虫动物 Nematoda	+	+		+
（一）线虫纲 Nematoda				
1. 线虫纲一目 order unidentified				
（1）线虫纲一科 family unidentified				
1）线虫纲一属 genus unidentified				
二、环节动物门 Annelida				
（二）毛足纲 Chaetopoda				
2. 寡毛目 Oligochaeta				
（2）仙女虫科 Naididae				
2）仙女虫属 Nais			+	
3）尾盘虫属 Dero			+	
（3）颤蚓科 Tubificidae				
4）水丝蚓属 Limodrilus			+	
三、节肢动物门 Arthropoda				
（三）昆虫纲 Insecta				
3. 半翅目 Hemiptera				
（4）划蝽科 Corixidae				
5）划蝽属 Sigra		+		
4. 襀翅目 Plecoptera				
（5）石蝇科 Perlidae				
6）石蝇属 Simulium	+	+	+	+
5. 双翅目 Diptera				
（6）摇蚊科 Chironomidae				
7）直突摇蚊属 Orthocladius	+	+	+	+
8）多足摇蚊属 Polypedilum	+	+		+
9）寡角摇蚊属 Diamesa	+	+	+	
6. 蜉蝣目 Ephemeroptera				
（7）扁蜉科 Heptageniidae				
10）扁蜉属 Heptagenia		+	+	+
（8）四节蜉科 Baetidae				
11）四节蜉属 Baetis			+	
（四）蛛形纲 Achnida				
7. 蜘蛛目 Araneida				
（9）水蛛科 Argyronetidae				
12）水蜘蛛属 Argyroneta	+			

注："+"表示在该站点出现
Note："+" means occurrence at the station

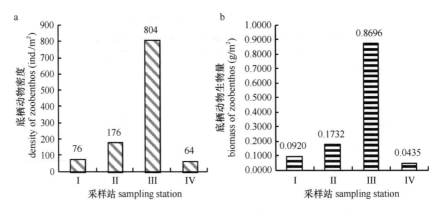

图 3-1　雅鲁藏布江谢通门江段底栖动物的密度（a）和生物量（b）
Fig. 3-1　Density（a）and biomass（b）of zoobenthos from Xietongmen section of the Yarlung Zangbo River

三、鱼类资源

在日喀则至谢通门江段采集到鱼类 617 尾，经鉴定分属 2 目 3 科 6 属 9 种（表 3-5）。其中鲤形目鳅科高原鳅属鱼类及鲤科裂腹鱼亚科鱼类的幼鱼均可能成为黑斑原鮡的食物。

表 3-5　雅鲁藏布江谢通门江段夏季渔获物样本的组成
Table 3-5　Species composition of fish captured at Xietongmen section of the Yarlung Zangbo River in summer

渔获物名称 species caught	捕获数量 number caught					
	I	II	III	IV	V	VI
一、鲤形目 Cypriniformes						
（一）鳅科　Cobitidae						
1. 短尾高原鳅 *T. brevicauda*	2	6	0	0	2	2
2. 西藏高原鳅 *T. tibetana*	1	2	0	0	1	0
3. 异尾高原鳅 *T. stewartii*	—	—	—	—	—	—
4. 小眼高原鳅 *T. microps*	—	—	—	—	—	—
（二）鲤科　Cyprinidae						
5. 异齿裂腹鱼 *S. o'connori*	83	60	31	68	42	77
6. 巨须裂腹鱼 *S. macropogon*	6	5	4	11	3	3
7. 拉萨裂腹鱼 *S. waltoni*	81	12	12	13	6	6
8. 双须叶须鱼 *P. dipogon*	3	2	2	1	1	0
9. 尖裸鲤 *O. stewatii*	10	7	2	3	2	1
10. 拉萨裸裂尻鱼 *Sc. younghusbandi*	7	9	3	3	1	1
二、鲇形目 Siluriformes						
（三）鮡科　Sisoridae						
11. 黑斑原鮡 *G. maculatum*	8	11	1	0	0	0
流刺网渔获物总数量 total number	201	114	55	99	58	90
流刺网渔获物总重量 total weight（kg）	28.76	16.18	16.49	32.77	13.25	24.48

注："—"表示文献有记载，调查中没有采集到样本

Note："—" represents the species was recorded in references but not sampled at the investigation

由于特殊的气候、地质、水文等条件，雅鲁藏布江水生生物极其贫乏。根据各种水生生物的密度和生物量判定（Wetzel，1975），其中游谢通门江段水质处于超贫营养状态。

雅鲁藏布江谢通门江段浮游藻类种类数、密度和生物量通常都大大低于国内其他水系的干支流，仅与少数同样属于贫营养状态的江段相近。本次调查共检出浮游藻类 6 门 50 属，其密度和生物量分别为 47 870 ind./L 和 0.274 mg/L。余海英（2008）报道，2007 年在位于长江上游珍稀、特有鱼类自然保护区内的金沙江、长江干流、赤水河、岷江和沱江的浮游藻类种类分别为 6 门 70 属、7 门 125 属、7 门 82 属、5 门 48 属和 6 门 68 属，平均密度分别是 294 097 ind./L、197 898 ind./L、138 102 ind./L、114 444 ind./L 和 87 417 ind./L，平均生物量分别是 1.029 mg/L、0.494 mg/L、0.433 mg/L、0.434 mg/L 和 0.225 mg/L。上述江河浮游藻类的平均密度分别是谢通门江段的 6.14 倍、4.13 倍、2.89 倍、2.39 倍和 1.83 倍；平均生物量分别是谢通门江段的 3.73 倍、1.80 倍、1.57 倍、1.57 倍和 0.82 倍。

与其他水系上、中游江段相比，雅鲁藏布江谢通门江段浮游动物的密度同样很低，调查期间其原生动物、轮虫、枝角类和桡足类四大类群总的平均密度为 0.2125 ind./L，与黑龙江上游黑河江段和中游抚远江段浮游动物的平均密度（分别是 2300.7 ind./L 和 6890 ind./L）（赵彩霞和李岩松，2007）相差 3 个数量级；与额尔齐斯河上、中游的支流库依尔特河、卡依尔特河和别列孜克河段（任慕莲等，2001）相比也分别相差 1~2 个数量级。

谢通门江段着生藻类的密度和生物量分别为 143 ind./cm^2 和 15.22 mg/m^2，而辽河水系浑河的苏子河中上游地区和浑河干流大伙房水库坝下至抚顺市河段着生藻类密度可达 6.67×10^4 cells/cm^2，即使密度较低的区域蒲河和浑河干流沈阳段平均值也为 1×10^4 cells/cm^2（殷旭旺等，2011），均高出雅鲁藏布江 2 个数量级；珠江广州江段着生藻类的数量则更为丰富，2007 年在其 9 个断面测得的密度为 $3.16 \times 10^4 \sim 3.06 \times 10^6$ cells/cm^2（王朝晖等，2009），比雅鲁藏布江高出 2~4 个数量级。

谢通门江段大型底栖动物的平均密度为 280 ind./m^2，平均生物量为 0.2946 g/m^2，大大低于三峡库区 26 条支流底栖动物的平均密度（673.22 ind./m^2）和生物量（9.9398 g /m^2）（池仕运等，2011），而与青海格尔木河（何逢志等，2014）底栖动物最贫乏的河段相近。

雅鲁藏布江谢通门段鱼类区系组成单一，除黑斑原鮡以外，仅有属于中亚山地鱼类区系复合体的 6 种裂腹鱼类和 4 种高原鳅类。得益于当地藏民对鱼类的保护，调查期间这些鱼类积累了一定的生物量。然而，近年来对该江段鱼类的捕捞强度不断增大，鱼类资源保护面临严峻的挑战。

第二节　食 物 组 成

一、摄食率和食物出现率

（一）摄食率

摄食率为消化道中有食物的样本数占解剖样本数的百分比。对 248 尾黑斑原鮡消化道进行了分析，其中 147 尾消化道有食物，101 尾消化道没有食物，总摄食率为 59.3%，调查所用捕捞工具为被动网具定置刺网，通常在傍晚放网，次日清早起网，增加了空腹上网和饱腹后长时间被网缠绕导致消化道内含物排空的可能性，可能会造成对摄食率的低估。

（二）食物出现率

黑斑原鮡胃内食物成分见表 3-6。消化道内含物包括鱼类、水生昆虫、藻类、寡毛类、枝角类、桡足类、有机碎屑、原生动物、鱼卵，以及摄食时带入的沙石等。

表 3-6　黑斑原鮡食物的个数百分比（F%）、出现率（N%）、出现频率百分比（O%）和重量百分比（W%）

Table 3-6　Diet composition of *G. maculatum* in terms of frequency of occurrence（*F%*），percentage by number（*N%*），percentage by frequency of occurrence（*O%*）and percentage by weight（*W%*）

类别 fauna	类群 taxon	个数百分比 percent of number *N%*	出现率 occurrence frequency *F%*	出现频率百分比 percent of occurrence frequency *O%*	重量百分比 percent of weight *W%*
鱼类 fishes	裂腹鱼亚科 Schizothoracinae	0.31	18.37	3.72	87.22
	高原鳅属 *Triplophysa*	1.06	61.91	12.55	
线虫类 Nematoda	线虫一种 Nematoda sp.	0.07	3.4	0.69	1.09
寡毛类 Oligochaeta	仙女虫属 *Nais*	0.17	4.76	0.97	0.71
	尾盘虫属 *Dero*	0.58	6.12	1.24	
	水丝蚓属 *Limodrilus*	5.25	25.17	5.1	
水生昆虫 Aquatic insecta	划蝽一种 Corixidae sp.	0.15	4.08	0.83	0.32
	石蛾属 *Simulium*	0.34	7.48	1.52	
	直突摇蚊属 *Orthocladius*	0.93	12.93	2.62	
	多足摇蚊属 *Polypedilum*	0.3	4.08	0.83	
	寡角摇蚊属 *Diamesa*	0.53	4.76	0.97	
	扁蜉一种 Heptageniidae sp.	0.43	5.44	1.1	
原生动物 Protozoan	表壳虫属 *Arcella*	0.28	4.76	0.97	0.09
	匣壳虫属 *Centropyxis*	0.49	4.76	0.97	
	砂壳虫属 *Diffugia*	0.15	3.4	0.69	
	斜管虫属 *Chilodonella*	0.13	2.72	0.55	
轮虫类 Rotifera	龟甲轮虫属 *Keratella*	0.12	4.08	0.83	0.08
	单趾轮虫属 *Monostyla*	0.66	5.44	1.1	
	狭甲轮虫属 *Colurella*	0.09	3.4	0.69	
	鞍甲轮虫属 *Lepadella*	0.07	1.36	0.28	
枝角类 Cladocera	低额溞属 *Simocephalus*	1.82	4.76	0.96	2.91
	粗毛溞属 *Macrothrix*	0.57	4.08	0.83	
	尖额溞属 *Alona*	0.69	5.447	1.1	
	锐额溞属 *Alonella*	0.18	1.36	0.27	0.89
桡足类 Copepoda	剑水蚤属 *Cyclops*	0.51	4.76	0.97	
	无节幼体 Nauplius	0.98	8.16	1.66	
	桡足幼体 Copepodid	3.04	10.88	2.21	

续表

类别 fauna	类群 taxon	个数百分比 percent of number N%	出现率 occurrence frequency F%	出现频率百分比 percent of occurrence frequency O%	重量百分比 percent of weight W%
藻类 Algae	菱形藻属 Nitzschia	23.57	55.1	11.17	0.76
	桥穹藻属 Cybella	14.73	35.37	7.17	
	舟形藻属 Navicula	5.68	21.09	4.27	
	羽纹藻属 Pinnularia	6.41	23.81	4.82	
	双楔藻属 Didimosphenia	5.03	8.84	1.79	
	异极藻属 Gomphonema	5.18	6.12	1.24	
	颤藻属 Oscillatoria	2.82	31.97	6.48	
	栅藻属 Scenedesmus	0.7	5.44	1.1	
	鼓藻属 Cosmartium	1.09	16.32	3.31	
	扁裸藻属 Phacus	2.5	15.64	3.17	
	囊裸藻属 Trachelomonas	1.66	19.04	3.86	
其他 others	有机碎屑 organic debris	7.7	14.28	2.89	5.33
	鱼卵 fish egg	0.62	6.12	1.24	0.11
	沙石 detritus	0.89	2.72	0.55	0.12
	未鉴定 unidentified	1.47	3.4	0.68	0.36

注：出现频率 O%=（出现频率/出现频率总和）×100%

Note：Percent of occurrence frequency O%=（occurrence frequency/sum of occurrence frequency）×100%

　　鱼类主要是裂腹鱼亚科和高原鳅属鱼类，其中高原鳅属鱼类的个数百分比 N%=（某种饵料生物的个体数/所有饵料生物的总个数）×100%和出现率 F%=（某种饵料生物出现的次数/有食物的胃的个数）×100%均高于裂腹鱼亚科鱼类。藻类主要是菱形藻、桥穹藻、颤藻、羽纹藻、舟形藻、囊裸藻、鼓藻、扁裸藻、双楔藻、异极藻和栅藻；从个数百分比来看，从高到低依次为菱形藻、桥穹藻、羽纹藻、舟形藻、异极藻、双楔藻、颤藻、扁裸藻、囊裸藻、鼓藻和栅藻。原生动物有表壳虫、匣壳虫、砂壳虫和斜管虫。寡毛类主要有仙女虫、尾盘虫、水丝蚓。轮虫类有龟甲轮虫、单趾轮虫、狭甲轮虫和鞍甲轮虫。枝角类有低额溞、粗毛溞、尖额溞和锐额溞。桡足类有剑水蚤、无节幼体和桡足幼体。水生昆虫有划蝽、石蝇和摇蚊类。黑斑原鲱食物中还有鱼卵、有机碎屑及摄食时随着食物进入的沙石等。

　　从每类食物所占的数量来看，藻类占总数量的69.39%，其次是有机碎屑、枝角类、寡毛类、水生昆虫和鱼类，分别为7.70%、3.27%、5.99%、2.68%和1.36%。

　　从每类食物出现率来看，鱼类最高，为69.38%；其次是藻类、寡毛类、水生昆虫、有机碎屑和桡足类，分别为56.46%、30.61%、23.8%、14.28%和12.92%。

　　表3-6中用（某种饵料生物的重量/所有饵料生物的总重量）×100%来计算某类食物成分的重量百分比（W%）。从表中可以看出，鱼类占总重量的87.22%，其次是有机碎屑、枝角类、线虫类、桡足类和藻类，分别占5.33%、2.91%、1.09%、0.89%和0.76%。

　　生活在粤西水域的福建纹胸鳅亦以动物性食物为主，不同食物成分的出现频率分别为水生昆虫61.54%、甲壳类56.04%、有机碎屑21.98%、软体动物13.19%和枝角类5.49%（初庆柱等，2009）。

二、食物选择性

通常水体中可被鱼类利用的饵料资源是极为丰富的。但是一种鱼所摄取的食物种类总是有限的,并非所有的食物种类都被其摄取。也就是说,鱼类不是毫无区别地对待任何食物成分,而是具有一定选择能力。鱼类对食物的选择性应理解为:鱼类对其周围环境中原来有一定比例关系的各种食物,具有选择某一种或几种的能力。

鱼类对周围环境中食物是否具有选择性,通常用选择指数进行判别。黑斑原鮡食物包括自由游泳的生物鱼类、迁移能力较弱的底栖动物、固着生活的周丛藻类及随水流被迫漂移的浮游生物,而这几个类群生物的定量方法差异很大,生物个体重相差悬殊,很难将其中某一个成分的比例计算出来,造成利用选择指数分析食物选择性的困难。雅鲁藏布江黑斑原鮡的饵料资源比其他水系贫乏得多,该鱼在食物可得性与自身喜好性方面进行权衡的结果是裂腹鱼类的幼小个体和高原鳅类在其食物组成中占绝对优势——重量百分比高达 87.22%;在裂腹鱼亚科和高原鳅属这两大类鱼类中,黑斑原鮡食物中的个体数百分比、出现率和出现频率百分比,后者均为前者的 3 倍左右(表 3-6),表明黑斑原鮡更倾向于选择与其栖息环境有较大重叠的高原鳅类。

比较黑斑原鮡食物成分中另外五大类即浮游植物、浮游动物、着生藻类、底栖动物及有机碎屑等的出现率和重量百分比等参数可以发现,该鱼对它们没有明显的偏好性。

黑斑原鮡以底层鱼类为主、兼食底栖动物和藻类及有机碎屑的食物选择性可以在室内养殖试验中得到验证。

三、个体大小和栖息地对食物组成的影响

(一)个体大小对食物组成的影响

将采集的黑斑原鮡标本分成 3 个全长组统计其食物组成(图 3-2),发现以下规律:<160 mm 全长组黑斑原鮡的食物以鱼类和藻类为主,其出现频率分别为 80.00% 和 66.67%,寡毛类、桡足类、水生昆虫、有机碎屑和未鉴定类居次要地位;160~240 mm 全长组鱼类和藻类占优势,其出现频率均为 73.33%,寡毛类、桡足类、水生昆虫和枝角类是次要食物,也偶然摄食有机碎屑;>240 mm 全长组鱼类和桡足类占绝对优势,其出现频率分别为 73.33% 和 40.00%,寡毛类、水生昆虫、有机碎屑和原生动物为次要食物,鱼卵和未鉴定类等很少或偶尔出现。食物多样性指数随全长的增加而增加(表 3-7)。

(二)不同栖息地对食物组成的影响

分析了采自尼洋河(林芝江段)、拉萨河和雅鲁藏布江干流日喀则江段样本的食物组成和出现频率。鱼类在尼洋河、拉萨河和日喀则江段的样本肠道中出现频率最高,分别为 66.67%、100% 和 100%;藻类出现频率次之,分别为 66.67%、44.44% 和 44.44%;寡毛类、桡足类、水生昆虫在尼洋河样本中的出现频率高于拉萨河和日喀则江段;枝角类在三地样本中的出现频率无差异,而日喀则江段的有机碎屑出现频率高于尼洋河和拉萨河(图 3-3),食物多样性指数随着海拔升高而下降(表 3-7),可能与不同江段两岸陆生植被有关。

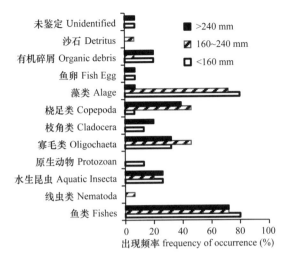

图 3-2 不同全长组黑斑原鮡的食物组成和出现频率
Fig. 3-2 Diet composition and frequency of occurrence of *G. maculatum* with different sizes

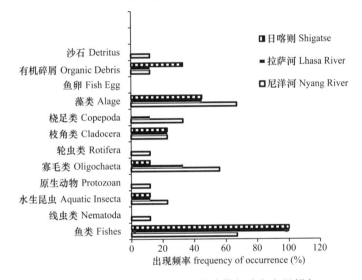

图 3-3 不同栖息地黑斑原鮡的食物组成和出现频率
Fig. 3-3 Diet composition and frequency of occurrence of *G. maculatum* in different regions

表 3-7 不同全长组和不同区域黑斑原鮡食物多样性指数比较
Table 3-7 Comparisons of food diversity indices of *G. maculatum* with different total lengths, or in different regions

类别 classification		多样性指数 diversity index（H'）[*]
全长 total length	＜160 mm	3.19
	160～240 mm	3.31
	＞240 mm	3.84
地域 region	林芝 Linzhi	4.51
	拉萨 Lhasa	2.58
	日喀则 Shigatse	2.23

*食物多样性采用 Shannon-Wiener 指数评价

*Food diversity is evaluated using Shannon-Wiener indices

　　黑斑原鮡口裂宽大，下位，具有发达的口腔齿。特别是上、下颌齿为齿尖朝内的锥状齿体；鳃耙细短而稀疏，第一鳃弓外侧鳃耙仅 5～9 枚；唇不甚发达，未形成吸盘。与那些唇高度发达、形成吸盘的尖齿鰋属、异齿鰋属、鰋属和拟鰋属等鰋鮡鱼类相比，黑斑原鮡活动较为自由，游动摄食为其主要摄食方式。这些既有利于捕捉鱼类和水生昆虫等较大的食物，又能防止进入口咽腔内的食物逃脱；但其锥状齿并不适宜铲刮固着生物，这应该是其食物成分中鱼类成为主要成分的原因。

　　黑斑原鮡摄食器官特点并不适宜摄食小型食物，但在其食物成分中藻类重量占食物总重量的 0.76%，枝角类和桡足类分别占食物总重量的 2.91% 和 0.98%。这些小型食物应该是在捕食水生昆虫、碎屑等食物时带入的，并非主动摄食。其依据是：①根据我们的调查，雅鲁藏布江夏季着生藻类生物量为 33.6 mg/L，具有较为丰富的食物基础；②黑斑原鮡食物中有机碎屑重量占食物总重量的 5.33%，占有较大比重，因摄食有机碎屑而带入较多数量的着生藻类是可能的，就像消化道中的沙石等非食物成分是摄食食物时带入一样；③不排除其中有些成分为其所摄食鱼类的食物。

　　黑斑原鮡所摄食的鱼类主要为裂腹鱼类的幼鱼和高原鳅，一些外来的小型鱼类如小黄黝 *Hypseleotris swinhonis*、麦穗鱼 *Pseudorasbora parva*、泥鳅 *Misgurnus anguillicaudatus*、鲫等在黑斑原鮡的食物中并没有被发现。我们分析，像小黄黝、麦穗鱼、泥鳅、鲫等这些小型鱼类，虽然在雅鲁藏布江已经非常繁盛，但它们属于静水型鱼类，主要分布在附属沼泽、河流回水河湾等水流较平缓的水域。而黑斑原鮡主要生活在干支流水流湍急河段，河岸两旁水流较缓水域——据渔民介绍，黑斑原鮡经常在"二道水"水域捕食，所谓的"二道水"是指介于急流与静水之间，如主流与旁边河汊之间的漫水滩，流速较缓的水域。这些水域正好是裂腹鱼类幼鱼和高原鳅的生活空间。生活空间的差异使得黑斑原鮡无法捕食小黄黝和麦穗鱼等鱼类。因此认为，黑斑原鮡的食物与其摄食器官结构特点、摄食习性及食物的可得性有关。

　　文献报道黑斑原鮡喜居于急流水中的石下和隙间，主要以环节动物和昆虫幼虫为食（褚新洛等，1999），结合本文调查结果，可以认为黑斑原鮡是一种以鱼类和底栖生物为主要食物的杂食性鱼类。

第三节　摄食和消化器官的形态学特征

一、消化道形态学特征

（一）消化道大体形态

　　黑斑原鮡的消化道由口咽腔、食道、胃、肠和肛门等组成（图版Ⅲ-1-A）。

　　口咽腔（oropharyngeal cavity）：黑斑原鮡的口咽腔较大。口下位，横裂，宽大，吻钝圆，形成弧面，唇具小乳突。口腔齿发达，上、下颌具有细齿，齿尖锥形，齿尖朝里，密集排列形成齿带。上颌齿带整块，两侧向后延伸呈弧状；颚骨、舌骨、犁骨和鳃弓上均具有尖锥状齿；第 5 对鳃弓特化而成的下咽骨上为绒毛状细齿。鳃耙细短而稀疏，第一鳃弓外鳃耙数目为 5～9。

食道（oesophagus）：黑斑原鮡的食道短而粗，食道和胃之间肉眼观察界限不明显，但在组织学上与贲门胃有明显界限。食道内壁具有粗大的纵行褶皱。食道壁肌层厚而富有弹性。

胃（stomach）：胃呈囊状，是消化管中最膨大的部分，可分为贲门部（cardiac stomach）、盲囊部（caecum stomach）和幽门部（pyloric stomach）。连接食道的部分为贲门部，连接肠道的部位为幽门部，囊状部位为盲囊部或称为胃底部（fundus stomach）。食道和胃之间有贲门括约肌（cardiac sphincter），而胃与肠道之间有幽门括约肌（gastrointestinal sphincter）。贲门部和胃底部的黏膜褶形态相似。

肠（intestine）：黑斑原鮡无幽门盲囊。其肠始于胃左侧中部，向上绕过胃前端后下行至胃下部，呈一迴曲后直达肛门，盘旋 1～2 次。肠管粗短，肠壁较厚，其管腔从前段、中段到后段逐渐变小，无任何膨大部分。肠内壁充满密集的纵向黏膜褶，黏膜褶从前向后逐渐平缓。

测量 33 尾黑斑原鮡的肠长与体长，并分析两者的相关性，肠长（x）与体长（y）线性相关（图 3-4），关系式为：$y = 0.4643x + 10.6662$，$R^2 = 0.5264$（$P < 0.05$）。黑斑原鮡的肠道系数（比肠长）为 0.919 ± 0.172（$n = 33$）。

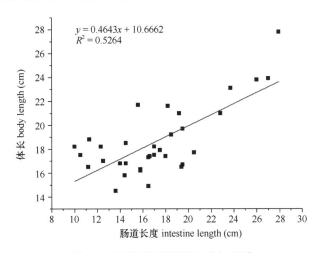

图 3-4　黑斑原鮡肠道长与体长关系

Fig. 3-4　The relationship between intestine length and body length of *G. maculatum*

肝脏（liver）：肝脏由系膜悬系于腹腔内，覆盖在食道和胃前端的上面，分左右两叶，呈蝶状，两叶之间无明显的大小差异，分别通过连接带与胸鳍基部皮下的副肝相连。肝脏呈深红棕色。

胰脏（pancreas）：胰腺为弥散型，肉眼难以辨认。

胆囊（gall bladder）：在肝的左腹面有一长椭圆形的裸露胆囊，胆囊借结缔组织与肝脏相连，前段部分埋于左叶肝脏下，呈深绿色。

（二）消化道指数

黑斑原鮡消化道指数测定结果见表 3-8。对 17 尾黑斑原鮡形态学指标的测定显示其肝体比为 $1.35\% \pm 0.21\%$，口咽腔长/头长为 0.60 ± 0.13，口裂宽/口裂高为 1.87 ± 0.41。鱼类

表 3-8 黑斑原鮡消化道形态学测量 （$n = 17$）

Table 3-8 Measurement of digestive indexes of *G. maculatum* （$n = 17$）

参数 parameters	平均值±标准差 mean±standard error	参数 parameters	平均值±标准差 mean±standard error	参数 parameters	平均值±标准差 mean±standard error
体长 (mm) body length	19.1 ± 3.5	食道长/消化道长 oesophagus length / digestive tract length	0.075 ± 0.024	肝体比 hepato-somatic index	1.35% ± 0.21%
体重 (g) body weight	112.6 ± 64.2	肠长/体长 intestine length / body length	0.90±0.19	主肝体比 dominant liver weight / body weight	0.71% ± 0.15%
头长/体长 head length / body length	0.24 ± 0.02	腹腔长/体长 celiac length / body length	0.82±0.31	副肝体比 subdominant liver weight / body weight	0.63% ± 0.15%
口裂宽/吻长 mouth width/ snout length	0.93 ± 0.10	胃长/胃直径 stomach length/ stomach diameter	1.19±0.24	比消化道重 digestive tract weight / body weight	3.20% ± 0.45%
口裂高/吻长 mouth height / snout length	0.52 ± 0.10	胃长/消化道长 stomach length / digestive tract length	0.097±0.024	比胃重 stomach weight / body weight	1.62% ± 0.43%
口裂宽/口裂高 mouth width / mouth height	1.87 ± 0.41	肠长/腹腔长 intestine length / celiac length	2.26±0.53	比肠重 intestine weight / body weight	1.57% ± 0.24%
口咽腔长/头长 oropharyngeal cavity length / head length	0.60 ± 0.13	肠长/消化道长 intestine length / digestive tract length	0.85±0.02	鳃耙数 number of gill raker	5～9

的食性类型与其消化道指数之间有一定的关系。潘黔生等（1996）发现 6 种肉食性鱼类的口咽腔长/头长为 0.55~0.76，而林浩然（1962）的研究结果表明，杂食性的鲤口咽腔长/头长为 0.4，草食性的草鱼 *Ctenopharyngodon idellus* 这一数值为 0.5，滤食性的鲢 *Hypophthalmichthys molitrix* 和鳙 *Aristichthys nobilis* 为 0.3。肉食性的南方鲇的数值约为 0.7，杂食性的鲫、白鲫 *Carassius auratu cuvieri* 及两者杂交品种高邮杂交鲫的数值为 0.50~0.55。根据以上研究结果，不难发现肉食性鱼类口咽腔长度至少是头长的一半，其比值大于杂食性、草食性和滤食性鱼类。黑斑原鲱的口咽腔长/头长平均值为 0.6±0.13，与多数肉食性鱼类的数值接近。

（三）年龄与消化道指数关系

以脊椎骨为年龄鉴定材料，鉴定采集自尼洋河 31 尾黑斑原鲱的年龄，分别为 3 龄、5 龄、7 龄、9 龄、12 龄和 15 龄，各年龄组的体长、体重、肠道系数及肝体比数据见表 3-9。黑斑原鲱随着年龄的增长，体长和体重均增加；肠道系数随年龄增加表现为先下降再升高，然后又降低的趋势；肝体比随体重升高，之后略有下降。

表 3-9　黑斑原鲱不同年龄的消化道指数
Table 3-9　Digestive indexes of *G. maculatum* at different ages

年龄鉴定 age	3 龄 3-year	5 龄 5-year	7 龄 7-year	9 龄 9-year	12 龄 12-year	15 龄 15-year
样本数量 sample size	5	5	4	7	7	3
体长 body length（cm）	13.8 ± 1.1	17.4 ± 1.1	19.1 ± 1.0	21.3 ± 2.2	22.2 ± 1.92	23.7 ± 1.5
体重 body weight（g）	35.4 ± 9.7	80.9 ± 21.4	100.9 ± 23.4	153.3 ± 49.2	144.9 ± 30.9	182.0 ± 33.8
肠道系数 intestinal coefficient，IC	1.05 ± 0.14	0.78 ± 0.20	0.91 ± 0.12	1.02 ± 0.15	1.13 ± 0.25	1.00 ± 0.31
肝体比 hepato-somatic index，HSI（%）	1.12 ± 0.21	1.16 ± 0.13	1.20 ± 0.19	1.17 ± 0.23	1.24 ± 0.49	0.99 ± 0.11

二、消化系统组织学结构

消化道各部分和消化腺的组织学结构如下。

唇（lips）：上唇和下唇由复层上皮组成，黏膜上有味蕾分布（图版Ⅲ-1-B，C）。

口咽腔（oropharyngeal cavity）：口咽腔的顶壁和底壁为复层鳞状上皮，其黏膜层均有大量的杯状细胞和较多的味蕾（图版Ⅲ-1-D，E）。

食道（oesophagus）：食道内衬复层鳞状上皮和大量杯状细胞（图版Ⅲ-1-F，G），食道黏膜层具有黏膜肌。肌层分为内层纵肌和外层环肌两层，环肌层较厚，为横纹肌纤维。黏膜下层和黏膜固有层较厚。黑斑原鲱食道前段的黏膜层仍发现少量味蕾（图版Ⅲ-1-H，I）。食道与胃之间存在贲门括约肌，由环肌向内突出形成。

胃（stomach）：在组织学水平上，很容易区分食道向胃转变的界限，因为有很明显的过渡，可以清楚地看到上皮由复层上皮过渡到胃单层上皮，并且分泌细胞在胃部不再出现，胃腺的出现及平滑肌取代横纹肌都是食道与胃交界处的特征（图版Ⅲ-2-A，B）。食道的横纹肌逐渐被平滑肌替代，并且纵肌变得靠近外表面。胃部无杯状细胞，杯状细胞主要存在于口咽腔、食道和肠道。胃部黏膜固有层较发达。在贲门和胃底部，有大量的胃腺存在于上皮和固有层之间，向幽门处移动胃腺数量逐渐减少。胃底和幽门的区别是幽门部缺乏胃腺（图版Ⅲ-2-C～F）。在胃和肠连接处，有一层很厚的环肌，即幽门括约肌（图版Ⅲ-2-G），从外部形态观察也可以看见该处形成环状缢痕（图版Ⅲ-1-A）。

肠道（intestine）：黑斑原鲱肠前段、中段和后段的组织学特征无明显差异，但从肠前段至后段，黏膜褶皱高度、黏膜下层厚度、肌层厚度等均有逐渐减小的趋势（图版Ⅲ-2-H）。肠道的黏膜皱襞非常丰富。上皮层由单层柱状上皮构成，上皮游离端有发达的微绒毛和大量杯状细胞（图版Ⅲ-2-I，J）。黏膜下层和固有膜之间界限不明显，肠道缺乏黏膜肌。肌层由内层环肌和外层纵肌两层平滑肌纤维构成。

肛门（anus）：黑斑原鲱肛门连接外部，位于腹鳍和臀鳍之间。也由 4 层结构组成，肠道至肛门处肌肉层略有增厚，上皮层也存在大量杯状细胞，肛门末端连着外部皮肤（图版Ⅲ-2-K）。

肝脏（liver）：黑斑原鲱肝小叶之间分隔不明显，而肝细胞索也不明显，肝细胞排列紧密，相互挤压呈不规则的多角形，分界明显，以中央静脉为中心呈放射状排列（图版Ⅲ-3-A）。主肝、副肝及连接带处组织学结构无明显差异（图版Ⅲ-3-A～C）。连接带的凹陷处有一条大的小叶下静脉和 2～3 个胆管（图版Ⅲ-3-C，D）。

胆囊（gall bladder）：黑斑原鲱胆囊较大，壁很薄。胆囊壁可分为 3 层：黏膜层、肌层和浆膜层（图版Ⅲ-3-E）。在胆囊壁外发现胰腺组织，胰岛分布其中（图版Ⅲ-3-H）。

胰腺（pancreas）：黑斑原鲱肝胰脏是分离的，胰腺主要分布在胃壁外面（图版Ⅲ-3-F）、肠道前段附近（图版Ⅲ-3-G）、胆囊壁外周（图版Ⅲ-3-H）及肠道其他系膜的脂肪中。胰腺可分为外分泌部（消化腺）和内分泌部（胰岛）（图版Ⅲ-3-H），腺体内可见丰富的血管。胰腺细胞多角形、卵圆形或三角锥形，细胞界限较为明显。

从组织学结构看，黑斑原鲱消化组织包含黏膜、黏膜下层、黏膜肌层和浆膜层。含有大量杯状细胞的复层鳞状上皮位于口咽腔和食道内腔面，单层柱状上皮细胞存在于胃肠道上皮表面，不同的是肠道的上皮细胞游离面形成明显的纹状缘（或刷状缘，brush border microvilli）。Grau 等（1992）和 Ostos Garrido 等（1993）在杜氏鰤 *Seriola dumerili* 和虹鳟 *Oncorhynchus mykiss* 中都发现，在其消化道黏膜下层和固有膜之间有一层由发达的胶原纤维束构成的结实层（stratum compactum），他们认为这层结构是起保护、支持和加固作用的，但在黑斑原鲱中未发现类似的结构。也有学者研究表明，两种小口脂鲤科鱼类（*Leporinus friderici* 和 *L. taeniofasciatus*）的食道黏膜下层存在一层很厚的脂肪组织（Albrecht et al.，2001），类似的组织学结构在黑斑原鲱的食道黏膜中也没有发现。黑斑原鲱肠道的黏膜皱褶非常丰富，尤其是在肠前段部分非常细密，表明其消化和吸收营养元素的主要部位是肠前段，这是多数肉食性鱼类的一个普遍特征。

黑斑原鲱的唇、口咽腔和食道前部的上皮层中均存在味蕾。Albrecht 等（2001）曾报道两种小口脂鲤科的鱼类唇外表面有味蕾，但其食道没有发现味蕾，说明食物在摄食之前经过选择。哲罗鱼 *Hucho taimen* 的口咽腔上皮未发现味蕾，但食道前段的味蕾能帮助辨别和选择食物。而黑斑原鲱的唇至食道前部均有味蕾，使其在吞咽食物的过程中，可借助食道内壁发达的横纹肌完成对所吞咽物体的选择。类似的证据在杜氏鰤中被报道（Grau et al.，1992）。

食道的主要功能是传输食物到胃部。黑斑原鲱食道内腔面的复层上皮，对于食道具有保护其自身免受机械损伤的作用，多层的细胞耐受磨损并防止异物入侵，且受损后容易修复，其中食道的杯状细胞分泌的黏液可润滑管腔，利于食物运送；另外，食道的横纹肌纤维具有很大的伸缩性，能够允许较大或者较硬的食物顺利通过食道（Albrecht et al.，2001）。这些特征使得鱼类摄取某些食物更容易些。黑斑原鮡食道内衬含有大量杯状细胞的复层鳞状上皮，这与其主食小型鱼类、底栖无脊椎动物和水生昆虫一致。某些鱼类食道内腔中存在单层柱状上皮和扁平上皮细胞以一定比例呈环形组成的组织，将颗粒物质包裹其中，形成一个个独立的消化单元，推断出消化作用可能始于食道，类似的结果也曾在金头鲷 *Sparus aurata* 中发现（Cataldi et al.，1987）。此外，有学者根据海水鱼类食道黏膜有向外凸的微脊细胞（microridge）和具有微绒毛的单层柱状细胞，推断其食道具有一个除摄食吞咽的消化作用以外的功能——渗透压调节作用（Grau et al.，1992）。

　　黑斑原鮡的胃为"U"形，胃的形状在其饱食的时候更为明显。"U"形囊状胃在其他肉食性鱼类中也被报道，如金头鲷和杜氏鰤（Cataldi et al.，1987；Grau et al.，1992）。这些文献讨论了这种囊状胃是鱼类储存已摄取的大量食物的场所，充分消化食物并延长停留时间，是一个普遍存在的特征。黑斑原鮡胃部很厚的平滑肌层增强了弹性，有助于食物进入肠道之前的机械磨碎作用。黑斑原鮡胃底和贲门部存在大量的胃腺，表明其胃部具有产生消化酶的功能。由于黑斑原鮡胃肠道之间具有幽门括约肌，食物在胃内的消化时间得以延长。

　　杯状细胞是鱼类肠道黏膜中的主要构成成分，在黑斑原鮡的肠道上皮层发现大量的杯状细胞。霍氏野鲮 *Labeo horie* 能够吃掉大量坚硬的固体状食物，因此就需要额外的润滑作用，肠道杯状细胞帮助润滑食物。Cataldi 等（1987）指出金头鲷直肠部位高密度的杯状细胞能润滑内壁以帮助排便；肠道的杯状细胞具有润滑、吸收和转运蛋白质大分子及可溶性营养物质的功能，还具有消化酶辅助因子的作用。还有报道，罗非鱼的肠道杯状细胞具有防御细菌侵入的功能。与其他鲇形目鱼类一样，黑斑原鮡的肠道中亦未发现肠腺，而鳕科（Gadidae）鱼类、条石鲷和哲罗鱼存在肠腺，肠腺的存在与鱼类分类地位和摄食习性是否有关，有待今后进一步研究。

三、消化道超微结构

（一）消化道黏膜皱褶形态

　　食道：黑斑原鮡的食道粗而短（图版Ⅲ-1-A），黏膜褶呈纵行，食道与胃交界处也有横向的褶，形成食道和胃之间的括约肌（图版Ⅲ-4-A）。

　　胃：黑斑原鮡的胃黏膜总体呈纵褶，很深，形成数道沟，平行排列，共有 6～8 个大纵褶（图版Ⅲ-4-B，C）。纵向皱褶之间有波纹状横褶，每个大的纵褶内又有"Z"形弯曲。

　　肠道：黑斑原鮡的肠道黏膜总体上呈纵行皱褶，肠道前段皱褶高度和密度都高于中后部，肠前段黏膜褶纵行波纹状，排列非常紧密。肠中段黏膜褶趋于平缓，纵褶内呈细纹状，肠后段黏膜褶高度更低，几乎呈纵行平行排列状（图版Ⅲ-4-D～F）。

（二）扫描电镜结果

　　胃：黑斑原鮡的胃黏膜上皮细胞凹陷形成胃小凹，为胃腺的开口处（图版Ⅲ-5-A）。胃黏膜柱状上皮细胞界限十分清晰，细胞排列紧密，其表面光滑，细胞顶端无微绒毛（图版Ⅲ-5-B，C），细胞形态呈圆形、卵圆形或多边形，细胞排列紧密。上皮细胞游离面光滑，可见一些胃部分泌颗粒存于管腔内（图版Ⅲ-5-B）。

　　肠道：黑斑原鮡的肠道黏膜皱褶有两级，除了初级皱褶还有次级皱褶（图版Ⅲ-5-D，E）。肠前段柱状上皮，其细胞界限不明显，游离面的微绒毛结构不够清楚。但杯状细胞的分泌孔清晰可见，内陷形成坑（图版Ⅲ-5-F）。肠中段和肠后段结构与肠前段相似，但黏膜皱褶比肠前段平坦。

　　黑斑原鮡的消化道扫描电镜观察到胃部无微绒毛，肠道密集而整齐的微绒毛和大量的杯状细胞分泌孔，这与其他鲇形目鱼类，如斑点叉尾鮰、胡子鲇、革胡子鲇（Clarias lazera）、长吻鮠、南方鲇及大鳍鳠等相似。

　　黑斑原鮡食道黏膜的扁平上皮细胞之间有大量的杯状细胞，其分泌的黏液主要起润滑的作用，此外，有学者报道杜氏鰤食道处上皮皱褶顶端为带有微绒毛的柱状上皮，可能还参与渗透压调节和食物的消化（Grau et al.，1992）。在某些鱼类中，学者们推断消化作用可能始于食道（Borlongan，1990）。黑斑原鮡胃和肠的黏膜层，在组织学上都是由单层柱状上皮构成，但两者的表面形态存在差异。胃黏膜皱褶为一级皱褶，皱褶纵行并分隔为许多小区，上皮细胞表面界限较清楚。肠管黏膜皱褶为二级皱褶，黏膜褶形状复杂，小而密集，黏膜上皮细胞的表面平齐并具有明显而发达的微绒毛（microvilli）结构。

（三）透射电镜结果

　　胃底：黑斑原鮡胃底部存在 3 种类型的细胞，即黏液细胞、腺细胞和内分泌细胞。黏液细胞有两种不同的形态（图版Ⅲ-6-A，B），一种位于上皮层的表面，有黑色黏液颗粒，核位于细胞基底部（图版Ⅲ-6-A）；另外一种充满了白色的黏液颗粒（图版Ⅲ-6-B）。两种细胞类型均含有大量的分泌颗粒，其含有同质的成分，大小形状略有差异。腺细胞含有大量的酶原颗粒，发达的微管泡体系和线粒体（图版Ⅲ-6-C～E）。腺细胞内发现高尔基复合体（图版Ⅲ-6-C）。内分泌细胞有明显的细胞核和分泌颗粒（图版Ⅲ-6-F），本研究未对此类型细胞详细分析。桥粒是最典型的细胞连接类型。

　　肠道：在电子显微镜下，黑斑原鮡肠道上皮层主要有两种类型的细胞，即吸收细胞和杯状细胞（图版Ⅲ-6-G，H）。肠道的柱状上皮细胞（也称为 enterocyte 或者吸收细胞），具有十分发达的刷状缘微绒毛（图版Ⅲ-6-G，I），微绒毛方向朝向管腔。在肠道上皮细胞中还发现存在线粒体、内质网和溶酶体（图版Ⅲ-6-G，I）。吸收细胞的细胞质内有许多球形的脂肪滴（图版Ⅲ-6-J）。肠道上皮显著的特征是高密度的杯状细胞充满了整个肠道黏膜，内含大量的黏液颗粒。吸收细胞侧面的连接方式最显而易见的是桥粒连接（图版Ⅲ-6-G，I）。吸收细胞的细胞核位于基部。

　　透射电镜观察到的超微结构表明，黑斑原鮡胃底部的上皮中存在 3 种类型细胞（表面黏液细胞、腺细胞和内分泌细胞），但缺乏哺乳类动物的壁细胞。鱼类的黏液细胞和腺细胞都参与到了胃液分泌的生理活动中。胃腺处的细胞也被称为泌酸胃酶细胞（oxyntopeptic cell）（Ostos Garrido et al.，1993），这种细胞与盐酸的生成和胃蛋白酶原的合成有关。本研究中胃底部的腺细胞具有发达的管泡状结构（tubulovesicular system）、丰富的线粒体和大量的酶原颗粒，表明其担负分泌盐酸和蛋白酶的功能，其他硬骨鱼类中类似的腺细胞也曾多次被报道（Ostos Garrido et al.，1993）。其他一些肉食性鱼类中，杜氏鰤胃部黏膜游离面也具有短绒毛（short microvilli）（Grau et al.，1992），但黑斑原鮡的胃黏膜游离面未发现短绒毛结构。由此可见，以上的肉食性鱼类，其胃黏膜上皮细胞表面形态并不相同，这种差异可能是物种特异性造成的。微绒毛结构与营养物质吸收有密切关联，因此，具有微绒毛的胃黏膜可能除了分泌作用外，还具有吸收的机能。

和多数硬骨鱼类一样，黑斑原鮡的肠黏膜上皮主要有两种细胞类型（吸收细胞和杯状细胞），其肠道吸收细胞的游离面具有发达的刷状缘（brush border），这一特征与吸收功能密切相关。脂滴空泡在黑斑原鮡的肠道吸收细胞的细胞质超微图片中可见，同样，在众多硬骨鱼类中证实了脂肪吸收发生在肠前段部位。此外，虹鳟的肠前段除了有吸收功能外，还起到渗透压调节的作用。棒状细胞被认为具有参与肠道分泌活动及酶解的功能，很多硬骨鱼类，尤其是海洋鱼类的肠道均具有棒状细胞，而在黑斑原鮡的消化道中没有发现类似结构。

四、摄食器官与食物的适应性

黑斑原鮡具锐利的颌齿，粗而短的食道，较大的口咽腔和胃，肠道系数为 0.90±0.19，只盘旋 1~2 次。这与鲇形目其他肉食性鱼类如黄颡鱼和鲇 *Silurus asotus* 相似（潘黔生等，1996），都是对捕食大型食物的一种适应。

鳃耙数目也常作为鱼类分类的重要指标之一，多以计数第一鳃弓外鳃耙数为准。林浩然（1962）观察到鳡 *Elopichthys bambusa* 的鳃耙数为 14，鲤为 21，草鱼为 18，而鲢和鳙则高达 2244 和 696，潘黔生等（1996）记录 6 种肉食性鱼类的鳃耙数为 6~15，但黄鳝 *Monopterus albus* 第一鳃弓无鳃耙。关海红等（2008）比较了 3 种肉食性鱼类鳃耙数，发现哲罗鱼为 11~14，鲇为 3~12，黄颡鱼为 10~15。肉食性鱼类的鳃耙粗短而稀少，而以浮游生物为食的鱼类具有致密而发达的鳃耙。

肠道系数作为一个重要的形态学指标，已经被广泛用于判断鱼类的营养类型。通常肠道系数低于 1 的鱼类多为肉食性，肠道系数高于 2 的多为草食性鱼类，而介于二者之间的鱼类多为杂食性鱼类。例如，肉食性金头鲷肠道系数为 0.5~0.6（Cataldi et al.，1987），3 种肉食性鱼类哲罗鱼、鲇和黄颡鱼肠道系数分别为 0.47、0.78 和 0.98（关海红等，2008），4 种鲇形目鱼类乌苏里拟鲿 *Pseudobagrus ussuriensis*、黄颡鱼、怀头鲇 *S. soldatovi* 和鲇的比肠长均小于 1。两种杂食性的小口脂鲤科鱼类的肠道系数分别为 1.25 和 1.14（Albrecht et al.，2001），典型的草食性鱼类草鱼的肠道系数高于 2.0。肉食性鱼类肠道最短，一般无盘旋回折或 1~2 个弯曲，而杂食性鱼类的肠道长度取决于食物中动物性和植物性组分的实际含量。草食性鱼类的肠道最长，功能性地解释为其食物组分的消化速度慢，需要更长的时间消化营养物质和更充分地与消化道接触（Albrecht et al.，2001）。黑斑原鮡的肠道系数为 0.90 左右，是与其以小型鱼类、底栖生物和有机碎屑为主要食物的食性一致的。

第四节 消 化 酶

一、消化酶活性

（一）蛋白酶活性

采用改进的干酪素水解法测定肠道粗酶液的蛋白酶（non-specific protease）活性，测定结果见表 3-10。蛋白酶活性以胃最高，肠前段、主肝和副肝次之，胃和肠前段，以及胃和肝之间差异显著（$P<0.05$），主肝和副肝差异不显著（$P>0.05$），肠中段和肠后段最低且两者差异不显著（$P>0.05$），肠道以肠前段最高且各段蛋白酶活性差异显著（$P<0.05$）。

肉食性鱼类（尤其是胃发达的种类）的食物消化主要集中在胃部。同样地，黑斑原鮡胃内蛋白酶活性远远高于肠道。黑斑原鮡肠道蛋白酶活性以肠前段最高，与黎军胜等（2004a）对奥尼罗非鱼（*Oreochromis niloticus×O. aureus*）的研究结果一致。黑斑原鮡胃内蛋白酶以酸性蛋白酶为主；肠蛋白酶为碱性蛋白酶，肠蛋白酶活性以肠前段最高，肠后段与肠中段次之，肠前段与后两者有显著差异（$P<0.05$），奥尼罗非鱼和牙鲆*Paralichthys olivaceus* 的蛋白酶也从肠前段至肠后段逐渐降低（王宏田和张培军，2002；黎军胜等，2004a）。不同的是，黄耀桐和刘永坚（1988）认为草鱼肝胰脏的蛋白酶稍高于肠道。以上这些学者对不同鱼类的消化道蛋白酶分布的研究结果有差异，这些差异可能是各种鱼类消化酶种间差异引起的，也可能是不同的酶活测定方法和酶活定义所致（黎军胜等，2004a）。

（二）淀粉酶活性分布

根据经典水杨酸显色法测定淀粉酶活性，测定结果见表 3-10。淀粉酶活性以肠前段最高，主肝和副肝次之，肠前段与后两者差异显著（$P<0.05$），但主肝和副肝之间差异不显著（$P>0.05$）；再次为胃，胃与肠前段淀粉酶活性差异显著，与两部分肝脏的差异不显著（$P>0.05$）；肠中段和肠后段的活性最低，与肠前段差异显著（$P>0.05$）。

淀粉酶活性在许多杂食性和草食性鱼类中被报道，这些鱼类将多糖分解为短链的单糖。淀粉酶在肉食性鱼类中的作用目前还受到质疑，因为它们在自然环境中摄入很少的碳水化合物。然而，在很多肉食性鱼类中检测到淀粉酶活性（Munilla-Moran and Saborido-Rey，1996）。Fernandez 等（2001）发现草食性鲷科鱼类的淀粉酶活性高于肉食性种类。Uys 等（1987）在研究中发现一种尖齿胡鲇 *C. gariepinus* 食谱很广，并在胰腺和肠前段部位检测到较高的淀粉酶活性。低的淀粉酶/胰蛋白酶值可以作为判断肉食性鱼类的一个指标。本文也检测到较低的淀粉酶活性，发现淀粉酶活性肠前段最高，肠中段和肠后段较低，这与牙鲆、奥尼罗非鱼和大弹涂鱼 *Boleophthalmus pectinirosris* 结果一致（王宏田和张培军，2002；黎军胜等，2004b；吴仁协等，2007）。Munilla-Moran 和 Saborido-Rey（1996）检测到大菱鲆胃部的淀粉酶活性，并由此推断碳水化合物的消化起始于胃。但 Uys 等（1987）分析尖齿胡鲇胃部较低的淀粉酶活性，可能缘于肠道活性的外源污染。黑斑原鮡肠道淀粉酶活性高于肝脏和胃，这与青鱼 *Mylopharyngodon piceus* 和鲫一样，其肝脏中淀粉酶活性低于肠中段部位的；而草鱼、鲤和鲢肝脏中淀粉酶活性高于肠道的。

（三）脂肪酶活性分布

采用 Borlongan（1990）方法测定脂肪酶活性，结果见表 3-10。脂肪酶活性以肠前段最高，主肝和肠后段次之，分别为肠前段的 75.90% 和 61.45%，三者差异显著（$P<0.05$），肠中段、胃和副肝的脂肪酶活性最低，肠中段与肠后段的脂肪酶活性差异不显著（$P>0.05$），但二者都低于肠前段（$P<0.05$），肠中段与胃之间差异显著（$P<0.05$）。主肝和副肝之间脂肪酶活性差异显著（$P<0.05$）。

表 3-10　黑斑原鮡各种消化酶活性分布

Table 3-10　The distribution of main digestive enzymes in different digestive sections of *G. maculatum*

消化酶种类 digestive enzymes	胃 stomach	肠前段 anterior intestine	肠中段 middle intestine	肠后段 posterior intestine	主肝 dominant liver	副肝 attaching liver
蛋白酶 non-specific protease	16.16±0.96 [a]	3.18±0.25[b]	1.52±0.23[c]	1.76±0.21[c]	2.74±0.41[b]	2.33±0.18[b]
淀粉酶 amylase	0.0032±0.0009[bc]	0.0062±0.0007[a]	0.0023±0.0005[c]	0.0023±0.0004[c]	0.0042±0.0004[b]	0.0041±0.0004[b]
脂肪酶 lipase	0.39±0.10[d]	0.83±0.25[a]	0.48±0.09[c]	0.51±0.19[c]	0.63±0.13[b]	0.22±0.08[e]
胰凝乳蛋白酶 chymotrypsin	0.033±0.003[d]	0.207±0.022[b]	0.155±0.012[c]	0.129±0.015[c]	0.255±0.020[a]	0.262±0.021[a]
胰蛋白酶 trypsin	0.066±0.003[d]	0.138±0.025[a]	0.132±0.012[a]	0.084±0.010[c]	0.110±0.012[b]	0.106±0.006[b]
碱性磷酸酶 alkaline phosphatase	0.102±0.009[c]	0.365±0.031[a]	0.232±0.025[b]	0.208±0.020[b]	0.078±0.010[c]	0.080±0.005[c]
亮氨酰氨基肽酶 leucine aminopeptidase	0.258±0.025[c]	0.527±0.0245[a]	0.477±0.031[b]	0.478±0.028[b]	0.216±0.018[c]	0.224±0.021[c]

注：表中同行数值后不同的字母上标代表差异显著（P＜0.05）

Note：Means in the same row with different superscripts are significantly different（P＜0.05）

黑斑原鮡肠前段脂肪酶活性高于肠中段、肠后段、肝和胃，结合其肠道组织学结构分析，推断肠前段为黑斑原鮡脂肪消化吸收的主要场所。这与遮目鱼 *Chanos chanos*、牙鲆和大弹涂鱼脂肪酶活性分布类似（王宏田和张培军，2002；吴仁协等，2007）。黎军胜等（2004b）和 Borlongan（1990）发现奥尼罗非鱼肠道脂肪酶活性分布从大到小依次为肠前段、肠中段、肠后段。

（四）胰蛋白酶和胰凝乳蛋白酶活性分布

分别以 BAPA 和 SAPNA 为底物测定黑斑原鮡胰蛋白酶和胰凝乳蛋白酶活性，结果见表 3-10。胰蛋白酶肠前段最高，肠中段次之，两者差异不显著（P＞0.05），主肝和副肝低于肠中段，与肠中段差异显著（P＜0.05）；但主肝和副肝无显著性差异（P＞0.05）；肠后段和胃最低，两者有显著性差异（P＜0.05）。胰凝乳蛋白酶活性主肝、副肝最高，两者无显著性差异（P＞0.05），其次为肠前段，再次为肠中段和肠后段，肠中段和肠后段之间无显著性差异（P＞0.05），但与肠前段差异显著（P＜0.05），胃的活性最低，与肠后段差异显著（P＜0.05）。

以上结果表明，黑斑原鮡消化道存在胰蛋白酶和胰凝乳蛋白酶，且胰凝乳蛋白酶活性高于胰蛋白酶活性，这与 Kumar 等（2007）对 3 种鲤科鱼类的研究结果一致。这两种酶在肉食性和杂食性鱼类的消化道中起着很重要的作用：它们相互合作，协同地消化肠道的蛋白质（Uys et al.，1987），胰蛋白酶分解赖氨酸—精氨酸肽链，而胰凝乳蛋白酶分解肽链的酪氨酸、苯丙氨酸和色氨酸。肉食性鱼类的胰蛋白酶对蛋白质的消化有 40%～50%的贡献率，胰蛋白酶还通过酶原激活和其他的肽链内切酶对蛋白质消化起作用。

（五）碱性磷酸酶活性分布

黑斑原鲱碱性磷酸酶活性分布测定结果见表 3-10。碱性磷酸酶活性肠前段最高，肠中段和肠后段次之，且两者无显著性差异（$P>0.05$），但与肠前段差异显著（$P<0.05$）。主肝、副肝和胃活性最低，三者无显著性差异（$P>0.05$）。

本研究中黑斑原鲱肠道有较高的碱性磷酸酶活性，高于胃部和肝脏。在多种硬骨鱼类中都检测到碱性磷酸酶的活性（吴仁协等，2007）。碱性磷酸酶在鱼类消化道的存在已被确认，但对其作用并未了解得很透彻。磷酸酶是消化过程中一个重要的解毒系统，碱性磷酸酶存在于肠上皮细胞的纹状缘中，对于肠细胞吸收大分子营养物质具有重要的意义。

（六）亮氨酰氨基肽酶活性分布

黑斑原鲱亮氨酰氨基肽酶活性分布测定结果见表 3-10。亮氨酰氨基肽酶活性分布规律和碱性磷酸酶一致，肠前段最高，肠中段和肠后段次之，且两者无显著性差异（$P>0.05$），但与肠前段差异显著（$P<0.05$）。主肝、副肝和胃活性最低，三者之间无显著性差异（$P>0.05$）。

亮氨酰氨基肽酶在黑斑原鲱的整个肠道和肝脏检测到活性，胃部该酶活性非常低，这与 Hirji 和 Courtney（1982）研究结果类似，他们发现亮氨酰氨基肽酶分布于鲈的整个肠道，但在食道、胃和幽门括约肌处未发现该酶活性。在蓝鳍金枪鱼 *Thunnus orientalis* 和大西洋鲑 *Salmo salar* 消化道中，前、中、后三段肠道的亮氨酰氨基肽酶的活性大小相似，但该酶在幽门盲囊部位无活性（de la Parra et al.，2007）。

二、消化酶的理化性质

（一）温度对蛋白酶、淀粉酶和脂肪酶活性的影响

温度对黑斑原鲱消化道蛋白酶活性的影响如图 3-5a 所示，胃蛋白酶在 30℃ 出现最大值，升至 50℃，活性降至最大值的 40% 左右。肠道蛋白酶随温度先上升而后下降，前、中、后肠段蛋白酶活性均在 50℃ 出现峰值。由此可见胃蛋白酶活性的最适温度为 30℃，前、中、后肠段蛋白酶最适温度为 50℃。

温度对黑斑原鲱消化道淀粉酶活性的影响如图 3-5b 所示，淀粉酶活性随温度升高先升高后降低，消化道各部位的淀粉酶活性至 30℃ 出现峰值，因而胃、肠前段、肠中段和肠后段的最适温度均为 30℃。

温度对黑斑原鲱消化道脂肪酶活性的影响如图 3-5c 所示，其中胃部脂肪酶活性随温度升高而降低，在 30℃ 活性最大；肠道脂肪酶活性随着温度的升高而先升后降，肠前段在 50℃ 时活性最高，肠中段和肠后段的酶活在 40℃ 出现峰值。故黑斑原鲱胃脂肪酶最适温度为 30℃，肠前段最适反应温度为 50℃，肠中段和肠后段的最适温度为 40℃。

温度是影响酶活性的重要因子，在不导致酶变性的情况下，酶的活性会随着温度升高而增加，反之亦然。不同消化酶在不同鱼类及其不同消化器官的最适反应温度各不相

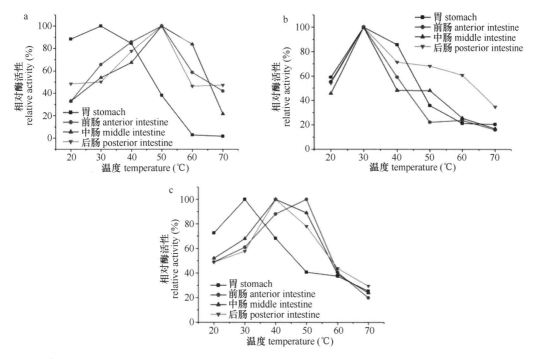

图 3-5 温度对黑斑原鮡消化道蛋白酶（a）、淀粉酶（b）和脂肪酶（c）活性的影响

Fig. 3-5 The effect of temperature on the protease（a），amylase（b）and lipase（c）activity in the digestive
tract of *G. maculatum*

同。黑斑原鮡消化道部位蛋白酶、淀粉酶和脂肪酶的最适温度在 30～50℃。Alarcón 等
（1998）报道了两种鲷科鱼类（金头鲷和牙鲷 *Dentex dentex*）酸性蛋白酶和碱性蛋白酶的
最适温度分别为 40℃ 和 50～55℃。黄颡鱼胃蛋白酶、肠蛋白酶和淀粉酶的最适温度分别
为 35～40℃、55～60℃ 和 35～40℃。兰州鲇（*S. lanzhouensis*）消化道各部位蛋白酶的
最适温度均为 42℃；淀粉酶的最适温度除胃和肝胰脏为 37℃外，其他部位均为 30℃；
脂肪酶的最适温度除肠后段为 30℃外，其他部位均为 25℃。南方鲇胃、胰脏和肠蛋白酶
最适温度分别为 33℃、39℃ 和 45℃，淀粉酶最适温度分别为 45℃、39℃ 和 41℃，而长
吻鮠相应部位的蛋白酶最适温度为 39℃、36℃ 和 41℃，淀粉酶最适温度分别为 45℃、
36℃ 和 39℃（叶元土等，1998）。太平洋蓝鳍金枪鱼幽门盲囊脂肪酶的最适温度为 45℃
（de la Parra et al.，2007），而遮目鱼肠和胰腺脂肪酶的最适温度分别为 45℃ 和 50℃
（Borlongan，1990）。以上这些研究结果说明，不同鱼类消化酶的最适温度差异很大，分
布在 25～60℃ 的广泛范围内，多数处于 30～50℃。

一个颇有争议的现象是，鱼类的栖息地水温一般低于30℃，而消化酶的最适温度却
多数在 30℃ 以上。即便是冷水性鱼（如鲑鳟类）栖息在 20℃ 以下水域，其消化酶活性最
适温度仍高达 40～50℃，这个最适反应温度远远高于鱼类栖息地水温，表现出鱼类消化
酶活性对低温的适应性。黑斑原鮡也是一种高原冷水性鱼类，其消化酶最适反应温度远
高于栖息地自然水温（取样时尼洋河自然水温 12～14℃）。尾崎久雄（1985）认为冷水
性鱼类酶的最适温度比温水性鱼类低的事实说明了鱼类消化酶对低温的适应性。

（二）pH 对蛋白酶、淀粉酶和脂肪酶活性的影响

pH 对黑斑原鮡胃肠道蛋白酶活性的影响如图 3-6a 所示。胃蛋白酶在 pH 1.0～2.0 随着 pH 的增加而增加，pH 2.0 时活性最大，之后随 pH 升高活性下降，至 pH 4.0 处，活性降至 20%左右。肠道蛋白酶活性在 pH 4.0～10.0，随 pH 增加有升高的趋势，其中肠前段和肠后段在 pH 10.0 时出现最大值，肠中段蛋白酶在 pH 9.0 时活性最高，之后急速下降。故黑斑原鮡胃蛋白酶最适 pH 为 2.0，肠道蛋白酶最适 pH 为 9.0～10.0。

不同 pH 条件下黑斑原鮡胃肠道中淀粉酶活性如图 3-6b 所示。在 pH 5.0～6.0 时，胃淀粉酶活性升高，pH 6.0 时上升至最大值，之后逐渐下降。三段肠道淀粉酶活性在 5.0～7.0 逐渐升高，7.0 时升高到峰值，之后逐步降低。故黑斑原鮡胃淀粉酶最适 pH 为 6.0，肠道淀粉酶最适 pH 为 7.0。

不同 pH 条件下黑斑原鮡胃肠道中脂肪酶活性见图 3-6c。在 pH 6.0 时胃脂肪酶活性最高，然后降低，在 8.0 处出现次高峰。肠道脂肪酶活性在 pH 5.0～8.0 上升，8.0 处出现最大值，之后下降。因此黑斑原鮡胃脂肪酶的最适 pH 为 6.0，肠道脂肪酶的最适 pH 为 8.0。有胃硬骨鱼类的胃蛋白酶活性最适 pH 多在 2.0～3.0，偏酸性（朱爱意和褚学林，2006），其中又以肉食性有胃鱼类的胃蛋白酶 pH 更偏酸性，为 1.0～2.0（Natalia et al.，2004）。鱼类肠道蛋白酶的最适 pH 为 8.0～10.0，甚至高达 11.0（Kumar et al.，2007），也有少量文献报道其值在 pH 7.0 左右（朱爱意和褚学林，2006）。本研究发现黑斑原鮡胃

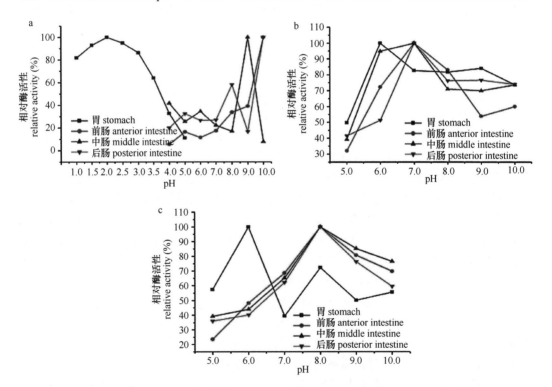

图 3-6　pH 对黑斑原鮡消化道蛋白酶（a）、淀粉酶（b）和脂肪酶（c）活性的影响

Fig. 3-6　The effect of pH on the protease（a），amylase（b）and lipase（c）activity of digestive tract of *G. maculatum*

蛋白酶最适 pH 为 2.0，肠道蛋白酶 pH 为 8.0～10.0，这些数值和已有的文献相一致。在金头鲷和牙鲷肠道发现蛋白酶活性存在两个 pH 峰值（7.0 和 10.0），表明至少存在两种主要的碱性蛋白酶（Alarcón et al.，1998），同样的结果在七彩神仙鱼 *Symphysodon aequifasciata*（在 pH 8.0～9.0 和 12.0～13.0 出现两个峰值）中被报道（Chong et al.，2002）。本研究也发现黑斑原鲱肠道存在两个最适 pH（9.0 和 10.0），与以上的鱼类肠道存在两种主要的碱性蛋白酶的结果一致。

黑斑原鲱胃淀粉酶最适 pH 6.0，肠淀粉酶最适 pH 为 7.0，和已有的硬骨鱼类的相关报道一致。已有的关于硬骨鱼类胃内淀粉酶最适 pH 是 4.0～7.0（朱爱意和褚学林，2006；吴仁协等，2007），肠道淀粉酶的最适 pH 为 6.0～8.0（Munilla-Morán and Saborido-Rey，1996；叶元土等，1998），多数在中性 pH 附近，未发现不同食性及有胃鱼类和无胃鱼类的淀粉酶最适 pH 存在规律性差异。然而，Fernandez 等（2001）发现地中海鲷科鱼类淀粉酶存在两个峰值，推断其存在同工酶。黑斑原鲱脂肪酶胃部最适 pH 为 6.0，肠道为 8.0，与已有文献报道的鱼类的脂肪酶最适 pH 为 6.5～8.5 相吻合（吴仁协等，2007），多数为中性略微偏碱性。

黑斑原鲱消化道内 pH 和蛋白酶、淀粉酶及脂肪酶的最适 pH 条件不一致，消化酶最适 pH 略高于消化道 pH，这与其他硬骨鱼类的研究结果一致（朱爱意和褚学林，2006），且空腹与饱食状态其消化道的 pH 存在差异。一般而言，鱼体消化道内的 pH 能够宽限度地满足不同消化酶活力的作用范围，但消化道的 pH 与消化酶的最适 pH 有很大差别。

（三）胃肠道蛋白酶温度稳定性和 pH 稳定性

胃蛋白酶在不同温度下随反应时间延长，其活力变化如图 3-7a 所示。胃蛋白酶在 20～40℃条件下，孵育 90 min 后仍保留 70%～80%的活性。50℃条件下，孵育 15 min，保留 60%左右的酶活，并随时间延长逐渐降低，至 90 min 仍有 40%的活性。60℃条件下，保温 15 min 活性就降至 10%以下。由此可见，胃蛋白酶在 20～50℃内均比较稳定。

肠道蛋白酶在不同温度下随反应时间延长，其活力变化如图 3-7b 所示。肠道蛋白酶活性在 20～50℃条件下，保温 45 min 残余 40%～70%。但在 60℃条件下，孵育 15 min 活性就降至 20%以下。肠蛋白酶的稳定存在的温度为 20～50℃。

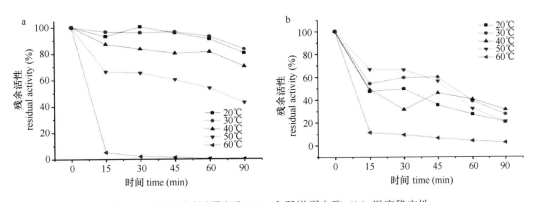

图 3-7　黑斑原鲱胃蛋白酶（a）和肠道蛋白酶（b）温度稳定性

Fig. 3-7　The effect of temperature on stability of pepsin（a）and intestine protease（b）of *G. maculatum*

消化酶的最适温度是在离体条件下测定的，只反映了酶的理化特性，并不能准确反映温度对消化酶的综合影响。有学者报道，随着反应时间的延长，最适温度的数值将下降（尾崎久雄，1985）。测定鱼类消化酶在不同温度下随反应时间增加而表现出的稳定性，可以描述消化酶对温度的耐受力。虹鳟在 40℃ 和 50℃ 时，其酶活在 30 min 内稳定存在，大盖巨脂鲤 Colossoma macropomum 幽门盲囊的碱性蛋白酶在 55℃ 条件下经过 90 min 其活性无改变，奥尼罗非鱼肠道蛋白酶在 50℃ 失去活性（Wang et al.，2010）。Hau 和 Benjakul （2006）报道，大眼鲷 Pricanthus macracanthus 幽门盲囊的胰蛋白酶在 2 mmol/L Ca^{2+} 激活下，在 40℃ 保温 1 h 仍有 80% 左右的酶活力，甚至 8 h 后活力也维持不变，但是 1 mmol/L 的 EDTA 存在时，酶活性随着时间的推移持续下降。可见，无论是热带鱼还是冷水性鱼类，其蛋白酶在 55℃ 以下都有较好的稳定性。本研究也发现黑斑原鲱胃肠道蛋白酶温度稳定性在 20～50℃，与以上研究结果一致。

黑斑原鲱胃蛋白酶的 pH 稳定性如图 3-8a 所示，胃蛋白酶在 pH 1.0～4.5，保温 90 min，酶活仍有 50% 左右。因而胃蛋白酶在 pH 1.0～4.5 都比较稳定。

黑斑原鲱肠道蛋白酶的 pH 稳定性如图 3-8b 所示。从图中可看出，肠道蛋白酶在 pH 6.0～7.5，保温 15 min，酶活降至 50% 以下，而在 pH 7.5～11.0，保温 45 min，酶活还残余 50% 左右。因而肠蛋白酶的 pH 稳定性为 pH 7.5～11.0。

消化酶的最适 pH 是在体外反应条件下测得的，反映的只是酶自身的理化特征，并不能准确反映在体情况下 pH 对鱼类消化酶及其他生理活动的影响，因而，有些学者测定消化酶的 pH 稳定性来反映消化酶与 pH 之间的关系。Alarcón 等（1998）报道了两种鲷科鱼类的碱性蛋白酶活性在 pH 5.0～12.0 仍保留 90%～100%，但在更酸性（pH 2.0）的条件下急速下降。这与大菱鲆幽门盲囊蛋白酶在 pH 6.0～10.0 稳定性最好（王海英，2004）、大眼鲷胰蛋白酶在 pH 7.0～12.0 具有稳定性（Hau and Benjakul，2006）和沙丁鱼 Sardina pilchardus 胰蛋白酶在 pH 6.0～9.0 具有稳定性（Bougatef et al.，2007）的研究结果有相似性，但不同鱼类蛋白酶具有稳定性的 pH 范围有差异。本研究中，黑斑原鲱胃蛋白酶 pH 稳定性为 1.0～4.5，肠道蛋白酶稳定性为 pH 7.5～11.0。可见，鱼类的消化酶可适应的 pH 范围较广，在宽范围的 pH 条件下其活性还能稳定存在较长时间，利于食物在鱼体内的消化。

（四）蛋白酶和淀粉酶最适底物浓度

胃蛋白酶活随着底物浓度变化而改变（图 3-9a）。该酶活性随着底物干酪素浓度的增加而上升，至 2.5% 处升至最高值，之后又降低，胃蛋白酶最适底物浓度为 2.5% 干酪素。

肠道蛋白酶活随着底物浓度变化而改变（图 3-9b），肠道蛋白酶最适底物浓度为 2.0% 干酪素。该酶活性随着底物浓度的增加而上升，至 2.0% 处升至最高值，之后略有降低，但稳定在较高水平。

底物对胃淀粉酶活性的影响如图 3-9c 所示。从图中可以看出，胃部淀粉酶最适底物浓度为 2.5% 可溶性淀粉。该酶活性随着底物浓度的增加而上升，至 2.5% 处升至最高值，之后降低。

底物对肠道淀粉酶活性的影响如图 3-9d 所示。从图中可以看出，随着底物浓度从 0.5% 升到 1.5% 该酶活性逐渐升高，之后至 2.5% 略有降低，随后又上升，最高活性出现在 3.0% 浓度组，因此肠道淀粉酶的最适底物浓度为 3.0% 可溶性淀粉。

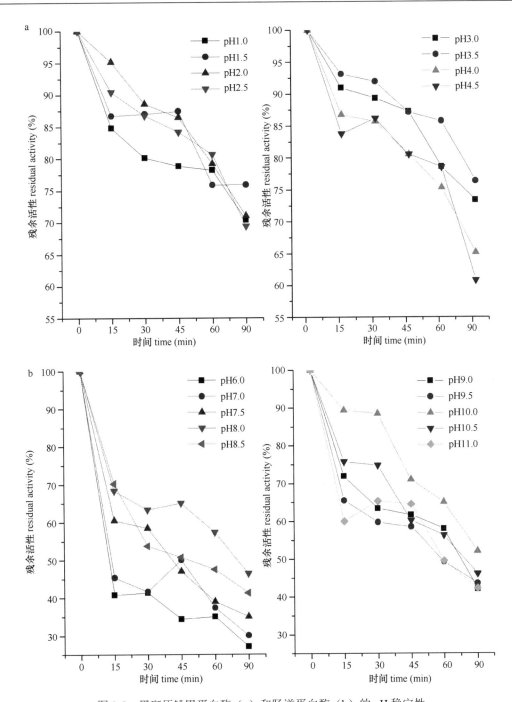

图 3-8 黑斑原鲱胃蛋白酶（a）和肠道蛋白酶（b）的 pH 稳定性
Fig. 3-8 The effect of pH on stability of pepsin（a）and intestine protease（b）of *G. maculatum*

　　根据已有的酶学理论，在温度、pH 及酶浓度不变的情况下，底物浓度对酶促反应速度的影响为：当底物浓度较低时，酶促反应速度随底物浓度的增高而迅速加快，但当底物浓度增高到某一程度，反应速度增加到最大反应速度后，不再随底物浓度的增高而加快。

黄耀桐和刘永坚（1988）研究了草鱼肠和肝胰脏的蛋白酶最适底物浓度，发现其蛋白酶比活力不是随着蛋白浓度增大而直线增高，而是达到最适浓度后，底物浓度再增大，酶活不再增加，反而会下降。奥尼罗非鱼肝胰脏、肠道淀粉酶最适反应底物浓度均为 0.8%，低于该值，活性下降，高于 0.8%，活性开始略有下降然后缓慢回升（黎军胜等，2004b）。黑斑原鮡胃蛋白酶和肠蛋白酶的最适底物浓度分别为 2.5% 和 2.0% 干酪素，而淀粉酶最适底物浓度分别为 2.5% 和 3.0% 淀粉，其酶活与底物浓度的变化关系和上述鱼类研究结果一致，也基本符合酶学反应规律，不一致的地方可能与复杂反应体系和理化条件的突变有关。

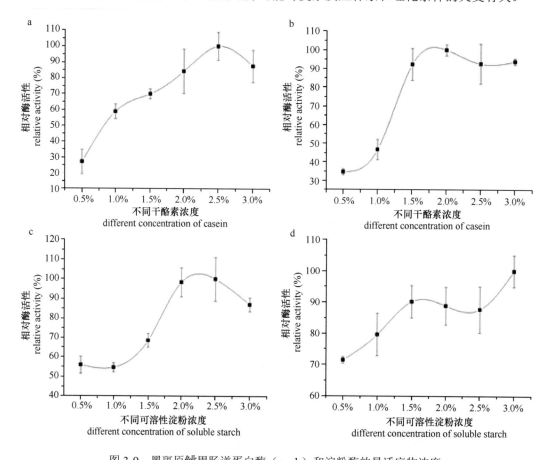

图 3-9　黑斑原鮡胃肠道蛋白酶（a，b）和淀粉酶的最适底物浓度
Fig. 3-9　The effect of substrate concentration on of pepsin（a），intestine protease（b），stomach amylase（c）and intestine amylase（d）of *G. maculatum*

（五）金属离子对消化道蛋白酶活性的影响

不同金属离子对黑斑原鮡胃蛋白酶活性的影响如图 3-10a 所示。由图可知，Na^+ 和 Hg^{2+} 对该酶有明显抑制作用，而 Cu^{2+} 和 Co^{2+} 有明显激活作用，Fe^{3+}、Ca^{2+}、K^+ 和 Zn^{2+} 对酶活有轻微激活效果。

不同金属离子对黑斑原鮡肠道蛋白酶活性的影响如图 3-10b 所示。从图中可以看出，Cu^{2+}、Zn^{2+} 和 Fe^{3+} 对该酶活性有明显的抑制作用。而 Fe^{2+} 和 Ca^{2+} 对酶活有激活作用，Mg^{2+}

也有轻微激活作用。

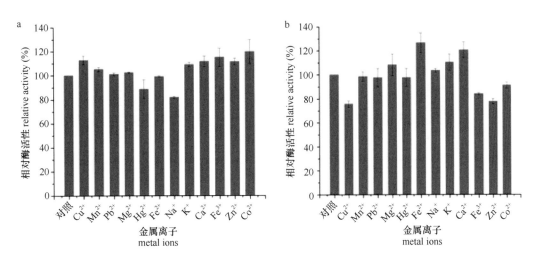

图 3-10　金属离子对黑斑原鮡胃蛋白酶（a）和肠道蛋白酶（b）活性的影响

Fig. 3-10　The effect of some metal ions on the protease activity in the stomach（a）and intestine（b）of *G. maculatum*

金属离子对鱼类及水生动物消化酶活力影响的研究报道相对较少，已有的文献主要是关于金属离子对蛋白酶活性的影响。本实验发现，Na^+ 和 Hg^{2+} 对黑斑原鮡的胃蛋白酶有抑制作用，Cu^{2+} 和 Co^{2+} 有激活作用；对于肠道蛋白酶，Cu^{2+}、Zn^{2+} 和 Fe^{3+} 均有抑制作用，而 Ca^{2+}、Fe^{2+} 和 Mg^{2+} 对酶有激活效果，EDTA 对胃肠道蛋白酶均有抑制效果，本研究的结果和其他鱼类的相关报道类似。Ca^{2+} 和 Mg^{2+} 对日本鳗鲡 *Anguilla japonica* 消化道内蛋白酶有一定的激活作用，Hg^{2+} 的抑制作用在 70% 左右（叶玫等，2000）。浓度为 2 mmol/L 的 Mn^{2+}、Cu^{2+} 和 Zn^{2+} 分别能抑制沙丁鱼肠道胰蛋白酶活性的 31.7%、51.1% 和 62.2%，而 Ca^{2+} 对其酶活有轻微的激活作用，Mg^{2+}、Ba^{2+}、Na^+ 和 K^+ 对该酶活性无影响（Bougatef et al.，2007）。对奥尼罗非鱼肠道胰蛋白酶有抑制作用的金属离子，按抑制效果逐渐降低的顺序为：Zn^{2+}＞Fe^{3+}＞Cu^{2+}＞Al^{3+}＞Co^{2+} = Pb^{2+}＞Cd^{2+}＞Mn^{2+}，而 Li^+、Na^+、K^+、Mg^{2+} 和 Ba^{2+} 离子对该酶活性几乎无影响，Ca^{2+} 能部分地激活该酶酶活（Wang et al.，2010）。EDTA 对鳗鲡（叶玫等，2000）、七彩神仙鱼（Chong et al.，2002）和大菱鲆（王海英，2004）消化道蛋白酶的抑制率分别为 35%、45.9% 和 76.8%～95.6%，然而，也有些鱼类的消化道蛋白酶几乎不被 EDTA 抑制（Chakrabarti et al.，2006）。根据以上分析，不同种类和浓度的金属离子对不同鱼类的消化酶活性的影响有差别，有的起激活作用，有的起抑制作用，一般而言，Ca^{2+} 和 Mg^{2+} 起激活作用，而 Mn^{2+}、Hg^{2+}、Cu^{2+}、Zn^{2+} 和 EDTA 等起抑制作用。

（六）抑制剂对消化道蛋白酶活性的影响

几种蛋白酶抑制剂对胃蛋白酶活性的抑制百分比如图 3-11a 所示，胃蛋白酶明显受到 PMSF（95.28% ± 4.28%）、TPCK（95.50% ± 3.27%）、Pepstatin A（95.87% ± 3.82%）、β-巯基乙醇（72.31% ± 5.65%）和 EDTA（49.20% ± 3.57%）的抑制。

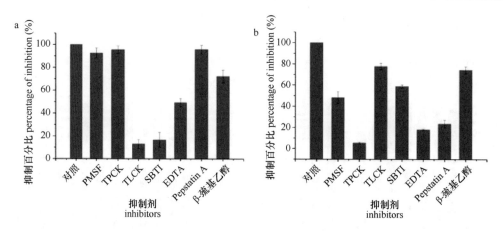

图 3-11　抑制剂对黑斑原鮡胃蛋白酶（a）和肠道蛋白酶（b）活性的影响

Fig. 3-11　The effect of inhibitors on the protease activity in the stomach（a）and intestine（b）of
G. maculatum

几种蛋白酶抑制剂对肠道蛋白酶活性的抑制百分比如图 3-11b 所示，肠道蛋白酶明显受到 PMSF（48.14%±5.50%）、TLCK（77.83%±2.92%）、SBTI（58.80%±0.46%）、β-巯基乙醇（74.39%±3.25%）、Pepstatin A（23.50%±3.67%）和 EDTA（17.99%±0.66%）的抑制。

黑斑原鮡胃蛋白酶活性受到 Pepstatin A 的强烈抑制，抑制率达到 95.87%。这与大菱鲆胃蛋白酶被 Pepstatin A 完全抑制（抑制率达到 100%），草鱼肠道的酸性蛋白酶被 Pepstatin A 抑制81%及红龙鱼 *Scleropages formosus* 胃蛋白酶被该抑制剂抑制96.1%等研究结果相一致（Natalia et al.，2004）。肉食性、杂食性和草食性鱼类的蛋白酶都能被 PMSF 显著性抑制。Natalia 等（2004）证明 TLCK 分别抑制了肉食性的红龙鱼肠道和胰脏蛋白酶的 71.6%和 59.7%，而对杂食性鱼类七彩神仙鱼，该抑制剂抑制酶活性的 46.43%（Chong et al.，2002）。南亚野鲮 *L. rohita* 蛋白酶活性被 SBTI 抑制 58.6%～81.2%，PMSF 抑制55.6%～70%，TLCK 抑制 41.1%～52.3%，而 TPCK 抑制率（27.9%～44.5%）相对较低（Chakrabarti et al.，2006）。奥尼罗非鱼肠道粗酶液分别被 PMSF 和 TLCK 抑制 70%和 80%（Wang et al.，2010）。Kumar 等（2007）发现卡特拉鲃 *Catla catla*、南亚野鲮和鲢等 3 种鲤科鱼类肠道蛋白酶活性均能被 PMSF、TLCK 和 TPCK 抑制。本研究显示，黑斑原鮡肠道粗酶液分别被 PMSF、TLCK 和 SBTI 抑制 48.1%、77.8%和 58.8%，表明肠道蛋白酶为丝氨酸蛋白酶，包含胰蛋白酶、胰凝乳蛋白酶和弹性蛋白酶，与上述文献结果类似，揭示了这些酶对于蛋白质消化的重要作用。以上这些报道表明，鱼类的肠道蛋白酶均能被 PMSF、TLCK 和 SBTI 等特异性的蛋白酶抑制剂所抑制，证明其含有丝氨酸、赖氨酸和苯丙氨酸等活性基团，但对不同鱼类其抑制的百分比有差异。

三、年龄对消化酶活性的影响

（一）不同年龄组蛋白酶活性差异

黑斑原鮡消化道蛋白酶活性随年龄的变化情况如图 3-12a 所示。黑斑原鮡胃蛋白酶活力以 9 龄组最高，3 龄组其次，两者之间差异显著（$P < 0.05$）；5 龄和 12 龄组再次，但

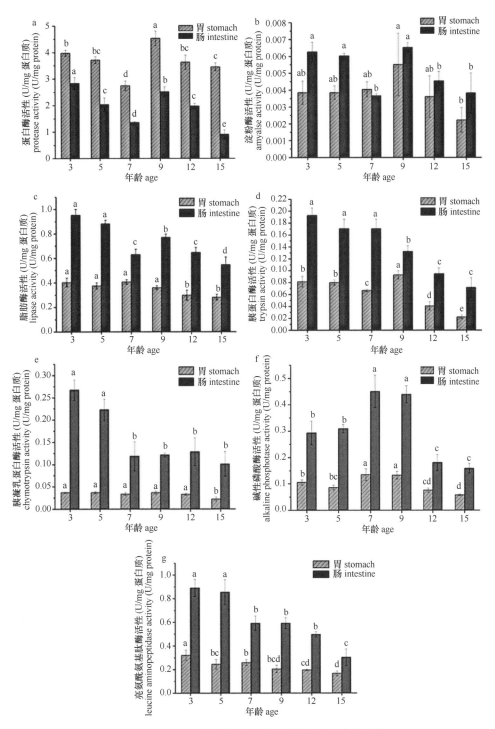

图 3-12　不同年龄组的黑斑原鮡消化道 7 种酶的差异

Fig. 3-12　Changes in the protease activity of stomach and intestine of *G. maculatum* among different age groups

a.蛋白酶 protease；b. 淀粉酶 amylase；c.脂肪酶 lipase；d. 胰蛋白酶 trypsin；e. 胰凝乳蛋白酶 chymotrypsin；f. 碱性磷酸酶 alkaline phosphatase；g. 亮氨酰氨基肽酶 leucine aminopeptidase

与 3 龄组之间差异不显著（$P>0.05$）；7 龄组最小，显著低于其他年龄组（$P<0.05$）。

不同年龄组黑斑原鮡肠道蛋白酶均小于对应的胃蛋白酶活性。大小分布规律与胃蛋白酶不同，从 3 龄组到 7 龄组依次降低，9 龄组升高后，12 龄组和 15 龄组再次下降，肠道蛋白酶活性的最低值出现在 15 龄组。

白东清等（1999）研究了 5 个不同体重规格（25 g、41 g、100 g、198 g 和 464 g）鲤的蛋白酶活性在不同生长发育阶段的变化规律，发现肠前段呈现先升到最高值再基本持平，之后又下降，再升高的趋势；肠中段则先降低，之后上升到最高值，继而又下降；肠后段蛋白酶活性先升后降。白晓慧等（2007）报道了 2 龄黑尾近红鲌 *Ancherythroculter nigrocauda* 的蛋白酶活性显著低于 1 龄鱼，说明 2 龄鱼对蛋白质的消化能力较 1 龄鱼弱。王宏田和张培军（2002）发现，平均体重为 350 g 的牙鲆消化道蛋白酶活性高于平均体重为 460 g 的数值。黄永春和刘登（2004）发现欧洲鳗鲡幼鱼的蛋白酶活力比成鱼的高。王远吉等（2009）发现兰州鲇蛋白酶活性随体重增加而减小，且不同规格之间差异显著。两种较小规格（5.7 g 和 35.8 g）尼罗罗非鱼的蛋白酶活性高于较大个体（92.1 g）的（Klahan et al.，2009）。以上文献表明，鱼类的蛋白酶活性随着年龄的增加而降低。本研究也发现，黑斑原鮡蛋白酶活性总体是随着年龄增长先增加后降低的，峰值出现在 9 龄组，到 15 龄组降至最低。

然而，黎军胜等（2004a）发现随着奥尼罗非鱼的生长和体重的增加，肠中段和肠后段蛋白酶占全肠蛋白酶的比例上升，因而肠中段和肠后段对其消化功能的重要性随鱼体生长也在增加。黄鳝胃蛋白酶活力稚鱼<幼鱼<成鱼，肠蛋白酶活力幼鱼<稚鱼<成鱼（戴贤君和舒妙安，2002）。Kuz'mina（1996）发现白斑狗鱼 *Esox lucius* 和欧鳊 *Abramis brama* 的蛋白酶活性几乎不受年龄的影响，而拟鲤 *Rutilus rutilus* 的该酶活性随着年龄增加而增大。

（二）不同年龄组淀粉酶活性差异

黑斑原鮡消化道淀粉酶活性随年龄的变化情况如图 3-12b 所示。黑斑原鮡胃部淀粉酶活性以 9 龄组最高，3 龄组、5 龄组、7 龄组和 12 龄组次之，但它们之间无显著性差异（$P>0.05$）；15 龄组最小，显著低于 9 龄组（$P<0.05$），但与 3 龄组、5 龄组、7 龄组和 12 龄组之间无显著性差异（$P>0.05$）。肠道淀粉酶活性如图 3-12b 所示，其活性分布类似于胃部淀粉酶分布趋势，3 龄组、5 龄组和 9 龄组最高，三者之间无显著性差异（$P>0.05$），7 龄组、12 龄组和 15 龄组淀粉酶活性小于前三者，且三者之间差异也不显著（$P>0.05$），但前面 3 个年龄组与后面 3 个年龄组之间存在差异性显著（$P<0.05$）。

王远吉等（2009）发现兰州鲇淀粉酶活性随体重增加而减小，且不同规格之间差异显著；但不同规格兰州鲇的脂肪酶活性大小差异不显著。Kuz'mina（1996）发现 4 种鱼类的淀粉水解酶活性，尤其是 α-淀粉酶活性在成鱼阶段显著降低，而白斑狗鱼和河鲈 *Perca fluviatilis* 的蔗糖酶活性随年龄增加而降低，但在欧鳊和拟鲤中该酶表现出升高的趋势。Klahan 等（2009）发现两种较小规格（5.7 g 和 35.8 g）罗非鱼的消化道脂肪酶高于较大个体（92.1 g）的活性。这些研究结果都表明，淀粉酶活性随着年龄增长而减小，而脂肪酶没有一致的规律。本研究发现，黑斑原鮡不同年龄组的淀粉酶和脂肪酶都随年龄增长而减小。然而，有些鱼类与此不同，如黄鳝的肠道和肝脏淀粉酶活性大小顺序为稚鱼<幼鱼<成鱼；肠道和肝脏的脂肪酶活性大小规律也是稚鱼<幼鱼<成鱼（戴贤君

和舒妙安，2002）。研究者认为，黄鳝的淀粉和脂肪消化能力是随着生长而增加的。两种较小规格（5.7 g 和 35.8 g）罗非鱼的消化道淀粉酶活性高于 92.1 g 规格组，表明淀粉酶活性随着个体增大而增加（Klahan et al.，2009）。

（三）不同年龄组脂肪酶活性差异

不同年龄组之间黑斑原鮡胃部脂肪酶活性分布如图 3-12c 所示。从图中可以看出，3 龄组、5 龄组、7 龄组和 9 龄组较高，四者之间差异不显著（$P>0.05$），但显著高于 12 龄组和 15 龄组（$P<0.05$），12 龄组和 15 龄组无显著性差异（$P>0.05$）。肠道脂肪酶活性分布规律为：3 龄＞5 龄＞9 龄＞12 龄＞7 龄＞15 龄，3 龄组与 9 龄组差异显著（$P<0.05$），9 龄组与 12 龄组和 7 龄组差异显著（$P<0.05$），12 龄组和 7 龄组差异不显著（$P>0.05$），15 龄组显著低于其他年龄组（$P<0.05$）。

王宏田和张培军（2002）发现随着生长牙鲆脂肪酶活性逐渐增强，淀粉酶活性逐渐降低。2 龄黑尾近红鲌的淀粉酶活性显著低于 1 龄鱼，脂肪酶的活性与 1 龄鱼差异不显著，说明 2 龄鱼对淀粉的消化能力较 1 龄鱼弱（白晓慧等，2007）。黄永春和刘登（2004）发现 4 种规格（51.5~57.5 g、92.5~99.5 g、128.5~136 g 和 226~233 g）欧洲鳗鲡的淀粉酶活性随着鱼体增长而减小。虹鳟淀粉酶和脂肪酶活性都是在 100 g 体重时达到最大，超过 100 g 反而减弱（尾崎久雄，1985）。黎军胜等（2004b）的研究表明，奥尼罗非鱼肠道的淀粉酶和脂肪酶活性随个体增长而升高。

（四）不同年龄组胰凝乳蛋白酶和胰蛋白酶活性差异

黑斑原鮡消化道胰蛋白酶活性随年龄变化如图 3-12d 所示。胰蛋白酶活性总体上肠道＞胃部，胃部数值非常低，酶活最高出现在 9 龄组。肠道胰蛋白酶活性以 3 龄组、5 龄组和 7 龄组较高，三者之间无显著性差异（$P>0.05$），但与其次的 9 龄组之间差异显著（$P<0.05$）；12 龄组和 15 龄组最低，显著低于其他年龄组，但两者之间差异不显著（$P>0.05$）。

黑斑原鮡消化道胰凝乳蛋白酶活性随年龄变化如图 3-12e 所示。各年龄组胰凝乳蛋白酶活性均表现出肠道的数值远高于胃部，3 龄至 12 龄黑斑原鮡的胃部胰凝乳蛋白酶活性无显著性差异（$P>0.05$），15 龄组显著低于低龄组（$P<0.05$）。肠道胰蛋白酶以 3 龄组和 5 龄组最高，显著高于 7 龄组、9 龄组、12 龄组和 15 龄组（$P<0.05$），7 龄组后的高龄组无显著性差异（$P>0.05$）。

（五）不同年龄组碱性磷酸酶活性差异

黑斑原鮡消化道碱性磷酸酶活性随年龄变化如图 3-12f 所示。黑斑原鮡胃部的碱性磷酸酶活性以 7 龄和 9 龄最高，两者之间差异不显著（$P>0.05$），3 龄和 5 龄次之，两者之间差异也不显著（$P>0.05$），但是与前两个年龄组是有显著性差异的（$P>0.05$），12 龄和 15 龄最小。肠道碱性磷酸酶活性也以 7 龄组和 9 龄组活性最高，两者差异不显著（$P>0.05$），3 龄组和 5 龄组次之，两者之间差异也不显著（$P>0.05$），12 龄组和 15 龄组数值最低，两者之间无显著性差异（$P>0.05$）；（7 龄、9 龄）＞（3 龄、5 龄）＞（12 龄、15 龄），三者之间存在着显著性差异（$P<0.05$）。总体上，该酶的活性胃部小于肠道的，而胃和

肠道的碱性磷酸酶均表现出随年龄增加先升高后降低的趋势。

Kuz'mina（1996）的研究表明，4 种鱼类（白斑狗鱼、河鲈、欧鳊和拟鲤）碱性磷酸酶总活性（酶活力×肠道黏膜总重量）和相对总酶活性[μmol/（min·g 体重）]都呈现随年龄增加而上升的趋势。本研究结果表明黑斑原鮡的碱性磷酸酶活性呈现先升高后下降的趋势。

（六）不同年龄组亮氨酰氨基肽酶活性差异

黑斑原鮡消化道亮氨酰氨基肽酶活性随年龄变化如图 3-12g 所示。肠道亮氨酰氨基肽酶活性高于胃部，肠道的活性以 3 龄和 5 龄最高，两者无显著性差异（$P > 0.05$）；7 龄、9 龄和 12 龄的活性次之，三者之间也无显著性差异（$P > 0.05$）；15 龄组数值最小，显著低于其他年龄组（$P < 0.05$）。胃部该酶活性以 3 龄组最高，以后依次是 5 龄组、7 龄组、9 龄组、12 龄组和 15 龄组。

尾崎久雄（1985）认为鱼类在个体生长过程中，酶的生成能力依其生长阶段而有所变化，这种变化可能是由于食性的转化和饵料种类的改变。从生长阶段来看，食性是怎样变化的，饵料的质和量又是怎样变化的，以及应当怎样变化等重要问题都必须着手解决，但迄今对这些问题的研究报道很匮乏。酶活性随年龄的变化与鱼类的摄食偏好相关（Kuz'mina，1996）。很多研究结果表明消化酶活性的变化受摄食行为和食物组成的影响，还受其他一些因素的影响，如初次性成熟时间。尾崎久雄（1985）认为性成熟活动对消化酶的影响比年龄更为重要，红大马哈鱼 *O. nerka*、大马哈鱼 *O. keta*、虹鳟和美洲红点鲑 *Salvelinus fontinalis* 的胃蛋白酶活性都在产卵前的夏季最高，而在产卵期和产卵后低下。河鲈和拟鲤的相对总酶活性在 0^{+} 龄或 3^{+} 龄最高，河鲈在 2^{+} 龄或 3^{+} 龄达到性成熟，而拟鲤在 3^{+} 龄或 4^{+} 龄达到性成熟；欧鳊相对总酶活性的峰值在 2^{+} 龄或 6^{+} 龄，其性成熟发生在 6^{+} 龄或 7^{+} 龄（Kuz'mina，1996）。而黑斑原鮡的初次性成熟年龄约在 4 龄，本研究也发现几种消化酶（脂肪酶、淀粉酶和亮氨酰氨基肽酶等）活性在 3 龄组和 5 龄组最高，证实了其活性峰值的出现与初次性成熟活动之间存在一定的相关性。然而，并非所有的酶都与性成熟活动相关，黑斑原鮡蛋白酶和碱性磷酸酶峰值在 7 龄组或 9 龄组出现。Kuz'mina（1996）发现即使相同年龄的鱼类，其酶活性水平也有显著性的差异，甚至在 0^{+} 龄组鱼类酶活性差异也很大，这可能不是由营养的差异造成的，而是遗传特质所决定的（尾崎久雄，1985）。

小　结

（1）在雅鲁藏布江谢通门江段采集到浮游藻类 6 门 26 科 50 属，浮游藻类的密度为 40 975 ind./L，生物量为 0.276 mg/L，硅藻总密度和生物量分别占总量的 94.9% 和 79.2%。浮游动物 30 属，其中原生动物 6 属，轮虫 18 属，枝角类 4 属，桡足类 2 属；浮游动物平均密度和生物量分别为 0.2125 ind./L 和 0.0252 mg/L。底栖动物 3 门 4 纲 6 目 9 科 12 属。平均密度为 280 ind./m^2。着生藻类 4 门 16 科 30 属，密度和生物量分别为 143 ind./cm^2 和 15.22 mg/m^2；硅藻密度和生物量分别占总量的 85.8% 和 88.17%。

（2）黑斑原鮡的食物中小型鱼类占总重量的 87.22%，其次是有机碎屑、枝角类、线虫类、桡足类和藻类，分别为 5.33%、2.91%、1.09%、0.89% 和 0.76%。黑斑原鮡是一种以小型鱼类、底栖生物和有机碎屑为主要食物的偏肉食性的杂食性鱼类。生活环境中食物的易得性，决定了其食物类型为较大食物。

（3）黑斑原鮡具锐利的颌齿，粗而短的食道，较大的口咽腔和胃，肠道系数为 0.919 ± 0.172，口咽腔长/头长为 0.60 ± 0.13，口裂宽/口裂高为 1.87 ± 0.41，消化器官的形态学特征是对捕食大型食物的一种适应。

（4）黑斑原鮡消化道蛋白酶活性以胃最高，肠前段次之，淀粉酶、脂肪酶、碱性磷酸酶、胰蛋白酶和亮氨酰氨基肽酶活性均以肠前段最高，胰凝乳蛋白酶活性肝脏最高，由此推断其胃和肠前段为营养物质消化吸收的主要场所。

（5）黑斑原鮡胃蛋白酶最适温度为 30℃，三段肠道蛋白酶最适温度为 50℃；各部分淀粉酶最适温度均为 30℃；胃脂肪酶最适温度为 30℃，肠前段为 50℃，肠中段和肠后段为 40℃。胃和肠道蛋白酶在 20～50℃ 内均比较稳定。

（6）最适 pH 胃蛋白酶为 2.0，肠道蛋白酶为 9.0～10.0；最适 pH 胃淀粉酶为 6.0，肠道淀粉酶为 7.0；最适 pH 胃脂肪酶为 6.0，肠道脂肪酶为 8.0。胃蛋白酶在 pH 1.0～4.5 都比较稳定，肠蛋白酶在 pH 7.5～11.0 内稳定。

（7）胃和肠道蛋白酶最适底物浓度分别为 2.5% 和 2.0% 干酪素，胃和肠淀粉酶最适底物浓度分别为 2.5% 和 3.0% 可溶性淀粉。

（8）Na^+ 和 Hg^{2+} 对胃蛋白酶有明显抑制作用，Cu^{2+} 和 Co^{2+} 有明显激活效果；Cu^{2+}、Zn^{2+} 和 Fe^{3+} 对肠道蛋白酶有明显抑制作用，而 Ca^{2+}、Fe^{2+} 和 Mg^{2+} 对其有激活作用，EDTA 对胃和肠道的蛋白酶均有强烈抑制作用。胃肠道蛋白酶明显受到 PMSF、TPCK、TLCK、Pepstatin A 和 β-巯基乙醇的抑制。

（9）黑斑原鮡不同年龄组的消化酶活性有差异。蛋白酶和淀粉酶活性在 9 龄组最高，15 龄组最低；脂肪酶活性 3 龄组最高，15 龄组最低。碱性磷酸酶 7 龄组最高，15 龄组最低。胰蛋白酶、胰凝乳蛋白酶及亮氨酰氨基肽酶表现出随年龄增加而降低的趋势。

主要参考文献

白东清, 乔秀亭, 刘刚, 张建华, 尤连国, 张雅娟. 1999. 不同生长阶段鲤肠、肝胰脏蛋白酶活性研究. 水利渔业, 19(3): 4-6

白晓慧, 王贵英, 熊传喜. 2007. 不同年龄黑尾近红鲌消化酶活性比较. 淡水渔业, 37(3): 30-33

池仕运, 胡菊香, 陈胜, 张原圆. 2011. 三峡库区支流底栖动物群落结构研究. 水生态学杂志, 32(4): 24-30

初庆柱, 陈刚, 张健东, 潘传豪, 周晖. 2009. 粤西福建纹胸鮡的食性及繁殖力. 广东海洋大学学报, 29(4): 10-13

褚新洛, 郑葆珊, 戴定远. 1999. 中国动物志·硬骨鱼纲·鲇形目. 北京: 科学出版社

戴贤君, 舒妙安. 2002. 黄鳝不同生长阶段消化器官及其消化酶的变化. 上海交通大学学报(农业科学版), 20(2): 113-116

关海红, 徐伟, 匡友谊, 尹家胜. 2008. 哲罗鱼与 2 种有胃鱼消化系统比较解剖的观察. 水产学杂志, 21(2): 42-46

何逢志, 蔡庆华, 任泽, 谭路, 董笑语. 2014. 青海格尔木河大型底栖动物群落结构及生态系统健康评价. 干旱区研究, 2: 342-347

胡鸿钧, 魏印心. 2006. 中国淡水藻类: 系统分类及生态. 北京: 科学出版社

黄耀桐, 刘永坚. 1988. 草鱼肠道肝胰脏蛋白酶活性初步研究. 水生生物学报, 12(4): 328-334

黄永春, 刘登. 2004. 温度对不同规格欧鳗消化器官蛋白酶和淀粉酶活性影响的初步研究. 台湾海峡, 23(2): 138-143

黎军胜, 李建林, 吴婷婷. 2004a. 奥尼罗非鱼消化道蛋白酶分布与特性. 南京农业大学学报, 27(1): 81-84

黎军胜, 李建林, 吴婷婷. 2004b. 奥尼罗非鱼淀粉酶、脂肪酶的分布与特性. 中国水产科学, 11(5): 473-477

林浩然. 1962. 五种不同食性鲤科鱼的消化道. 中山大学学报(自然科学版), 3: 65-78

潘黔生, 郭广全, 方之平, 李占国. 1996. 6 种有胃真骨鱼消化系统比较解剖的研究. 华中农业大学学报, 15(5):

463-469

任慕莲, 郭焱, 张人铭, 张秀善, 蔡林钢, 李红, 阿达克, 付亚丽, 刘昆仑, 邓贵忠. 2001. 中国额尔齐斯河鱼类资源及渔业. 乌鲁木齐: 新疆科技卫生出版社

沈韫芬, 章宗涉, 龚循矩, 等. 1990. 微型生物监测新技术. 北京: 中国建筑工业出版社

王朝晖, 胡韧, 谷阳光, 宋淑华, 朱大民, 黄卓尔. 2009. 珠江广州河段着生藻类的群落结构及其与水质的关系. 环境科学学报, 29(7): 1510-1516

王海英. 2004. 大菱鲆主要消化酶——蛋白酶、脂肪酶、淀粉酶的研究. 青岛: 中国海洋大学博士学位论文

王宏田, 张培军. 2002. 牙鲆体内消化酶活性的研究. 海洋与湖沼, 33(5): 472-476

王家楫. 1961. 中国淡水轮虫志. 北京: 科学出版社

王远吉, 任晓月, 冯占虎, 齐昂, 邱小琼. 2009. 不同生长阶段兰州鲇消化酶活性的比较研究. 水生态学杂志, 2(1): 54-57

尾崎久雄. 1985. 鱼类消化生理(上、下册). 上海: 上海科学技术出版社

吴仁协, 戈薇, 洪万树, 张其永. 2007. 大弹涂鱼成鱼消化酶活性的研究. 中国水产科学, 14(1): 99-105

叶玫, 吴成业, 王勤, 陈冰, 刘智禹. 2000. 鳗鲡消化道蛋白酶的初步分离提取及某些性质的研究. 海洋学报, 22(3): 132-136

叶元土, 林仕梅, 罗莉, 杨思华, 陈文. 1998. 温度、pH 值对南方大口鲇、长吻鮠蛋白酶和淀粉酶活力的影响. 大连水产学院学报, 13(2): 17-23

殷旭旺, 张远, 渠晓东. 2011. 浑河水系着生藻类的群落结构与生物完整性. 应用生态学报, 22(10): 2732-2740

余海英. 2008. 长江上游珍稀、特有鱼类国家级自然保护区浮游植物和浮游动物种类分布和数量研究. 重庆: 西南大学硕士学位论文

张觉民, 何志辉. 1991. 内陆水域渔业自然资源调查手册. 北京: 农业出版社

章宗涉, 黄祥飞. 1981. 淡水浮游生物研究方法. 北京: 科学出版社

赵彩霞, 李岩松. 2007. 黑龙江上游浮游动物的种类、密度及多样性研究. 水产学杂志, 20(1): 80-84

中国科学院青藏高原综合科学考察队. 1983. 西藏水生无脊椎动物. 北京: 科学出版社

中国科学院青藏高原综合科学考察队. 1992. 西藏藻类. 北京: 科学出版社

朱爱意, 褚学林. 2006. 大黄鱼(*Pseudosciaena crocea*)消化道不同部位两种消化酶的活力分布及其受温度、pH 的影响. 海洋与湖沼, 37(6): 561-567

朱蕙忠, 陈嘉佑. 2000. 中国西藏硅藻. 北京: 科学出版社

Alarcón F J, Díaz M, Moyano F J, Abellán E. 1998. Characterization and functional properties of digestive proteases in two sparids; gilthead seabream *Sparus aurata* and common dentex *Dentex dentex*. Fish Physiol Biochem, 19: 257-267

Albrecht M P, Ferreira M F N, Caramaschi E P. 2001. Anatomical features and histology of the digestive tract of two related neotropical omnivorous fishes (Characiformes; Anostomidae). J Fish Biol, 58: 419-430

Borlongan I. 1990. Studies on the digestive lipases of milkfish, *Chanos chanos*. Aquaculture, 89: 315-325

Bougatef A, Souissi N, Fakhfakh N, Ellouz-Triki Y, Nasri M. 2007. Purification and characterization of trypsin from the viscera of sardine (*Sardina pilchardus*). Food Food Chemistry, 102: 343-350

Cataldi E, Cataudella S, Monaco G, Rossi A, Tancioni L. 1987. A study of the histology and morphology of the digestive tract of the sea-bream, *Sparus aurata*. J Fish Biol, 30: 135-145

Chakrabarti R, Rathore R, Kumar S. 2006. Study of digestive enzyme activities and partial characterization of digestive proteases in a freshwater teleost, *Labeo rohita*, during early ontogeny. Aquacul Nutrit, 12: 35-43

Chong A S C, Hashim R, Chow-Yang L, Ali A B. 2002. Partial characterization and activities of proteases from the digestive tract of discus fish (*Symphysodon aequifasciata*). Aquaculture, 203: 321-333

de la Parra A M, Rosas A, Lazo J P, Viana M T. 2007. Partial characterization of the digestive enzymes of Pacific bluefin tuna *Thunnus orientalis* under culture conditions. Fish Physiol Biochem, 33: 223-231

Fernandez I, Moyano F J, Diaz M, Martinez T. 2001. Characterization of α-amylase activity in five species of Mediterranean sparid fishes (Sparidae, Teleostei). J Exp Mar Biol Ecol, 262: 1-12

Grau A, Crespo S, Sarasquete M, Canales M. 1992. The digestive tract of the amberjack *Seriola dumerili*, Risso: a light and scanning electron microscope study. J Fish Biol, 41: 287-303

Hau P, Benjakul S. 2006. Purification and characterization of trypsin from pyloric caeca of bigeye snapper (*Pricanthus macracanthus*). J Food Bioch, 30: 478-495

Hirji K N, Courtney W A M. 1982. Leucine aminopeptidase activity in the digestive tract of perch, *Perca fluviatilis* L. J Fish Biol, 21: 615-622

Klahan R, Areechon N, Yoonpundh R, Engkagul A. 2009. Characterization and activity of digestive enzymes in different Sizes of Nile Tilapia (*Oreochromis niloticus* L.). Kasetsart J(N S), 43: 143-153

Kumar S, García-Carreño F L, Chakrabarti R, Toro M A N, Córdova-Murueta J H. 2007. Digestive proteases of three carps *Catla catla*, *Labeo rohita* and *Hypophthalmichthys molitrix*: partial characterization and protein hydrolysis efficiency.

Aquacul Nutrit, 13: 381-388

Kuz'mina V V. 1996. Influence of age on digestive enzyme activity in some freshwater teleosts. Aquaculture, 148: 25-37

Munilla-Moran R, Saborido-Rey F. 1996. Digestive activity in Marine Species: Ⅱ. Amylase activities in gut from seabream (*Sparus aurata*), Turbot (*Scophthalmus maximus*) and redfish (*Sebastes mentella*). Comp Biochem Physiol, 113B: 827-834

Natalia Y, Hashim R, Ali A B, Chong A S C. 2004. Characterization of digestive enzymes in a carnivorous ornamental fish, the Asian bony tongue *Scleropages formosus* (Osteoglossidae). Aquaculture, 233: 305-320

Ostos Garrido M V, Nuñez Torres M I, Abaurrea-Equisoain M A. 1993. Histological, histochemical and ultrastructural analysis of the gastric mucosa in *Oncorhynchus mykiss*. Aquaculture, 115: 121-132

Uys W, Hecht T, Walters M. 1987. Changes in digestive enzyme activities of *Clarias gariepinus* (Pisces: Clariidae) after feeding. Aquaculture, 63: 243-250

Wang Q, Gao Z X, Zhang N, Shi Y, Xie X L, Chen Q X. 2010. Purification and characterization of trypsin from the intestine of hybrid Tilapia (*Oreochromis niloticus* × *O. aureus*). J Agricul Food Chem, 58: 655-659

Wetzel R G. 1975. Limnology. Philadelphia: Saunders College Publishing

第四章 繁殖生物学

繁殖是鱼类生活史的一个重要环节，包括亲鱼性腺发育、成熟、产卵或排精及精卵结合孵出仔鱼等一系列过程。性腺发育过程包括精卵从形成到产出及伴随的性器官机能化的过程，是鱼类把摄食所获得的物质和能量分配给性腺的过程。繁殖策略（reproductive strategy）是指一个物种的全部繁殖特性，包括繁殖时间、初次性成熟年龄和个体大小、繁殖力等协同进化结果。鱼类的繁殖策略是在漫长的自然选择过程中形成的，它保证种及其后代对所生存的环境具有最大的适应性。鱼类的每一个个体都有其各自的繁殖特性，它是由该个体的基因型决定的，并通过该个体所属基因库（gene pool）的进化历史所加强；属于同一基因库的所有个体的繁殖特性的联合，就可以看作这些个体共有的繁殖策略（殷名称，1995）。本章通过对黑斑原鮡的性腺发育、初次性成熟年龄、性体指数、卵径大小、繁殖力和产卵季节等的研究，探讨黑斑原鮡适应高原河流环境的繁殖策略，为黑斑原鮡资源可持续利用提供理论依据。

第一节 性 腺 发 育

依据 2004～2006 年在雅鲁藏布江干流和支流尼洋河、拉萨河采集的样本，对黑斑原鮡性腺发育和繁殖习性进行了分析研究。

一、精巢发育特征

Ⅰ期 性腺为透明的细线状结构，紧贴于脊柱两侧的体腔膜上，不易见到血管分布，肉眼不能辨别雌雄。

精巢中有许多分散的精原细胞，呈圆形或卵圆形，细胞核位于细胞的中央。核大，嗜碱性。

Ⅱ期 性腺呈细带状，淡肉色半透明，无明显血管。初次进入生殖周期的个体处于该期。

精原细胞经过分裂形成初级精母细胞。初级精母细胞在壶腹边缘整齐排列，细胞圆形或椭圆形，比精原细胞小。细胞质为嫌色性，胞质染色浅淡，细胞核染色深，没有明显的核仁。精巢中央的壶腹腔增大，壶腹周缘由结缔组织和生殖上皮构成，壶腹之间有丰富的血管分布。

Ⅲ期 为两条薄扁带状分支，各自向外侧分出若干叶状小枝，外缘呈齿状。精巢面积显著扩大，外观呈浅肉红色。

壶腹显著增大，壶腹与壶腹之间排列稀疏，每个壶腹有生精囊组成。生殖细胞有精原细胞、初级精母细胞和次级精母细胞，其中次级精母细胞体积最小。细胞直径变小，胞质透明，核浓缩位于细胞一端，细胞核的嗜碱性进一步增强，界限明显（图版Ⅳ-1-a）。

Ⅳ期　精巢发育加快，体积变大，整个精巢饱满，呈乳白色。挤压鱼体腹部有少量精液流出。

壶腹壁的次级精母细胞再次分裂，发育形成精子细胞，在切片图中只见到一个染色很深的细胞核，呈圆形，无明显的细胞质。精子细胞突破生精囊进入壶腹腔中。壶腹壁变薄，壶腹腔中有成熟的精子（图版Ⅳ-1-b）。

Ⅴ期　精巢呈浅粉白色，分支饱满且圆厚。轻压腹部有少量乳白色的精液流出体外。

精子细胞均已变态为成熟精子，充满除靠近壶腹腔周缘的所有区域。核被染成深蓝色。图版Ⅳ-1-c所示为Ⅴ期精巢叶状小枝横切和纵切面结构。

Ⅵ期　排精后的精巢叶状小枝萎缩，体积大大缩小，呈萎缩状态，大量充血并呈淡红色。

壶腹呈空囊状，壶腹壁较厚，生殖上皮显著活跃，壶腹腔中尚有正在被吸收的精子，壶腹间结缔组织充分发育，血管丰富。

二、卵巢发育特征

Ⅰ期　性腺为灰色、透明的细线状结构，紧贴背部腹膜的两侧，肉眼无法辨别雌雄。见于仔稚鱼个体。

卵巢腔已经形成，卵巢壁由结缔组织和含有卵原细胞的生殖上皮构成，含丰富的血管，此期产卵板尚未形成。卵巢主要由卵原细胞构成，卵原细胞呈圆形或椭圆形，细胞核较大，核位于细胞中央。核仁多为 1 个，居中，强嗜碱性，核质较少。卵原细胞位于生殖上皮内，靠近基质膜，排列紧密，数目不等。

Ⅱ期　均为初次发育到此期幼鱼的卵巢，外形呈带状，半透明，略带淡肉色，有少量血管，可见片状产卵板。见于第一次性成熟前的幼鱼。切片观察，卵母细胞明显增多，原生质增长，胞质嗜碱性增强，卵母细胞呈椭圆形或梨形，大小悬殊，早期排列紧密，后期排列疏松。可以将该时相分为早期与晚期。2 时相早期：初次发育进入Ⅱ期的卵巢，产卵板和血管不明显；从生殖期后进入Ⅱ期的卵巢，卵巢松软，具有明显的血管和产卵板，卵巢中常常具有处于退化中的未排出卵。卵巢中主要由初级卵母细胞组成。细胞呈椭圆形、多角形或圆形，胞质嗜碱性；核仁大小不等，较大的核仁通常位于核膜内缘，小核仁位于核质中。2 时相晚期：卵母细胞体积进一步增大，呈卵圆形，细胞质中出现着色很深的卵黄核，靠近卵母细胞皮质层的卵黄核分解成颗粒状，并沿核膜向两侧分散到细胞质中，使卵母细胞的皮质层形成深蓝色的颗粒环；靠近核膜内侧分布的核仁增多（图版Ⅳ-1-d，e）。

Ⅲ期　卵巢粗圆柱状，表面布满血管，浅肉色半透明，肉眼可见卵粒，卵母细胞内卵黄开始沉积，卵粒淡黄色。见于初次性成熟和繁殖后 6～8 月的个体。

以第 3 时相卵母细胞为主，呈圆形、椭圆形，染色较浅。核仁数目增多分散在核中，数量 13～28 个；在结缔组织膜和细胞膜之间开始形成单层扁平滤泡细胞层。3 时相晚期，核周细胞质中开始出现染成淡红色的卵黄颗粒，并向细胞质外周扩散；卵膜加厚，卵母细胞外缘开始出现辐射带，并在质膜的外侧有两层柱状滤泡细胞，细胞膜明显，核大（图版Ⅳ-1-f）。

Ⅳ期　卵巢继续膨大呈长囊状，饱满，黄色。卵巢中出现 2、3 和 4 时相卵母细胞。

第 4 时相的卵母细胞沉积大量卵黄，血管发达，布满整个卵巢表面。IV期末，卵巢占据大部分腹腔，轻压腹部无卵粒流出。见于性成熟个体9月到翌年4月的卵巢。

分布卵巢中卵径较大的卵母细胞完全被卵黄颗粒充满。在细胞质中形成空泡区，其内含物浓缩成深蓝色颗粒。细胞质与放射带界限清楚，皮质层的细胞质呈蓝色，放射带呈红色，卵母细胞膜外的辐射带增厚，清晰可见（图版IV-1-g）。

V期　卵细胞与滤泡膜分离，游离在卵巢腔中，黄色，半透明。卵巢松软，提起鱼头或轻压腹部，卵子会自动流出体外，卵巢腔中游离卵子的卵径2.88～3.09 mm，平均3.01mm。出现时间为5～6月。切片观察，细胞质中充满粗大的卵黄颗粒，并融合成板块状。卵黄和原生质表现出明显的极化现象，核膜消失，卵母细胞进入第二次成熟分裂，排出极体。

VI期　成熟卵已排出，卵巢体积急剧减小，卵巢松弛、充血，深红色。仅剩大量第2、3时相卵母细胞。少量没有排出的卵粒呈白色。

卵巢中主要由大量的处于2、3时相卵细胞、空滤泡和少量正在退化的卵母细胞组成，处于第3时相的卵母细胞的卵膜和细胞核都发生不规则变形。未产出的卵被吸收重新利用（图版IV-1-h）。

综上所述，越冬后的3～4月，卵巢为IV期卵巢，最高级卵母细胞处于第4时相，5月卵巢迅速发育到V期，最高级卵母细胞为第5时相，5月下旬开始产卵；产卵后的卵巢短暂地处于VI期，极少量未产的成熟卵粒被重吸收，此后6～8月卵巢回复到III期，卵母细胞以第3时相为主，这段时间是卵巢的一个迅速发育期，9月卵巢又进入了IV期，此后，卵巢发育变缓慢，以IV期卵巢越冬。

黑斑原鮡性腺发育外形分期标准见表4-1。

表4-1　黑斑原鮡性腺发育外形分期标准
Table 4-1　Macroscopic criteria used to classify the gonad maturity stages of *G. maculatum*

性腺发育时期 developmental stages of gonads	卵巢 ovary	精巢 testis
I 期 stage I	性腺为灰色，透明的细线状结构，肉眼无法辨别雌雄	同卵巢
II 期 stage II	带状，淡肉色，半透明，有少量血管，可见片状产卵板	细带状，淡肉色半透明，无明显血管
III 期 stage III	卵巢粗圆柱状，表面布满血管，浅肉色半透明，肉眼可见卵粒，卵粒淡黄色	两条薄扁带状分支，各自向外侧分出若干叶状小枝，外观呈浅肉红色
IV 期 stage IV	卵巢长囊状，饱满，黄色，卵巢占据大部分腹腔，轻压腹部无卵粒流出	精巢饱满，呈乳白色。挤压鱼体腹部有少量精液流出
V 期 stage V	卵巢松软，卵细胞游离，黄色。提起鱼头或轻压腹部，卵粒会自动流出	精巢呈乳白色，分支饱满且圆厚。挤压腹部有少量乳白色的精液流出体外
VI 期 stage VI	成熟卵已排出，可见未排出的白色卵粒，卵巢松弛、充血，深红色	排精后的精巢叶状小枝萎缩，体积大大缩小，大量充血并呈淡红色

第二节　生　殖　力

一、个体生殖力

从卵径分布频率看，黑斑原鮡成熟卵巢中有大、小两批卵细胞群，仅大径的卵细胞可当年产出，故计算生殖力时仅计算大径的卵细胞。128 个卵巢样本的生殖力和相关生物学指标的基本数据见表 4-2。

雌性繁殖群体年龄组成为 4～10 龄（表 4-2）；体长为 133～243 mm，平均（162.8±20.8）mm；体重为 31.00～202.10 g，平均（65.71±32.32）g；卵巢重为 0.57～12.50 g，平均（4.64±3.05）g；个体绝对生殖力（F）变动范围为 141～2162 粒，平均（727±407.83）粒；相对体长生殖力（F_L）变动范围为 10.22～117.36 粒/cm 体长，平均（43.26±20.65）粒/cm 体长；相对体重生殖力（F_W）变动范围为 3.24～27.01 粒/g 体重，平均（11.79±5.31）粒/g 体重。各龄生殖力差异较大，以 4 龄最小，随着年龄的增长迅速上升，至 8 龄达生殖力最高峰，继而呈现缓慢下降趋势。

黑斑原鮡个体绝对生殖力与许多鱼类相比偏小。鱼类生殖力大小与鱼类的繁殖行为有着直接关系。对卵和仔鱼不具护卫能力的鱼类，通常生殖力大，如产漂流性卵的"四大家鱼"生殖力就在几十万至上百万粒。而具有营巢和护卵、护幼行为，后代死亡较少的鱼类，其怀卵量较小，如高体鳑鲏 50～60 粒，黄鳝 500～1000 粒，沙塘鳢 250～2500 粒，罗非鱼 100～2000 粒，黄颡鱼数千粒。黑斑原鮡平均生殖力仅 727±407.83 粒，推测其亲本也应具有类似的保护卵和仔鱼的能力。

（一）个体生殖力与生物学指标关系

对黑斑原鮡个体生殖力（F、F_L、F_W）与年龄（a）、体长（L）、体重（W_n）、卵巢重（W_o）、性体指数（GSI）、卵比重（ρ）及肥满度（K）7 个参数进行相关系数及显著性检验（表 4-3）。结果显示，绝对生殖力 F 和相对体长生殖力 F_L 均与 a、L、W_n、W_o、GSI 在 0.01 水平呈正相关；相对体重生殖力 F_W 与 W_o、GSI 在 0.01 水平显著相关，而与 K 在 0.05 水平呈显著负相关。

拟合得出个体绝对生殖力与各指标的最佳回归方程（表 4-4）。F 与 a、L 呈直线相关，与 W_n 呈对数相关，与 W_o、GSI 呈幂函数相关；F 与 ρ、K 关系不显著，与其他参数呈显著正相关，这同生殖力与各参数相关系数及其显著性检验结果一致（表 4-3）。而与 L、W_n 和 W_o 的 R^2 均大于 0.5000，说明黑斑原鮡个体绝对生殖力与这 3 个参数关系尤为密切。

相对体长生殖力 F_L 与 a、L、W_n、W_o 和 GSI 呈极显著正相关（$P<0.01$）；相对体重生殖力 F_W 与 W_o、GSI 和 K 呈极显著相关（$P<0.01$），与 W_o、GSI 呈正相关，与 K 为负相关。相对生殖力与 W_o、GSI 的相关系数 R 远大于与其他参数的相关系数，即黑斑原鮡个体相对生殖力与 W_o 和 GSI 关系更为密切。

（二）个体生殖力与体长、空壳重复合关系

将"$L×W_n$"作为体长与空壳重的复合因子，则黑斑原鮡个体绝对生殖力 F、相对生殖力 F_L、F_W 与其最佳回归方程分别为

$$F = 581.84\ln(L×W_n)-3249.5 \qquad R^2 = 0.5129(P<0.01)$$
$$F_L = 0.7678(L×W_n)^{0.5721} \qquad R^2 = 0.3105(P<0.01)$$
$$F_W = -2×10^{-7}(L×W_n)^2 + 0.0005(L×W_n)+11.624 \qquad R^2 = 0.0071(P>0.05)$$

相关系数及回归方程显著性检验结果显示：F、F_L 与 $L×W_n$ 在 0.01 水平显著，F_W 与 $L×W_n$ 关系不显著，这同黑斑原鮡个体生殖力与 L、W_n 单一参数研究结果一致（表 4-3，表 4-4）。

表 4-2 黑斑原鮡各龄个体生殖力

Table 4-2 The individual fecundity at various ages of *G. maculatum*

年龄 age	4	5	6	7	8	9	10	总样本 total samples
样本数 N sample size	4	18	41	42	15	5	3	128
体长 L (mm) body length	140.0±4.3	150.9±11.5	157.8±12.4	165.5±15.5	184.4±36.8	189.2±13.4	200.3±23.5	162.8±20.8
体重 W_n (g) net weight	36.16±4.13	50.62±16.16	57.38±16.67	67.01±23.26	102.50±61.01	100.76±27.75	132.83±42.76	65.71±32.32
卵巢重 W_o (g) ovary weight	2.96±1.08	4.65±3.12	3.53±2.28	4.57±3.02	6.99±3.21	9.28±1.83	8.11±1.21	4.64±3.05
性体指数 (%) gonadosomatic index, GSI	8.23±3.01	9.00±5.29	6.67±5.14	7.24±4.58	8.08±3.87	10.39±3.67	7.33±2.05	7.58±4.77
卵比重 ρ (egg/g) spawn density	123.57±11.46	160.26±61.06	214.25±88.51	178.70±4.40	198.10±87.41	124.21±33.22	129.65±14.13	184.69±78.67
肥满度 K (%) fullness	1.32±0.10	1.39±0.13	1.36±0.16	1.36±0.12	1.39±0.08	1.38±0.11	1.40±0.04	1.37±0.13
绝对生殖力 F (egg) absolute fecundity	365.56±137.0	607.50±311.38	647.00±330.65	690.71±331.95	1258.07±605.50	1142.22±299.29	1040.00±230.59	726.99±407.83
相对体长生殖力 F_L (egg/cm) relative fecundity body length-specific	25.93±9.14	39.45±18.84	40.31±19.13	40.84±17.80	66.29±25.55	61.02±17.61	51.64±8.15	43.26±20.65
相对体重生殖力 F_W (egg/g) relative fecundity body weight-specific	10.11±3.57	12.08±5.25	11.86±5.75	10.82±4.40	14.75±6.91	12.83±4.74	9.31±1.67	11.79±5.31

表 4-3　黑斑原鮡生殖力与各指标相关系数及显著性检验

Table 4-3　The conspicuous test and relative index between fecundities and all indices of G. maculatum

生殖力 fecundity	年龄 a age	体长 L body length	体重 W_n net weight	卵巢重 W_o ovary weight	性体指数 GSI	卵比重 ρ spawn density	肥满度 K fullness
绝对生殖力（F） absolute fecundity	0.4737^{**}	0.7214^{**}	0.7056^{**}	0.7752^{**}	0.4005^{**}	-0.0242	0.1571
相对体长生殖力（F_L） relative fecundity body length-specific	0.3903^{**}	0.5361^{**}	0.5080^{**}	0.7509^{**}	0.5166^{**}	-0.0140	0.1479
相对体重生殖力（F_W） relative fecundity body weight-specific	0.0763	0.0092	-0.0675	0.5048^{**}	0.7272^{**}	-0.0120	-0.2012^{*}

*表示在 0.05 水平显著，**表示在 0.01 水平显著

*indicates significant for $P<0.05$，**indicates significant for $P<0.01$

表 4-4　黑斑原鮡个体生殖力与生物学指标关系式

Table 4-4　The relational expressions about individual fecundities and biological indices of G. maculatum

生物学指标 biological indices	回归方程 regression equations		
	绝对生殖力（F） absolute fecundity	相对体长生殖力（F_L） relative fecundity body length-specific	相对体重生殖力（F_W） relative fecundity body weight-specific
年龄（a） age	$F=159.07a-318.13$ $R^2=0.2244$，$P<0.01$	$F_L=6.6346a-0.3388$ $R^2=0.1523$，$P<0.01$	$P>0.05$
体长（L） body length	$F=141.29L-1572.8$ $R^2=0.5204$，$P<0.01$	$F_L=0.0469L^{2.4098}$ $R^2=0.3145$，$P<0.01$	$P>0.05$
体重（W_n） net weight	$F=750.09\ln(W_n)-2312.4$ $R^2=0.5023$，$P<0.01$	$F_L=1.9306W_n^{0.7374}$ $R^2=0.3039$，$P<0.01$	$P>0.05$
卵巢重（W_o） ovary weight	$F=261.47W_o^{0.6657}$ $R^2=0.6827$，$P<0.01$	$F_L=18.311W_o^{0.5702}$ $R^2=0.6588$，$P<0.01$	$F_W=6.6913W_o^{0.3664}$ $R^2=0.3814$，$P<0.01$
性体指数 gonadosomatic index，GSI	$F=219.35GSI^{0.5615}$ $R^2=0.3282$，$P<0.01$	$F_L=14.054GSI^{0.5427}$ $R^2=0.4034$，$P<0.01$	$F_W=4.0595GSI^{0.5272}$ $R^2=0.5336$，$P<0.01$
肥满度（K） fullness	$P>0.05$	$P>0.05$	$F_W=30.36K^2-89.265K+76.586$ $R^2=0.1097$，$0.01<P<0.05$

（三）个体生殖力与多元参数关系

将黑斑原鮡个体生殖力与 a、L、W_n、W_o、M、ρ、K 及 $L\times W_n$ 关系经逐步回归分析检验，得个体绝对生殖力与各指标逐步回归方程为

$$F = -619.8699+4.6497W_n+96.5101W_o+16.5507M+2.6143\rho,\ R^2=0.8630$$

入选参数为 W_n、W_o、M 及 ρ，结果表明，个体绝对生殖力随以上 4 个参数的增大而增大。

个体相对体长生殖力与各指标逐步回归方程为

$$F_L = -40.8432+6.2324W_o+0.9999M+0.1649\rho+12.5024K,\ R^2=0.8102$$

入选参数为 W_o、M、ρ 及 K，结果表明，个体相对体长生殖力随这 4 个参数的增大而增大。

个体相对体重生殖力与各指标逐步回归方程为

$$F_W = -7.7436 + 0.3411a + 1.2312M + 0.0431\rho, \ R^2 = 0.8026$$

入选参数为 a、M 和 ρ，结果表明，个体相对体重生殖力仅随此 3 个参数的增大而增大。

个体绝对生殖力 F 和个体相对生殖力 F_L 均与年龄、体长、体重、成熟系数、卵巢重呈极显著相关关系，个体相对生殖力 F_W 仅与卵巢重和成熟系数呈极显著相关关系，这与一些学者分别对黄尾密鲴 Xenocypris davidi（阳爱生和卞伟，1983）、大黄鱼 Pseudosciaena crocea（郑文莲和徐恭昭，1964）、红鳍鲌 Culter erythropterus（谢从新等，1995）等鱼类生殖力研究的结论基本一致，说明在研究鱼类生殖力与生物学指标时，使用个体绝对生殖力 F 和个体相对生殖力 F_W 这两个统计量更具有概括性；体长、体重、卵比重和成熟系数则是衡量鱼类生殖力的重要指标，多元回归分析筛选的结果进一步表明了这 4 个指标的重要性，同时证明在这 4 个指标中，尤以年龄与个体生殖力的相关性最好，其次是成熟系数。

二、种群生殖力

如表 4-5 所示，黑斑原鮡种群生殖力为 80 734 粒，其中 5～7 龄对种群生殖力的贡献率为 83.44%；其次是 8 龄，贡献率为 7.79%；9～12 龄 4 个龄组的贡献率仅为 7.86%。5～7 龄平均个体生殖力在 607～690.7 粒，8～12 龄各龄平均个体生殖力超过或接近 1000 粒，其平均个体生殖力显著大于前者，但 8～12 龄参与种群生殖的个体仅占生殖群体的 9.3%，显然影响到它们对种群生殖力的贡献。因此可以认为参与种群生殖的个体数量是决定对种群生殖力贡献率的主要因素。渔获物年龄结构偏低，7 龄以下个体占渔获物总尾数的90.68%，显然对资源补充不利。

表 4-5　黑斑原鮡的种群生殖力

Table 4-5　The population fecundity of *G. maculatum*

年龄 age	4	5	6	7	8	9	10	11	12	总 total
样本数 sample size N	5	41	50	20	5	2	1	1	2	127
成熟个体数 number of mature individual N_m	2	36	49	20	5	2	1	1	2	118
成熟个体百分比 percentage of mature individuals（%）	40.0	87.8	98.0	100	100	100	100	100	100	
占总样本数的百分比 percentage in total sample（%）	1.69	30.51	41.53	16.95	4.24	1.69	0.85	0.85	1.69	100
年龄平均繁殖力 mean fecundity of each age group（粒/尾）	365.6	607.0	647.0	690.7	1 258.1	1 142.2	1 040.0	1 037.0	991.5	
各龄总繁殖力 gross fecundity of each age group（粒/尾）	731	21 852	31 703	13 814	6 290	2 284	1 040	1 037	1 983	80 734
各龄繁殖力贡献率 fecundity contribution rate of each age group（%）	0.91	27.06	39.27	17.11	7.79	2.83	1.29	1.28	2.46	100

第三节　产卵群体

一、初次性成熟年龄

由表 4-5 可见，黑斑原鮡的初次性成熟年龄从 4 龄开始直到 7 龄，跨度较大，4～7

龄初次性成熟比例分别为 40%、47.8%、10.2%和 2.0%。累积性成熟个体的比例 4 龄为 40%，5 龄为 87.8%，6 龄为 98.0%，直到 7 龄达到 100%。

本研究中，黑斑原鮡的最小性成熟个体，雌鱼全长 142 mm，重 33.5 g，相应年龄为 4 龄；雄鱼全长 162 mm，体重 51.1 g，相应年龄为 5 龄。丁城志等（2010）发现雄性最小性成熟个体体长 141.7 mm，体重 45.2 g，性体指数 1.09%，相应年龄为 5 龄。雌性最小性成熟个体体长 146.8 mm，体重 66.7 g，性体指数 11.52%，相应年龄为 5 龄。

初次性成熟的年龄是繁殖潜力增加与个体生长、存活寿命及繁殖代价权衡（trade-off）的结果（Chen et al.，2004），也是鱼类在进化过程中对环境长期适应的结果。初次性成熟年龄和大小对某一物种来说，既具有相对的稳定性，又表现出一定的可塑性。稳定性是鱼类的遗传特性，可塑性是对环境的一种适应（Grover，2005）。黑斑原鮡最小初次性成熟年龄为 4 龄，但约 2%的个体直到 7 龄才达到初次性成熟。这种同一种群的成熟年龄有差距现象，是对环境中的食物保障、温度和光周期、捕捞压力等的适应。性成熟延迟有利于个体进一步增长，以获得初次性成熟个体足够的大小（Heino，2002）。由于个体的成熟速度不同，同一世代的个体中，开始成熟的年龄并不都是一致的，有的可延续数年。寿命短的鱼，初次性成熟年龄差异不显著；而寿命长的鱼，其差异就很显著，如中华鲟初次性成熟年龄，雄鱼 9~18 龄，雌鱼 14~26 龄，延续时间分别高达 9 年和 12 年。成熟年龄不一致的原因，通常认为与生长速度有关，在一个世代中首先成熟的都是那些生长较快的个体，如黄尾密鲴雌性，一般在 2 龄，体长 15.5 cm 左右时达到性成熟，而有些生长迅速，体长达到 14.9 cm 以上的 1 龄个体也能达到性成熟。总的来说，在正常环境条件下大多数个体初次性成熟年龄是相对稳定的，但环境条件（特别是营养条件）的变化会引起个体生长速度和生殖生理的差异，因此对一部分个体来说，初次性成熟年龄会有所变动，这种变动以最初几年的生长速度为转移。

二、副性征

黑斑原鮡在未达到性成熟之前，雌鱼与雄鱼的外部形态无显著差异，不易区分。性成熟后，非繁殖季节的雄鱼体形较为修长，雌鱼较为粗短。繁殖季节的亲鱼，除雄鱼明显大于雌鱼外，雄鱼在肛门后方有一突出 5~8 mm 的长圆锥状生殖突，生殖突末端呈红色或粉红色；腹部较为消瘦，性腺成熟特别好的个体可挤压出少许白色精液。雌鱼有一稍突出于体表的圆盘状生殖突，生殖孔圆，呈红色或粉红色；腹部膨大，卵巢轮廓明显；性腺成熟好的个体轻压腹部可见卵粒流出。

三、产卵群体类型

鱼类产卵群体（P）中初次性成熟产卵的所有个体，称为补充群体（K），把第二次以至多次重复性成熟的所有个体，称为剩余群体（D），种群中性未成熟的个体，属于预备群体。根据鱼类生殖群体组成的结构等特征，可将鱼类的生殖群体分为 3 种类型。第一类型：D = 0，P = K，生殖群体只有补充群体，没有剩余群体，如银鱼 Hemisalanx prognathus、青鳉 Oryzias latipes 等寿命只有一年的鱼类，以及大马哈鱼等产后全部死亡的洄游性鱼类。第二类型：$D>0$，$K>D$，$P=D+K$，剩余群体少于或接近补充群体，仍以补充群体为主。第三类型：$D>0$，$K<D$，$P=K+D$。剩余群体数量超过补充群体，群体的年龄组成较复杂。

黑斑原鮡产卵群体由 4～12 龄组成（表 4-5），其中补充群体占 8.47%，剩余群体 91.53%，剩余群体远大于补充群体，显然属于第三类型，而且 5～7 龄个体占群体样本数的 80.5%。这种类型的鱼类，因为群体补充力差，其资源遭到破坏后不易恢复，对其资源保护要特别重视。

第四节　产卵类型

通过卵巢组织学、性体指数（gonadosomatic index，GSI）周年变化和卵径频数分布可以确定产卵类型。性腺组织学周年变化前面已述及，此处仅介绍 GSI 周年变化和卵径频数分布特征。

一、性体指数的周年变化

性体指数也称成熟系数（coefficient of maturing），是衡量鱼类繁殖投入的一个指标，用鱼体的性腺重除以空壳重所得的百分数表示。

根据 2005～2009 年在雅鲁藏布江中游采集的样本数据分析得到的结果如图 4-1 所示。从图 4-1 可以看出，黑斑原鮡性腺的周年变化可以划分为 4 个阶段。第一个为产前快速发育阶段，从 4 月到 5 月约一个月的时间，月平均 GSI 从 13.05 迅速升高到 17.27，提高了 4.22。第二个为产后恢复阶段，从 6 月到 8 月约 3 个月时间，在此期间月平均 GSI 基本稳定在 3 左右。第三个为越冬前快速发育阶段，从 8 月到 9 月约 1 个月时间，月平均 GSI 从 2.86 迅速升高到 9.06，平均提高 6.20。表明产后性腺有一个较长的恢复期。第四个为越冬稳定阶段，从 10 月至翌年产卵前的 4 月，约经历 6 个月时间，月平均 GSI 稳定在 10～13。

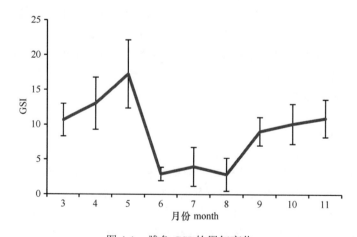

图 4-1　雌鱼 GSI 的周年变化

Fig. 4-1　Monthly changes in gonadosomatic index of female *G. maculaturn*

　　上面是对雅鲁藏布江中游样本的分析结果，没有包括林芝以下和日喀则以上江段的样本。由于不同海拔气候存在巨大差异，直接影响到鱼类的性腺发育和繁殖行为，不同江段黑斑原鲱的性腺发育基本遵循上述规律，但其 GSI 变化的时间节点会不同。例如，2007 年 6 月下旬，林芝尼洋河样本性体指数为 2.05～4.94，平均 2.66；而日喀则样本的性体指数高达 18.74～28.08，平均 23.07。

二、卵径频数分布

　　黑斑原鲱Ⅳ期和Ⅲ期卵巢中卵径频数分布的特征基本表现为两个峰值，表明其卵粒由大小显著不同的两个卵径群组成。不同发育期卵巢主要卵母细胞群组成不同，卵母细胞大小会有显著差异，因此，卵径频数分布峰值在坐标上处于位置不同。通过人工催产获得的黑斑原鲱成熟卵呈圆形，卵径 2.98～3.08 mm，平均（3.01±0.04）mm。根据这一结果分析，图 4-2a 中，大小 1.7～2.8 mm 的卵母细胞群为第 3 时相的卵母细胞，大小 0.5～1.6 mm 的卵母细胞群为第 2 时相的卵母细胞；图 4-2b 中，大小 2.7～3.4 mm 的卵母细胞群应为第 4 时相的卵母细胞，大小 0.5～2.6 mm 的卵母细胞群应为第 3 时相的卵母细胞。

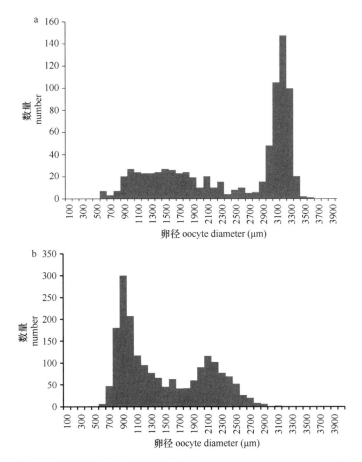

图 4-2　第Ⅲ期（a）和第Ⅳ期（b）黑斑原鲱卵巢卵径频数分布图

Fig. 4-2　The frequency distribution of oocyte diameter in stage Ⅲ（a）and Ⅳ（b）ovaries of *G. maculatum*

通过测量Ⅲ期或Ⅳ期卵巢已沉积卵黄卵的卵径，分析其卵径频数分布特征可判断产卵类型。卵径频数分布呈单峰，通常表明卵巢中卵母细胞群为同步发育，属一次产卵类型；卵径频数分布具有两个及以上高峰，表明卵巢中卵母细胞群为非同步发育，卵母细胞分批成熟，通常有数批不同大小的卵粒，成熟一批，产出一批，为分批产卵类型。在平原地区生活的鱼类，产卵后性腺进入Ⅱ期，性腺发育较慢，到翌年春天才开始沉积卵黄。生活在青藏高原的鱼类，产卵后进入Ⅲ期卵巢，开始沉积卵黄，以Ⅳ期卵巢越冬。因此可将性腺处于Ⅲ、Ⅳ期的黑斑原鮡定义为已达性成熟个体（丁城志等，2010）。

第五节 繁 殖 习 性

一、产卵场和产卵条件

雅鲁藏布江地处高原，多数河段在崇山峻岭中穿行，人迹罕至，给产卵场实地调查带来了困难。根据长期在雅鲁藏布江捕捞的渔民在各江段捕捞的经验，认为尼洋河支流巴河、拉萨河唐加、旁多、雅鲁藏布江日喀则江段的尼木、谢通门上游等处是黑斑原鮡的主要产卵场。黑斑原鮡产卵季节（5～6月），在这些河段近岸处的乱石堆旁能够捕捞到大量待产的"大肚子"鱼和已经产卵的"瘪肚子"鱼，有些"大肚子"鱼甚至在挂网期间就有卵粒流出，而在这些河段没有乱石堆的地方则很难捕到黑斑原鮡。2005年5月中旬在唐加河段进行了验证捕捞，证明渔民描述属实。由此可以判断上述河段应该是黑斑原鮡的产卵场。

根据对上述产卵场的实地调查，繁殖季节水温为12～15℃，产卵场水深0.5～3.0 m。产卵场河道底质以砾石为主，砾石之间有卵石和沙子，水质清澈。黑斑原鮡产卵活动在夜间进行。在河道近岸处乱石堆的缝隙中产卵，此处远离水流湍急的主流，水流在堆石的阻隔下，流速较低，流态紊乱，通常形成回旋水，能够有效地滞留水中物体。作者推测，产出的卵吸水后膨胀，具有漂流性卵的特征，但具有微黏性，可黏附极其微小的沙粒。因此黑斑原鮡的卵不会像"四大家鱼"的漂流性卵一样始终在水层中漂流，而是随着紊乱流水滞留在乱石堆缝隙中发育。南盘江鮡类的受精卵也散落在砾石间隙，孵化后就地发育成长，所以生命周期在比较狭窄的区域内完成，这是对特定环境的适应，以保证种的繁衍（褚新洛，1979）。

二、产卵季节

根据作者的研究结果和文献报道，黑斑原鮡性成熟个体在5～6月卵巢迅速发育到Ⅴ期，卵母细胞由第4时相发育到第5时相，5月中旬相继进入产卵期，产卵后的卵巢短暂地处于Ⅵ期，卵巢中残留少数未产的白色卵粒。7～8月卵巢中未产卵粒被完全重吸收，卵巢回复到Ⅲ期，卵母细胞以3时相为主，8月末至9月卵巢进入了Ⅳ期，以Ⅳ期卵巢越冬，直至翌年产前，卵巢均处于Ⅳ期，最高级卵母细胞处于第4时相。

根据多年对人工繁殖收集亲鱼的观察，生活在雅鲁藏布江流域不同水域的黑斑原鮡，其繁殖期不同，首先进入繁殖期的是干流山南至林芝江段及其支流尼洋河群体，时间大约在 5 月初；其次是拉萨河群体，时间大约在 5 月中旬；最后是日喀则谢通门江段的群体，时间大约在 6 月，而谢通门以上江段及其支流则在 6 月下旬才还有黑斑原鮡产卵。2007 年 6 月下旬，谢通门江段上游支流样本的性体指数高达 18.74～28.08，平均 23.07，而拉萨河样本性体指数为 2.05～4.94，平均 2.66。长期在雅鲁藏布江从事捕捞的渔民认为，黑斑原鮡产卵时间与当年的气候有关，通常桃花开放的季节就是黑斑原鮡产卵的时候。了解这一点对于人工繁殖亲鱼的采集极为重要。

三、产卵行为

人工繁殖过程中发现亲鱼在产卵前有追逐行为，通常是一尾或两尾雄鱼围绕一尾雌鱼游动，时而用吻端顶触雌鱼体侧和腹部。追逐过程中，较为雄壮的雄亲鱼会不停驱赶另一尾雄鱼，直至其离去。此后一雌一雄两尾亲鱼进入人工设置的石堆缝隙或 PVC 塑料管。表明黑斑原鮡在产卵时具有配对行为。有文献报道，石爬鮡属鱼类雄鱼的生殖突具有体内受精功能（黄寄夔等，2003）。多年多批次的人工繁殖中，自然产卵的个体，没有观察到类似石爬鮡属鱼类的体内受精行为。

小　　结

（1）黑斑原鮡的性腺发育可分为 6 期，成熟个体一年一个性周期，产后卵巢直接进入Ⅲ期，以Ⅳ期卵巢越冬；繁殖期为 5～6 月，成熟卵粒一次产出，属一次产卵类型。

（2）黑斑原鮡的个体绝对生殖力（F）变动范围为 141～2162 粒，平均（727±407.83）粒；相对体长生殖力（F_L）变动范围为 10.22～117.36 粒/cm 体长，平均（43.26±20.65）粒/cm 体长；相对体重生殖力（F_W）变动范围为 3.24～27.01 粒/g 体重，平均（11.79±5.31）粒/g 体重。种群生殖力为 80 734 粒，其中 5～7 龄对种群生殖力的贡献率为 83.44%。体长、体重、卵比重和成熟系数是影响生殖力的重要指标。

（3）黑斑原鮡的初次性成熟年龄为 4～7 龄，从小到大各龄的累积初次性成熟比例分别为 40%、87.8%、98.0%和 100.0%。

（4）黑斑原鮡的产卵群体由 4～12 龄组成，其中补充群体占 8.47%，剩余群体 91.53%；5～7 龄个体占群体样本数的 80.5%。

（5）黑斑原鮡繁殖季节水温为 12～15℃，产卵场水深 0.5～3.0m。在河道近岸处乱石堆的缝隙中产卵，产出的卵粒停留在石块缝隙中发育。人工繁殖过程中观察到亲鱼产卵时具有配对行为。

（6）黑斑原鮡生殖力小，寿命长，产卵群体中补充群体比例小，资源一旦遭受破坏将难以恢复，应特别重视其资源保护。

主要参考文献

褚新洛. 1979. 鳅鮡鱼类的系统分类及演化谱系：包括一新属和一新亚种的描述. 动物分类学报, 4(1): 72-82
丁城志, 陈毅峰, 何德奎, 姚景龙, 陈锋. 2010. 雅鲁藏布江黑斑原鮡繁殖生物学研究. 水生生物学报, 34(4): 762-768
黄寄夔, 杜军, 王春, 赵刚. 2003. 石爬鮡属鱼类的繁殖生物学初步研究. 西昌农业高等专科学校学报, 17(3): 1-3
谢从新, 朱邦科, 王明学. 1995. 保安湖红鳍鲌个体生殖力的研究 // 梁彦龄等. 草型湖泊资源、环境与渔业生态学管

理(一). 北京: 科学出版社: 273-281

阳爱生, 卞伟. 1983. 官亭水库密鲴(*Xenocypris davidi* Bleeker)个体生殖力的研究. 水产学报, 7(4): 385-399

殷名称. 1995. 鱼类生态学. 北京: 中国农业出版社

郑文莲, 徐恭昭. 1964. 福建官井洋大黄鱼个体生殖力的研究. 水产学报, 1(1): 1-17

Chen Y F, He D K, Cai B, Chen Z M. 2004. The Reproductive strategies of an endemic Tibetan fish, *Gymnocypris selincuoens*. J Freshwat Ecol, 19(2): 255-262

Grover M C. 2005. Changes in size and age at maturity in a population of kokanee *Oncorhynchus nerka* during a period of declining growth conditions. J Fish Biol, 66(1): 122-134

Heino J. 2002. Concordance of species richness patterns among multiple freshwater taxa: a regional perspective. Biodivers Conserv, 11(1): 137-147

第五章　特殊组织：副肝

鱼类肝脏形状变化多样，通常与鱼的体形存在一定关系。有学者认为鱼类肝脏的形状部分由腹腔和内脏器官的形态所决定，这或许是肝脏在拥挤的腹腔内尽可能扩大自己的体积之故（Harder，1975）。由于每种鱼的腹腔和内脏器官的形态特征基本上是固定的，因此其肝脏的形态特征基本一致。有些鱼类的肝脏形态较为固定，具有一定的形态，如鲈形目和鲇形目的鱼类；有些鱼类的肝脏则是弥散性的，如鲤形目鱼类。无论鱼类肝脏形态如何变化，一般总是位于腹腔内（孟庆闻等，1987）。

在黑斑原鮡生物学研究中发现其肝脏的形态和分布与其他鱼类相比，具有特别之处，遂对其形态、组织学特征和生化特性等进行了较系统的研究。

第一节　特殊组织的发现

2005 年 5 月，在进行黑斑原鮡生物学研究时，发现一尾黑斑原鮡除腹腔内存在正常的肝脏组织外，在胸鳍后下方的体壁与皮肤之间还存在肝脏样组织。经解剖上百尾样本，证实这一组织并非畸形所致，实为黑斑原鮡特有的组织。

对该组织与腹腔内肝脏组织的同工酶、生化成分和相关基因进行了比较研究，证实二者的上述指标基本一致。遂认为这一特殊组织是肝脏的一部分，具有肝脏生理功能。因这一组织相对于位于腹腔内的肝脏来讲，其解剖学位置在腹腔之外，故命名为"腹腔外肝"（exo-celiac liver）（谢从新等，2007）。

随后进行的早期发育的形态学和组织学研究表明，黑斑原鮡肝脏的发生，首先出现腹腔内肝脏原基，腹腔内肝脏在发育的过程中，两侧形成较为粗大的突起，然后该突起基部和中部逐渐变细形成连接带，而连接带的端部膨大形成"腹腔外肝"。与此同时，腹腔壁的肌肉层在胸鳍基部下方处未封闭，成为肝脏突起穿越体壁肌肉层的通道。在肝脏突起穿越体壁肌肉层，端部膨大形成"腹腔外肝"的同时，皮肤与体壁肌肉之间的空间随"腹腔外肝"的膨大而增大。这个过程完全在肝脏包膜（腹膜壁层）中，即在腹腔内完成。因此认为容纳"腹腔外肝"的空间是腹腔的延伸，故黑斑原鮡的"腹腔外肝"实际上是腹腔内肝脏向外延伸的部分。"腹腔外肝"一词易使人产生该组织位于腹腔之外的误解，故建议将"腹腔外肝"改为"副肝"（attaching liver），而将"腹腔内肝脏"相应地改为"主肝"（main liver）（图 5-1）。

第二节　副肝的特性

一、解剖学特征

新鲜肝脏呈红褐色，位于体腔前端，借系膜悬挂在心腹隔膜的后方。腹腔内的肝脏

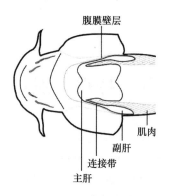

图 5-1　黑斑原鮡的主肝和副肝

Fig. 5-1　The main liver and attaching liver of *G. maculatum*

分为二叶，左右对称，蝶状，前后端尖，中间较为宽阔。左右二叶肝脏中部外侧向外伸展出一束状组织（连接带），该组织穿过腹侧肌肉后，在胸鳍基后方的肌肉和皮肤之间扩展为块状组织，形成"副肝"（图版 V-1-1）。"副肝"外侧面凸起（图版 V-1-2），内侧面凹陷，平滑，紧邻体侧肌肉。据此可知黑斑原鮡的肝脏由 3 部分组成，即腹腔内主肝、体侧肌肉与皮肤之间的"副肝"及连接两结构的连接带。

二、组织学特征

（一）肝脏的显微结构

1. 主肝

在黑斑原鮡的主肝中，肝实质被结缔组织分割成许多分界不清楚的肝小叶（图版 V-1-3）。每个肝小叶中央有一条沿其长轴走行的中央静脉，中央静脉周围是大致呈放射状排列的肝索（由肝板和窦状隙组成）（图版 V-1-4）。肝细胞呈多角形，细胞膜清楚，细胞核呈深紫色，细胞质呈粉色。每个肝细胞都有一个大而圆的细胞核，有的位于细胞中间，有的因细胞质内含有大量的脂肪而被挤到一边。窦状隙位于细胞索之间，被一层具扁平细胞核的内皮细胞包围，其中含有大量的细胞，如红细胞、Kupffer 细胞等（图版 V-1-4）。小叶间静脉散布于肝实质中，常有一条小叶间静脉或小叶间胆管伴行（图版 V-1-3）。小叶间静脉、小叶间动脉和小叶间胆管分别是肝门静脉、肝动脉和胆管的分支。

2. 连接带

连接带肝细胞的显微结构与主肝类似（图版 V-1-5）。同样存在着两层细胞组成的肝细胞索、窦状隙、中央静脉、小叶间静脉、小叶间动脉和小叶间胆管等结构。与主肝结构不同的是，在其组织学纵切面中能观察到一个非常明显的门管区，内有粗大的肝静脉、肝动脉和胆管，以及其他小的静脉、动脉和胆管。

3. 副肝

副肝肝细胞的显微结构与主肝基本一致（图版 V-1-6）。肝细胞索由两层多角形的肝细胞组成，细胞核大而圆，呈深紫色，有的位于细胞中间，有的被脂肪挤到细胞质的边缘。大量结构如窦状隙、中央静脉、小叶间静脉、小叶间动脉和小叶间胆管分布其中。

（二）肝脏的超微结构

1. 主肝

电镜下，主肝的肝细胞大而不规则。细胞核大，位于中央或细胞膜边缘，呈圆形或其他不规则形状，常染色质丰富而着色浅，异染色质散布其中，核膜清晰，核仁为异染色质（图版Ⅴ-2-a）。细胞质丰富，充满了各种细胞器如大量的线粒体、粗面内质网、高尔基体、髓样结构等，以及内含物如丰富的糖原和脂滴等（图版Ⅴ-2-c）。相邻肝细胞间连接紧密，可观察到桥粒等结构，4个肝细胞连接处形成的毛细胆管面有发达的微绒毛（图版Ⅴ-2-b）。

2. 连接带

连接带的肝细胞与主肝一样，大而不规则。细胞核圆形或不规则形；细胞质内含有丰富的粗面内质网、大量的线粒体、溶酶体、微体等细胞器，以及大量的糖原和脂滴等内含物（图版Ⅴ-2-d，e）。窦状隙内可观察到红细胞等结构，肝细胞表面的微绒毛深入窦状隙（图版Ⅴ-2-f）。

3. 副肝

副肝肝细胞的结构与主肝和连接带基本一致。肝细胞大而不规则。细胞核的核膜清楚，可观察到核孔，核质呈常染色质，异染色质散布其中，核仁为异染色质（图版Ⅴ-2-g，h）。细胞质内的细胞器丰富，如含大量的粗面内质网、线粒体和溶酶体等。

三、生化特性

（一）物质组成

鱼类的肝脏除水分外，所含的其他物质包括蛋白质、三酰甘油、磷脂、糖原及无机盐等。机体各组织中物质组成的含量和酶类所表现出的活性并不相同，甚至不同组织所含酶的种类也不完全一致。多种研究表明，鱼类的肌肉、肝脏、肾和鳃等组织内的酶活性差别很大（Hegazi et al.，2010；Mazmancı and Çavaş，2010）。

测定了黑斑原鮡主肝和副肝蛋白质、糖原、脂肪3种组成成分的含量，乳酸脱氢酶（LDH）、谷草转氨酶（AST）和谷丙转氨酶（ALT）3种代谢酶的活性，超氧化物歧化酶（SOD）、过氧化氢酶（CAT）两种抗氧化酶活性及总抗氧化能力（T-AOC）。测定结果见表5-1。主肝中的蛋白质含量、脂肪含量、T-AOC、SOD活性和CAT活性均略高于副肝；而主肝中的糖原含量、LDH活性、AST活性和ALT活性均略低于副肝，但主肝和副肝在各指标上的差异均未达到显著水平（$P > 0.05$）。

肝糖原和脂肪是肝脏内储存能量的重要物质。一般情况下，肝糖原含量能够保持相对稳定的水平，过多的糖可在肝脏内转变为三酰甘油并部分被氧化利用（张迺蘅，2000）。

表 5-1　黑斑原鮡主肝和副肝中生化成分含量、酶活力及总抗氧化能力

Table 5-1　The contents of biochemical compositions，enzyme activities and total antioxidant capacity of main liver and attaching liver in *G. maculatum*

指标 parameters	主肝 main liver	副肝 attaching liver
蛋白质 protein（mg/mL）	0.64±0.08	0.63±0.09
糖原 glycogen（mg/g 组织）	6.14±8.11	7.35±8.66
脂肪 lipid（%）	0.33±0.05	0.32±0.05
乳酸脱氢酶 LDH（U/g 蛋白质）	882.37±211.48	901.57±231.35
谷草转氨酶 AST（U/mg 蛋白质）	75.14±17.55	79.29±21.11
谷丙转氨酶 ALT（U/mg 蛋白质）	52.59±22.83	53.64±22.66
总抗氧化能力 T-AOC（U/mg 蛋白质）	0.130±0.027	0.127±0.036
超氧化物歧化酶 SOD（U/mg 蛋白质）	49.43±6.19	48.47±4.91
过氧化氢酶 CAT（U/g 蛋白质）	249.72±72.89	245.42±69.24

大多数鱼类中，肝糖原通常首先被分解用来提供能量，同时在饥饿的早期阶段也用来维持血糖浓度。肝脏是鱼类主要的储能场所，在饥饿状态下，大多数鱼类首先消耗肝脏内的储存物质，如鲤、草鱼和鳊等在饥饿早期主要动用糖类物质来提供能量（沈文英和林浩然，1999；Nagai and Ikeda，1971），而斑点叉尾鮰在饥饿期间主要利用脂肪作为能源，欧洲鳗鲡主要利用蛋白质和脂肪（Larsson and Lewander，1973）。本研究显示，主肝和副肝中脂肪和糖原的含量都未表现出显著差异，表明两者同样是储存脂肪和糖原的场所。但主肝中糖原的含量稍低于副肝，说明在正常状态下，糖原作为首要的能量来源，主肝的糖原比副肝消耗得要快一些，因此认为，主肝是主要的代谢场所，机体代谢所需的能量首先由主肝提供。

（二）代谢酶

LDH、AST 和 ALT 3 种代谢酶活性的变化可以反映肝脏组织的功能状态。LDH 存在于机体各组织器官中，主要分布于细胞内，是机体能量代谢中参与糖酵解的一种重要酶（成嘉等，2006；Gül et al.，2004）。LDH 是无氧代谢的终点，在体内可催化乳酸和氧化性辅酶 I（NAD$^+$）转变为丙酮酸和还原性辅酶 I（NADH），进而参加机体的能量代谢，因此，LDH 的改变直接影响机体的能量代谢。主肝中 LDH 的活性水平低于副肝，但并没有显著差异，表明主肝和副肝在与糖酵解相关的代谢水平上是一致的。

转氨酶与动物体内蛋白质代谢、糖代谢及脂类代谢有关，其活性通常被认为是肝脏功能正常与否的标志：当肝细胞组织结构受到损害时，转氨酶从肝细胞释放出来，进入血液系统，造成血液转氨酶活性的升高，而肝组织中转氨酶的活性降低（曾端等，2008）。AST 和 ALT 参与氨基酸代谢，是硬骨鱼类肝脏内最重要的转氨酶（Metón et al.，1999；Teles et al.，2003）。不同鱼类的 AST 和 ALT 活性水平并不相同，一般来讲，较高的 AST 和 ALT 活性表明该组织具有较强的蛋白质转移能力和氨基酸代谢能力（Ghorpade et al.，2002）。本研究中主肝 AST 和 ALT 的活性均低于副肝，但未达到显著水平，说明主肝与副肝的蛋白质转移能力和氨基酸代谢能力相当，也进一步表明两种肝脏组织的蛋白质代谢、糖代谢及脂类代谢水平基本一致。

（三）抗氧化酶

正常状态下，抗氧化防御系统的多种抗氧化酶类可以通过促进轻微氧化应激反应的进行来保护生物机体免受活性氧的氧化损伤（Livingstone，2003）。非正常情况下，如很多污染物胁迫等都会影响有氧代谢，从而导致 O^{2-}、H_2O_2 和—OH 等分子氧的产生。这些细胞有氧代谢的产物对很多生物体是有毒的，可经一系列的氧化还原反应，导致 DNA 损伤、脂质过氧化物损伤和酶的失活。SOD 在生物体中有 4 种表现形式，即 Cu/Zn-SOD、Mn-SOD、Fe-SOD 和 Ni-SOD，它们能够将 O^{2-} 转化成 H_2O_2 和 O_2 来清除氧自由基；随后，CAT 会将 H_2O_2 分解成氧气和水（Lü et al.，2009）。因此，SOD 和 CAT 是鱼体细胞内清除 O^{2-} 等氧自由基用以分解 H_2O_2 的两种重要的抗氧化酶类。研究表明，这两种酶的活性与鱼体细胞免疫防御能力密切相关，由于其对环境变化较为敏感，常用这两种酶的活性水平来判断鱼类的健康程度（卢彤岩，2010；Li et al.，2008）。本研究中主肝的 SOD 和 CAT 活性均高于副肝中两种酶的活性，但未表现出显著差异，表明在生化水平上，主肝和副肝清除氧自由基的能力基本相同。

T-AOC 是用于衡量机体抗氧化能力系统功能状况的综合指标，其大小可以代表和反映机体抗氧化系统和非酶促系统对外来刺激的代偿能力及机体自由基代谢的状态，主要作用是分解和清除代谢过程中产生的活性氧自由基（谭树华等，2005；崔惟东，2009）。本研究结果中，主肝和副肝 T-AOC 大小的差异并未达到显著性水平，表明黑斑原鲱的主肝和副肝的抗氧化能力基本一致。

综上所述，黑斑原鲱的主肝和副肝在脂肪和糖原的含量、代谢酶和抗氧化酶的活性上均未表现出显著性差异，表明主肝和副肝在生化水平上具有几乎相同的代谢功能，两者应为相同的组织，这与组织学和同工酶学的研究结果一致（谢从新等，2007）。

四、主肝和副肝代谢相关基因的定量分析

（一）相关基因的提取

肝脏样品的 OD_{260}/OD_{280} 值均为 1.8～2.0，1%琼脂糖凝胶电泳结果显示，总 RNA 条带完整，28S 与 18S 条带清晰（图 5-2），表明 RNA 提取的质量较高，能够满足 RT-PCR 的要求。

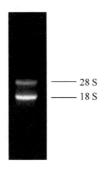

图 5-2　肝脏总 RNA 凝胶电泳检测

Fig. 5-2　The total RNA of liver in agarose gel

（二）肝脏代谢相关基因特异性片段的克隆

以黑斑原鲱肝脏 cDNA 为模板进行反应，使用表 5-2 中的引物进行 RT-PCR 扩增，分别获得 β-actin、Cu/Zn-SOD、Mn-SOD 和 CAT 的特异性扩增片段（图 5-3）。切下与目的片段长度相符的条带，进行胶回收后与载体连接、转化，并检测得到的阳性克隆，测序。测序结果显示，克隆所得片段大小分别为 583 bp（β-actin）、241 bp（Cu/Zn-SOD）、376 bp（Mn-SOD）和 230 bp（CAT），与设计的长度基本一致。在 NCBI 上与其他鱼类已确定的 mRNA 序列进行同源性比对，证实所得的片段确为黑斑原鲱 β-actin、Cu/Zn-SOD、Mn-SOD 和 CAT 的基因片段，将其上传至 NCBI，其序列号分别为 HQ222602.1（β-actin）、HQ154019.1（Cu/Zn SOD）、HQ154020.1（Mn-SOD）和 HQ154018.1（CAT）（图 5-4）。

表 5-2　用于 β-actin、SOD 和 CAT 的 cDNA 扩增和定量表达的引物

Table 5-2　Primers used for β-actin，SOD and CAT cDNA amplification and expression studies

引物名称 primer name	5′-3′序列 5′-3′ sequence	信息 information
β-actin-F	TGCCGCACTGGTTGTTGAC	用于获得原始片段的引物 Primers used for gene fragment amplification
β-actin-R	GCTGTAGCCTCTCTCGGTCA	
SOD1-F	AGGTCCGCACTTCAACCCT	
SOD1-R	AGCGTTGCCAGTTTTAAGAC	
SOD2-F	TCCAGACAGAAGCACACAC	
SOD2-R	ACCCTGATCCTTGAACTGC	
CAT-F	CAGGAGCGTTTGGCTACTT	
CAT-R	GATAAAGAAGATGGGGGTGT	
Rβ-actin-F	CAAGGCTGGATTCGCTGGT	用于荧光定量的引物 Primers used for qRT-PCR
Rβ-actin-R	GTCCTTCTGTCCCATACCAACC	
RSOD1-F	GTCCGCACTTCAACCCTCACAG	
RSOD1-R	ATTGGCACTCACGTTACCCAGATC	
RSOD2-F	CTTCACCATAGCAAGCACCA	
RSOD2-R	GTGTTGTTACATCACCTTTGGC	
RCAT-F	AAGACCACGCCCATCGCAGT	
RCAT-R	CCAGTTGCCCTCTTCGGTGTAG	

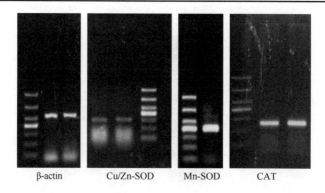

β-actin　　Cu/Zn-SOD　　Mn-SOD　　CAT

图 5-3　β-actin、Cu/Zn-SOD、Mn-SOD 和 CAT 的 RT-PCR 扩增产物

Fig. 5-3　The amplified product of β-actin，Cu/Zn-SOD，Mn-SOD and CAT by RT-PCR

```
Glyptosternon maculatum beta-actin mRNA, partial cds
GenBank: HQ222602.1
>gi|308539338|gb|HQ222602.1| Glyptosternon maculatum beta-actin mRNA, partial
cds
TGCCGCACTGGTTGTTGACAATGGATCCGGTATGTGCAAGGCTGGATTCGCTGGTGATGATGCTCCCCGT
GCTGTCTTCCCATCCATTGTGGGACGCCCAAGACACCAGGGTGTGATGGTTGGTATGGGACAGAAGGACA
GCTATGTTGGTGATGAGGCTCAGAGCAAAAGAGGTATCCTCACCCTGAAGTACCCTATTGAGCATGGTAT
CGTCACCAATTGGGATGATATGGAGAAGATCTGGCATCACACCTTCTCAACGAGCTGCGTGTTGCCCCT
GAGGAGCACCCTGTCCTGCTTACTGAGGCTCCCCTGAACCCCAAAGCCAACAGGGAAAAGATGACTCAGA
TCATGTTTGAGACCTTCAACACCCCAGCCATGTACGTTGCCATTCAGGCTGTGCTGTCCCTGTACGCCTC
TGGTCGTACCACTGGTATTGTGATGGACTCTGGTGATGGTGTGACCCACACTGTGCCCATCTATGAAGGT
TATGCCCTGCCCCATGCCATCCTCCGTCTGGACCTGGCTGGCCGTGACCTGACTGACTACCTCATGAAGA
TCCTGACCGAGAGAGGCTACAGC

Glyptosternon maculatum Cu/Zn superoxide dismutase (SOD1) mRNA, partial cds
GenBank: HQ154019.1
>gi|313661614|gb|HQ154019.1| Glyptosternon maculatum Cu/Zn superoxide dismutase
(SOD1) mRNA, partial cds
AGGTCCGCACTTCAACCCTCACAGCAAGACCCATGGTGGGCCAGATGATGAGATAAGGCATGTTGGAGAT
CTGGGTAACGTGAGTGCCAATTCCAGTGGAATTGCTGATATTAGCATCGAGGATAAGCACTTGTCTCTGA
AAGGGCCTCACTCAATCATTGGGAGGACCATGGTGATTCATGAAACGGAGGATGACTTGGGCAAAGGCGG
AAATGAGGAAAGTCTTAAAACTGGCAACGCT

Glyptosternon maculatum manganese superoxide dismutase (SOD2) mRNA, partial cds
GenBank: HQ154020.1
>gi|313661616|gb|HQ154020.1| Glyptosternon maculatum manganese superoxide
dismutase (SOD2) mRNA, partial cds
TCCAGACAGAAGCACACACTTCCAGATCTGCCGTACGACTACGGTGCACTAGAGCCTCACATCTCGGCTG
AAATCATGCAGCTTCACCATAGCAAGCACCATGGCACCTCAACAACCTTAATTTTACTGAAGAGAA
ATATCAAGAGGCTCTGGCCAAAGGTGATGTAACAACACAAGTGGCCTCTCAGTCAGCACTGAAGTTTAAT
GGCGGTGGCCACATTAACCACACCATCTTCTGGACAAACCTGTCTCCGAATGCCGGCCGGAGAACCACAGG
GTGAGCTCTTGGAGGCCATTAAGCGTGACTTCGGCTCATTTCAGAAGATGAAGGAGAAGATGTCTTCTGC
CACTGTGGCAGTTCAAGGATCAGGGT

Glyptosternon maculatum catalase (cat) mRNA, partial cds
GenBank: HQ154018.1
>gi|313661612|gb|HQ154018.1| Glyptosternon maculatum catalase (cat) mRNA,
partial cds
CAGGAGCCGTTTGGCTACTTCGAGGTGACTCATGACATTACACGCTACTGCAAGGCCAAAGTTTTTGAGCA
TGTGGGCAAGACCACGCCCATCGCAGTGAGATTCTCAACTGTGGCTGGTGAGGCTGGTTCATCTGATTCA
GTCCGGGACCCTCGAGGATTTGCAGTGAAATTCTACACCGAAGAGGGCAACTGGGACCTGACCGGCAATA
ACACCCCCATCTTCTTTATC
```

图 5-4　β-actin、Cu/Zn-SOD、Mn-SOD 和 CAT 在 NCBI 中的基因序列及序列号

Fig. 5-4　The gene sequence and sequence number of β-actin，Cu/Zn-SOD，Mn-SOD and CAT in NCBI

（三）肝脏代谢相关基因 mRNA 表达量

黑斑原鮡主肝和副肝内 Cu/Zn-SOD、Mn-SOD 和 CAT mRNA 的相对表达量见图 5-5。从图中可看出，黑斑原鮡主肝 Cu/Zn-SOD、Mn-SOD 和 CAT mRNA 的相对表达量均显著大于副肝（$P<0.05$）。

为比较黑斑原鮡主肝和副肝分子水平上的差异，作者获得了 β-actin、Cu/Zn-SOD、Mn-SOD 和 CAT 4 个基因的特异性片段，并以 β-actin 为参照基因得到了主肝和副肝中 Cu/Zn-SOD、Mn-SOD 和 CAT 的 mRNA 相对表达量。

SOD 是广泛存在于生物体内各自组织中的金属酶，是唯一能够特异性清除 O^{2-} 的抗氧化酶，按照其结合的金属离子，主要可分为 Cu/Zn-SOD、Mn-SOD 和 Fe-SOD 3 种，其中 Cu/Zn-SOD 主要存在于真核细胞内，Mn-SOD 在真核生物和原核生物细胞中均有，而 Fe-SOD 主要存在于原核生物和叶绿体中，另外也有生物存在 Ni-SOD 和 Fe/Zn-SOD（于平，2006）。鱼类中仅有 Cu/Zn-SOD 和 Mn-SOD 两种。因本研究测定的是总 SOD，所以必须得到这两个基因的特异性片段，然后再对它们各自的 mRNA 分别定量，才能获得 T-SOD 的表达量。

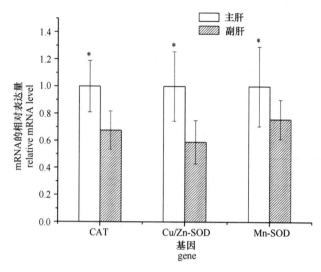

图 5-5　黑斑原鮡主肝和副肝中 Cu/Zn-SOD、Mn-SOD 和 CAT mRNA 的相对表达量

Fig. 5-5　Relative expression of Cu/Zn-SOD，Mn-SOD and CAT mRNA in main liver and attaching liver of *G. maculatum*

　　CAT 是一类广泛存在于动物、植物和微生物体内的末端氧化酶，其中动物组织中 CAT 的含量差异很大，肝脏中的含量很高，它是在生物演化过程中建立起来的生物防御系统的关键酶之一，其生物学功能是催化细胞内过氧化氢分解，防止过氧化反应（刘冰和梁婵娟，2005；张坤生和田荟琳，2007）。

　　本研究中实时荧光定量 PCR 的结果表明，主肝中 Cu/Zn-SOD、Mn-SOD 和 CAT 的表达量均显著高于副肝中的表达量，这一结果与生化水平（见第六章）所得到的"主肝与副肝的 SOD 和 CAT 活性无显著差异"的结果并不一致。Jin 等（2010）对暴露在阿特拉津中的斑马鱼的研究表明，肝脏和卵巢中 SOD 和 CAT mRNA 的表达量与抗氧化酶活性的变化并不一致，他认为这可能是因为 mRNA 的水平仅代表了某一时刻细胞瞬时的活性，而酶的活性可能在之后的转录水平上才得到调控。这也与 Olsvik 等（2005）对大西洋鲑的研究结果一致。同样 Craig 等（2007）认为，转录和酶活性之间并没有直接的关联。

　　与副肝中的含量相比，主肝中的 Cu/Zn-SOD、Mn-SOD 和 CAT 的 mRNA 高表达量并未在生化水平出现。这体现了黑斑原鮡主肝和副肝在蛋白质（生化）水平上的滞后性，因为抗氧化酶活性要经历细胞内基因活化、mRNA 转录和酶蛋白合成等一系列过程。对于黑斑原鮡主肝和副肝在分子水平上的显著差异结果与在酶学水平上的无显著差异结果，作者认为，在正常状态下，主肝和副肝在功能上并没有差别。副肝可能是作为肝脏的"备用仓库"来使用，因此转录水平要低于主肝；主肝的转录和翻译水平高，蛋白质合成的效率可能要高，但其作为主要的肝脏功能代表，为代谢提供的酶量要比副肝多，所以高的转录水平抵消了功能上的高负荷，使得主肝和副肝在蛋白质水平上趋于一致。

第三节　副肝发生的形态学和组织学特征

　　通过人工催产获得黑斑原鮡的受精卵，人工孵化期间，从胚胎的器官分化期开始采集样本，解剖观察肝脏发生过程中形态学和组织学特征的变化。

一、发生过程的形态学特征

13 d 龄：黑斑原鮡的肝脏呈棒状，从背面看，肝脏右侧有轻微的食道压痕（图版Ⅴ-3-a）。

17 d 龄：随着肝脏的进一步生长，肝脏体积逐渐增大，食道压痕逐渐加深。可看到肝脏上明显的食道压痕呈犁沟状，将肝脏分成左右两叶。但肝脏左叶与右叶的生长并不一致，左叶明显大于右叶（图版Ⅴ-3-b）。

18 d 龄：左叶肝脏开始出现肝脏"突起"，即副肝的雏形（图版Ⅴ-3-c）。

20 d 龄：右叶肝脏的"突起"也比较明显（图版Ⅴ-3-d）。

21 d 龄：肝脏的左、右叶继续生长，肝脏体积进一步增大（图版Ⅴ-3-e）。

22 d 龄：左叶"突起"更加明显，并能观察到左叶"突起"与肝脏主体部分之间的其他器官的压痕。此时，随着卵黄体积的减小，肝脏占据腹腔的体积增大，其两叶的"突起"继续延伸（图版Ⅴ-3-f）。

24 d 龄：肝脏的左右两侧生长开始趋于一致（图版Ⅴ-3-g）。

27 d 龄：肝脏体积增大的同时，"突起"与肝脏主体部分之间的其他器官的压痕进一步加深，即连接带开始形成；此时，肝脏的左叶"突起"也开始呈现成鱼副肝的形状（图版Ⅴ-3-h，i）。

二、发生过程的组织学特征

采用横切面、纵切面和水平切面展示肝脏原基的发生位置及肝脏与相邻器官（包括卵黄囊等）的相对位置。

3 d 龄时，在原始消化道前部的肝脏原基被巨大的卵黄囊包围（图版Ⅴ-4-a）。

4 d 龄时，肝脏最先出现在消化道的左侧（图版Ⅴ-4-b），肝细胞为多角形，细胞界限比较清楚，核大，位于细胞的中央，染色较细胞质深，每两层肝细胞排列成一细胞索，肝细胞索之间较为疏松，能看到明显的窦状隙和胆管（图版Ⅴ-4-c）。

5 d 龄时，左侧肝脏继续向左侧方扩展，肝脏体积增大（图版Ⅴ-4-d），肝脏依然被卵黄囊紧紧包裹，肝细胞索之间排列更为疏松（图版Ⅴ-4-e）。

8 d 龄时，右侧肝脏开始出现，细胞排列疏松，也已具备肝细胞索结构，与左侧相比，肝细胞较小（图版Ⅴ-4-f）。此时，左侧肝脏开始出现零星的空泡状细胞（图版Ⅴ-4-g）。

9 d 龄时，左侧肝脏内空泡状细胞的数量明显增多（图版Ⅴ-4-h）。

11 d 龄时，随着仔鱼的长大，两侧肝脏体积均有增大，但细胞空泡化现象更加明显，细胞核均被挤到一边，整个肝脏成网状（图版Ⅴ-4-i）。

17 d 龄时，仔鱼肝脏与 11 d 龄时相比，体积增大，但肝脏的空泡化现象依然很明显，左侧肝脏开始出现"突起"（图版Ⅴ-4-j）。可观察到腹腔肌肉层仅延伸至胸鳍基部下方，腹腔壁肌肉层较之前增厚，但左侧肝脏"突起"与腹膜壁层，腹膜壁层与皮肤之间并无肌肉存在（图版Ⅴ-4-k）。

21 d 龄时，也能观察到与 17 d 龄时相同的现象，即肝脏"突起"与皮肤之间无肌肉存在（图版Ⅴ-4-l）。

26 d 龄全长（16.38±0.28）mm，肝脏空泡化现象基本消失，延伸至胸鳍基部的腹腔壁肌肉层明显增厚（图版 V-4-m，n）。此时仔鱼的卵黄囊已经吸收完毕，整个肝脏的结构与成鱼相似（图版 V-4-o）。

上述观察结果显示，黑斑原鲱的肝脏发育可划分为 3 个阶段：主肝发生阶段、连接带形成阶段和副肝形成阶段。

（1）主肝发生阶段：3 d 龄仔鱼开始出现肝脏原基。此后，肝脏体积不断增大，被卵黄紧紧包围，左侧肝脏先显现，直到 8 d 龄右侧肝脏显现。13 d 龄肝脏背面出现轻微的食道压痕，17 d 龄，犁沟状的食道压痕已非常明显，左侧肝脏开始出现轻微的突起。

（2）连接带形成阶段：从 17 d 龄开始左侧肝脏出现轻微的突起，22 d 龄，连接带游离端膨大。随着卵黄的吸收，肝脏体积不断增大。17 d 龄，左侧肝脏开始出现轻微的突起。右侧肝脏的突起在 19 d 龄较为明显。随着肝脏体积的增大，两侧突起越来越明显。体腔壁的肌肉层不断增厚，但仅延伸至胸鳍基部的下方，肝脏突起与腹膜壁层及体壁皮肤之间均无肌肉存在（图版 V-4-l）。至 22 d 龄，肝脏突起与肝脏主体之间的连接部分开始出现压痕（凹陷），此压痕（凹陷）即为连接带的最初形态。

（3）副肝形成阶段：始于 22 d 龄。随着腹腔壁肌肉的增厚，食道和骨鳔的增大，肝脏突起与肝脏主体之间的连接部分开始出现压痕，且越来越深，即形成连接带，连接带游离端开始膨大，副肝出现。

肝脏中的空泡细胞最初在 8 d 龄时发现，随着肝脏体积的增大，空泡化细胞增多。肝细胞空泡化现象在细点牙鲷（Santamaría et al.，2004）、半滑舌鳎 *Cynoglossus semilaevis*（常青等，2005）和大黄鱼（Mai et al.，2005）等鱼类中都有出现。Boulhic 和 Gabaudan（1992）利用过碘酸雪夫染色（periodic acid-schiff stain）显示鳎 *Solea solea* 肝脏细胞中的空泡为储存的糖原。根据 Guyot 等（1995）的研究结果，仔鱼在内源营养期，肝脏细胞内已开始积聚糖原。这表明随着肝脏细胞中的空泡不断增加，仔鱼从卵黄中吸收的营养物质已经在肝脏中进行储藏。直至 26 d 龄，仔鱼卵黄逐渐被吸收完毕的同时，肝脏细胞的空泡化现象消失。

对仔鱼肝脏发生的研究主要集中在组织学方面，解剖学的研究较少（Guyot et al.，1995）。黑斑原鲱肝脏的发生位置与其他鱼类相似，位于腹腔前部。这与 Harder（1975）提出的结论一致，鱼类肝脏组织占用了体壁、肠道、脾脏、胆囊和胰脏之间的空间，肝脏的形状由腹腔和它周围的器官所决定，这或许是肝脏在拥挤的腹腔内尽可能扩大自己的体积之故。

鱼类的肝脏是由内胚层发育而来的消化腺，由肝板、窦状隙及胆管、静脉和动脉构成的网状结构组成，在分类上属于低等脊椎动物的范畴（Bruslé and Anadon，1996）。与很多鱼类一样，黑斑原鲱肝小叶间结缔组织很少，相邻小叶连成一片，分界并不清晰（Vicentini et al.，2005）。

Akiyoshi 和 Inoue（2004）将鱼类中的肝细胞—窦状隙结构划分为 3 种类型：索状（cord-like form），肝细胞索由单层细胞组成；管状（tubular form），肝细胞索由双层细胞组成；实心状（solid form），肝细胞索由多层细胞组成。将胆道系统分为 4 种类型：单独型、胆管—动脉型、胆管—静脉型和门管型。他们认为肝细胞—窦状隙结构可以反映鱼类的进化状况，而胆道系统与鱼类的食性和与肝脏功能相关的脂肪代谢有关。

黑斑原鲱的肝脏与叉尾黄颡鱼、鲇、雷氏鮁*Liobagrus reini*和线纹鳗鲇*Plotosus lineatus*等鲇形目鱼类一样，为管状结构，因此在进化中应属于较原始的类型。与其他很多鱼类一样，黑斑原鲱肝脏中不具有肝门三联管（Bertolucci et al.，2008），较常见的胆道系统是胆管—静脉型，肝细胞中有的细胞核被挤到细胞的边缘（光学显微镜下），细胞质中糖原和脂滴都非常丰富（电子显微镜下），这些都表明黑斑原鲱的主肝和副肝均是储存营养的场所，与黑斑原鲱是以动物为主的杂食性鱼类有关，也与其生活的季节及当时的营养状况有关（Rocha et al.，1997）。

本研究中，黑斑原鲱主肝和副肝的结构在显微和超微水平上都基本一致，均不存在胰脏组织。其肝细胞的结构也与其他鱼类相似（Hinton and Pool，1976；El-Bakary and El-Gammal，2010）。黑斑原鲱主肝和副肝的肝细胞中均含有大量的细胞器，如丰富的线粒体和排列成群的粗面内质网，这表明黑斑原鲱肝细胞的代谢很活跃（成令忠等，2003）。肝脏连接带的结构也与主肝和副肝的结构相似。组织学中，连接带中的静脉、动脉和胆管均比较粗大，表明连接带是主肝和副肝进行物质活动的传输纽带，同时说明了由于连接带的存在，副肝才有可能像主肝一样行使消化、代谢、排泄、解毒和免疫等重要功能。

第四节 鲱科鱼类的副肝

收集解剖了除平唇鲱属和异齿鰋属以外的10属18种鱼类的标本（表5-3）。逐一解剖每号标本，得到完整的肝脏，观察、描述不同肝脏的形态，用立体显微镜或相机拍照。

一、形态特征

各属鱼类肝脏形态特征简要描述如下。

1. 鉠属

我国的鉠属鱼类共两个种。解剖了巨鉠，其肝脏分为左右两叶，未发现副肝，右叶明显长于左叶，两叶肝脏的外侧未发现任何突起（图版Ⅴ-5-a，b）。

2. 黑鲱属

我国的黑鲱属鱼类共两个种。解剖了黑鲱*G. cenia*，其肝脏的形状极其不规则，不分叶，肝脏的前端、腹面和背面均有明显的器官压痕（图版Ⅴ-5-c，d）。

3. 纹胸鲱属

我国的纹胸鲱属鱼类共22个种。解剖了本属鱼类中的四斑纹胸鲱*G. quadriocellatus*、红河纹胸鲱*G. fukiensis honghensis*、间棘纹胸鲱*G. interspinalum*、扎那纹胸鲱*G. zainaensis*、三线纹胸鲱*G. trilineatus*、丽纹胸鲱*G. lampris*、中华纹胸鲱*G. sinense sinense*、福建纹胸鲱*G. fukiensis fukiensis*、老挝纹胸鲱*G. laosensis*等8个种（表5-3）。

该属鱼类肝脏的共同特点是肝脏均分为左右两叶，肝脏背面的两侧各出现一个大小相近的突起。不同之处是，红河纹胸鲱和三线纹胸鲱左叶与右叶大小相当，其余6种鱼肝脏左叶明显长于右叶（图版Ⅴ-6）。

表 5-3　本研究所用的标本信息

Table 5-3　The information of samples used in present study

属名 genus name	种名 species name	采集地 collecting locality	海拔（m） altitude	肝脏特征 feature of liver	图版 plate
鮡属 Bagarius	巨鮡 B. yarrelli	云南元江	＜500	无副肝	V-5-a，b
黑鮡属 Gagata	黑鮡 G. cenia	云南保山	500～680	无副肝	V-5-c，d
纹胸鮡属 Glypothorax	四斑纹胸鮡 G. quadriocellatus	云南元江	＜500	无副肝，有突起	V-6-a，b
	红河纹胸鮡 G. fukiensis honghensis	云南元江	＜500	无副肝，有突起	V-6-c，d
	间棘纹胸鮡 G. interspinalum	云南元江	＜500	无副肝，有突起	V-6-e，f
	扎那纹胸鮡 G. zainaensis	云南保山孙足河	500 左右	无副肝，有突起	V-6-g，h
	三线纹胸鮡 G. trilineatus	云南龙陵公养河	500 左右	无副肝，有突起	V-6-i，j
	丽纹胸鮡 G. lampris	云南澜沧江关累	500～1800	无副肝，有突起	V-6-k，l
	中华纹胸鮡 G. sinense sinense	湖北鄂谷	＜200	无副肝，有突起	V-6-m，n
	福建纹胸鮡 G. fukiensis fukiensis	湖北鄂谷	＜200	无副肝，有突起	V-6-o，p
	老挝纹胸鮡 G. laosensis	云南南阿河	＜500	无副肝，有突起	V-6-q，r
褶鮡属 Pseudecheneis	间褶鮡 P. intermedius	云南元江	＜500	无副肝，突起明显	V-5-e，f
	黄斑褶鮡 P. sulcatus	云南福贡/雅鲁 藏布江下游	1150～2900	有副肝	V-5-g，h
石爬鮡属 Euchiloglanis	青石爬鮡 E. davidi	长江上游	1500	有副肝	V-5-i，j
鮡属 Pareuchiloglanis	扁头鮡 P. kamengensis	云南福贡、雅鲁 藏布江下游	1190～3203	有副肝	V-5-k，l
凿齿鮡属 Glaridoglanis	凿齿鮡 G. andersonii	察隅	1574～2220	有副肝	V-5-m，n
拟鳗属 Pseudexostoma	短体拟鳗怒江亚种 P. yunnanensis branchysoma	云南福贡	1190	有副肝	V-5-o，p
鳗属 Exostoma	藏鳗 E. labiatum	云南保山户南河	1800	有副肝	V-5-q，r
原鮡属 Glyptosternum	黑斑原鮡 G. maculatum	西藏雅鲁藏布江	2800～4200	有副肝	V-5-s，t

4. 褶鮡属

我国的褶鮡属鱼类共 5 个种，解剖了两个种。间褶鮡 P. intermedius 肝脏由主肝和肝脏突起组成。主肝被食道分成左右两叶，左叶略长于右叶。肝脏背侧的突起非常明显，左右大小基本一致。两侧的突起从肝脏背侧底部开始由粗逐渐变细，陷在体壁肌肉里（图版 V-5-e，f）。

黄斑褶鮡 P. sulcatus 肝脏由主肝、副肝和连接带组成。主肝被食道分成左右不对称的两叶，贴腹腔壁向后延伸呈薄片状，左叶略长。连接带宽而粗大，背侧凸起，腹侧凹陷。连接带穿过腹腔侧壁肌肉，沿体壁下弯形成副肝。副肝短而厚，呈勺状（图版 V-5-g，h）。

5. 石爬鮡属

我国的石爬鮡属鱼类共 3 个种，解剖了青石爬鮡。其肝脏由主肝、副肝和连接带组成。主肝被食道分成左右不对称的两叶，左叶贴腹腔壁向后延伸呈薄片状，明显长于右叶。连接带较细，穿过腹腔侧壁肌肉，将主肝和副肝连接起来（图版 V-5-i，j）。

6. 鮡属

我国的鮡属鱼类共 16 个种，解剖了扁头鮡 *P. kamengensis*。其肝脏由主肝、副肝和连接带组成。主肝被食道分成左右不对称的两叶，左叶明显长于右叶。副肝较小，腹侧凹陷明显。连接带较细，穿过腹腔侧壁肌肉，将主肝和副肝连接起来（图版 V-5-k，l）。

7. 凿齿鮡属

我国的凿齿鮡属鱼类仅凿齿鮡 *G. andersonii* 一个种。解剖发现其肝脏由主肝、副肝和连接带组成。主肝分两叶，右叶长于左叶。副肝外侧紧贴皮肤，内侧紧贴体侧肌肉，较大，内侧面凹陷。连接带比较细，背侧微凸，腹侧扁凹（图版 V-5-m，n）。

8. 拟鰋属

我国的拟鰋属鱼类共两个种，解剖了短体拟鰋怒江亚种 *P. yunnanensis branchysoma*。其肝脏由主肝、副肝和连接带组成。主肝分叶不明显，背面能观察到明显的消化道压痕（压痕处，主肝呈透明的薄片状）。副肝比较小。连接带较细（图版 V-5-o，p）。

9. 鰋属

我国的鰋属鱼类仅藏鰋 *E. labiatum* 一个种。解剖发现其肝脏由主肝、副肝和连接带组成。主肝分为左右不对称的两叶，左叶长。副肝较大。连接带细小（图版 V-5-q，r）。

10. 原鮡属

黑斑原鮡肝脏由主肝、副肝和连接带组成。主肝位于腹腔前端，分两叶。副肝位于胸鳍基后方，菱形，外侧面凸起，被皮肤覆盖，内侧面凹陷，紧贴体侧肌肉。连接带扁带形，较纤细，背侧微凸，腹侧扁凹（图版 V-5-s，t）。

上述 10 属 18 种鮡科鱼类的肝脏形态可以分为 3 种类型：鮡属和黑鮡属无副肝、无突起；纹胸鮡属种类和褶鮡属的间褶鮡无副肝，但主肝左右两叶的背面各有一明显突起；褶鮡属的黄斑褶鮡、石爬鮡属的青石爬鮡、鮡属的扁头鮡、凿齿鮡属的凿齿鮡、拟鰋属的短体拟鰋怒江亚种、鰋属的藏鰋和原鮡属的黑斑原鮡具有发达的副肝（表 5-3）。

二、肝比重

肝比重即副肝（包括连接带）与主肝的相对重量（副肝重/主肝重）。比值小于 1 表示主肝大于副肝，比值大于 1 表示副肝大于主肝。本文用肝比重评价不同种类的副肝发育程度。采用 SPSS16.0（PASW，USA）对鮡科鱼类的副肝相对大小（肝比重）、分布海拔和体形平扁程度（体长/体高）三者之间进行 Pearson 相关分析。

鮡科鱼类的肝比重见图 5-6。黄斑褶鮡（肝比重为 0.24）和拟鳋属（肝比重为 0.17）的副肝明显小于主肝；鮡属、石爬鮡属和原鮡属的副肝也相对较小（肝比重分别为：0.29、0.45 和 0.77）；鳋属（肝比重为 0.86）的副肝与主肝相差不大，而凿齿鮡（肝比重为 1.17）的副肝大于主肝。副肝与主肝重量之比从小到大依次为：拟鳋属＜黄斑褶鮡＜鮡属＜石爬鮡属＜原鮡属＜鳋属＜凿齿鮡属。

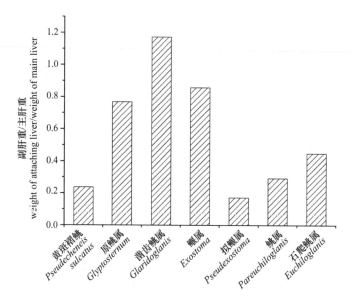

图 5-6　鮡科鱼类的肝比重
Fig. 5-6　The weight of attaching to the weight of main liver

肝比重与分布海拔的 Pearson 相关系数为 0.343，与体形平扁程度（体长/体高）的 Pearson 相关系数为 0.832。分布海拔与体形平扁程度的 Pearson 相关系数为 0.195，三者均呈极显著正相关（$P<0.01$）。

三、鮡副肝的发生机制及其意义

迄今为止仅在鮡科部分鱼类中发现副肝。副肝的分析带来许多有趣的问题。为什么仅在鮡科鱼类具有副肝，是什么原因导致鮡科鱼类出现副肝，副肝的生物学意义又是什么?为此收集了鮡科鱼类地理分布、形态和系统发育等方面的相关资料，结合观察到的运动行为，对其发生机制进行了初步探讨。

（一）发生机制

1. 地理分布

查阅现有的文献（张春霖，1960；张春霖等，1964；李树深，1984，1986；褚新洛，1979；伍献文等，1981；方树淼等，1984；莫天培和褚新洛，1986；西藏自治区水产局，1995；褚新洛等，1999），收集鮡科鱼类的分布范围、海拔、体长与体高等相关数据（表5-3）。采用 CorelDRAW X4（Corel，Canada）结合我国水系图绘制地理分布界域图（图 5-7）。

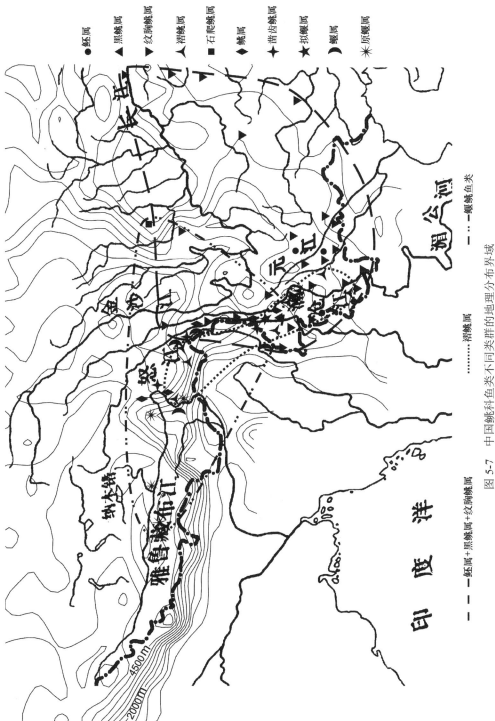

图 5-7 中国鮡科鱼类不同类群的地理分布界域

Fig. 5-7 The tracks of different groups of Chinese Sisorids

图 5-7 显示，本研究所涉及鮡科鱼类的地理分布界域分为 3 个不同类群：(鿕属＋黑鮡属＋纹胸鮡属)、褶鮡属和鰋鮡鱼类。3 个类群的分布界域互有部分重叠，总的趋势是（鿕属＋黑鮡属＋纹胸鮡属）的分布海拔最低，鰋鮡鱼类分布海拔最高，褶鮡属的分布海拔介于两者之间。这种分布界域与副肝的发育程度基本一致。

2. 分布区生境

何舜平等（2001）采用 Nelson 等的方法研究了鰋鮡鱼类的生物地理学，认为喜马拉雅地区鰋鮡鱼类的物种分化过程与青藏高原隆升有直接关系，鰋鮡鱼类就是在青藏高原间歇隆起所造成的流水环境强烈压迫下，从类纹胸鮡（*Glypothorax*-like）祖先演化而来的。该类群的分化过程分为 3 个时期。①青藏高原的第一次隆起：由于古印度板块在始新世与欧亚大陆板块的碰撞，该地区的高度逐渐上升，河流落差逐渐加大，类似纹胸鮡的祖先在流水环境的压迫下，演化产生了类似原鮡的种类。②青藏高原的第二次隆起，在其东部产生了更为复杂和独立的流水环境，该地区的类原鮡祖先演化出了石爬鮡。③青藏高原的第三次隆起，即所谓的后喜马拉雅运动，其巨大的幅度极大地影响了鰋鮡鱼类的物种分化。在青藏高原的这 3 次隆升过程中，随着该区域水系的发育，类似原鮡的祖先被隔离在不同的河流中，从而导致了该类群物种的分化和生物分布格局的形成。褚新洛（1979）认为鰋鮡鱼类总的演化趋势是朝着急流中底栖、石居的方向前进。对鮡科鱼类的肝比重与分布海拔之间的关系进行的 Pearson 相关分析表明二者之间存在显著相关关系（相关系数为 0.343，$P < 0.01$）。

3. 体形和运动方式

鱼类的体形与其生活的环境和生活运动方式密切相关。鮡科鱼类是一群底栖性中小型鱼类，常生活在江河或山涧多砾石的急流河滩处，在形态和生态上都形成了一系列特殊的适应性，用平坦的胸、腹部（有时胸部特化）和偶鳍条协作，贴附或吸附在石面上，抵御水流的冲击，有效地稳定身体（周伟等，2005）。鮡科鱼类的聚居区域海拔的不同，反映了鱼类适应环境条件的差异。鮡科鱼类对急流环境的适应表现在身体的平扁程度、吸附器官和副肝的发达程度。这说明鮡科鱼类在进化的过程中，随着聚居区域海拔的逐渐升高，河流落差逐渐加大，其形态发生了相应的变化，体型朝平扁方向发展和吸附器官的出现等特征都是对急流环境的适应，伴随着这些特征的是副肝也随之出现并逐渐增大。

黑斑原鮡鱼类在急流中采取"跳跃式"运动，每次移动时，身体向前跃起，在水中滑行一段距离，在附着下一个基质时，胸部和胸鳍形成的附着器官向内收缩，形成"吸盘"，"吸盘"越大（深），附着冲击力越大，附着效果越好。副肝位于体侧，其生物学意义在于防止在附着时对肝脏的损伤。

根据上述分析，推测副肝是鮡科鱼类在适应急流环境的过程中，随体形的变化形成的，它实际上是对高海拔、急流这一特殊环境的适应。

（二）在系统发育研究中的应用

鮡科鱼类，特别是鰋鮡鱼类的系统发育一直是研究热点。不同学者利用多种方法研究了鮡科鱼类的系统发育，但中国鮡科鱼类的系统发育仍然存在分歧，尽可能收全鰋鮡鱼类现生种类，发现更多的分类学证据，形态特征与分子生物学证据的有机结合是今后鰋鮡鱼类分类、系统发育和地理分布格局研究的发展方向（周伟等，2005）。

　　根据鳅科鱼类副肝从无到有的形态特征变化，可以将鳅科鱼类分为下面几个类群：无副肝（黑鳅属和鮡属），无副肝具有突起（纹胸鳅属和褶鳅属的间褶鳅）和具有副肝（褶鳅属的黄斑褶鳅和鳚鳅鱼类），这与 Guo 等（2005）基于 Cytb 和 16S rRNA 用 Bayesian 构建的鳅科鱼类系统发育关系，即（黑鳅属、鮡属和纹胸鳅属）→褶鳅属→鳚鳅鱼类，总体趋势基本一致（图 5-8），不同之处在于褶鳅属不同种类副肝发育程度不同。

中华鳅 Pareuchiloglanis sinensis
前臂鳅 Pareuchiloglanis anteanalis
石爬鳅属 Euchiloglanis（副肝小于主肝，但较鳅属大）
异齿鳚属 Oreoglanis
扁头鳅 Pareuchiloglanis kamengensis（副肝小于主肝，但较拟鳚属大）
拟鳚属 Pseudexostoma（副肝显著小于主肝）
鳚属 Exostoma（副肝与主肝几乎等大）
凿齿鳅属 Glaridoglanis（副肝大于主肝）
原鳅属 Glyptosternum（副肝小于主肝，但较石爬鳅属大）
鳚鳅鱼类 Glyptosternini fishes

黄斑褶鳅 Pseudecheneis sulcatus（副肝显著小于主肝，连接带粗大）
间褶鳅 Pseudecheneis intermedius（无副肝，肝脏突起明显）
褶鳅属 Pseudecheneis

纹胸鳅属 Glypothorax（无副肝，肝脏分左右两叶，有肝脏突起）
鮡属 Bagarius（无副肝，肝脏分左右两叶）
黑鳅属 Gagata（无副肝，肝脏不分叶，形状极不规则）

图 5-8　基于 Cytb 和 16S rRNA 构建的鳅科鱼类系统发育树（Guo et al.，2005）及各属肝脏特征
Fig. 5-8　Phylogeny of the Chinese Sisorids based on combined cytochrome b and 16S rRNA sequences（Cited from Guo et al.，2005）and characteristics of their livers

　　肝比重反映了副肝相对于主肝的发育程度，在检视到副肝的鳚鳅鱼类中仅凿齿鳅属的副肝大于主肝，其余 5 属鱼类的副肝均小于主肝，但不同种类的肝比重值有较大差异，副肝发育程度，按肝比重从小到大依次为：拟鳚属（0.17）→黄斑褶鳅（0.24）→鳅属（0.29）→石爬鳅属（0.45）→原鳅属（0.77）→鳚属（0.86）→凿齿鳅属（1.17）。基于副肝发育程度的分析结果与基于 Cytb 和 16S rRNA 构建的鳅科鱼类系统发育树（Guo et al.，2005）并不完全一致（图 5-8）。

　　褶鳅属在整个鳅科鱼类系统发育中所处的位置一直存在争议。褚新洛（1982）在缺乏平吻褶鳅骨骼材料的情况下，对褶鳅属系统发育的研究结果表明，褶鳅属（黄斑褶鳅、无斑褶鳅、平吻褶鳅和间褶鳅）为一个单系群；平吻褶鳅与间褶鳅，黄斑褶鳅与无斑褶鳅分别为姐妹群。Zhou和Zhou（2005）对现有褶鳅属系统发育研究的结果支持褶鳅属是单系群这一结论，将其分为两支：一支为间褶鳅和平吻褶鳅；另一支为黄斑褶鳅、无斑褶鳅和似黄斑褶鳅。

　　检视了褶鳅属的两个种，间褶鳅无副肝，主肝左右两叶的背面各有一明显突起，没有形成类似于具副肝种类的连接带。黄斑褶鳅则具有发达的副肝。这一结果与 Zhou 和 Zhou（2005）将褶鳅属分为两支的结果吻合。副肝的发现，表明褶鳅属种类间存在显著差异。但因仅解剖该属的两个种，这一结果是一种巧合还是的确反映了该属系统发育的真实情况，只有检视该属所有种类后才能予以确定。

　　本文对副肝在研究鳅科鱼类的生物地理学和系统发育方面的潜在价值进行了初步分析。

因检视的样本有限，还需采集更多样本利用肝脏的形态学特征来佐证鲩鮡鱼类系统发育关系，并结合形态学和分子生物学进行深入研究。

小　　结

（1）黑斑原鮡的肝脏由位于腹腔内的主肝、位于胸鳍基部后方皮下与肌肉间的副肝及连接二者的连接带组成。其发生过程可分为无副肝、出现肝脏"突起"和副肝出现 3 个阶段。

（2）黑斑原鮡主肝和副肝的结构在显微和超微水平上都基本一致，主肝中的蛋白质含量、脂肪含量、总抗氧化能力、超氧化物歧化酶活性和过氧化氢酶活性均略高于副肝；而主肝中的糖原含量、乳酸脱氢酶活性、谷草转氨酶活性和谷丙转氨酶活性均略低于副肝，但主肝和副肝在各指标上的差异均未达到显著水平（$P > 0.05$）。

（3）主肝和副肝中 Cu/Zn-SOD、Mn-SOD 和 CAT mRNA 表达量的差异均达显著水平（$P < 0.05$），主肝 Cu/Zn-SOD、Mn-SOD 和 CAT mRNA 的相对表达量均显著大于副肝。

（4）鮡科鱼类中鲩鮡鱼类均具有副肝，鮡属、黑鮡属和纹胸鮡属的种类无副肝，褶鮡属的黄斑褶鮡具有副肝，间褶鮡仅具有明显的肝脏突起。副肝与主肝重量之比按从小到大的顺序依次为：拟鲩属＜黄斑褶鮡＜鮡属＜石爬鮡属＜原鮡属＜鲩属＜凿齿鮡属。

（5）根据鮡科鱼类的地理分布和副肝的相对大小与分布海拔所做的相关性分析，推测副肝是鮡科鱼类在适应高海拔和急流环境的过程中，随体形和运动方式的变化形成的，是对高海拔、急流这一特殊环境的适应。

主要参考文献

常青, 陈四清, 张秀梅, 梁萌青, 刘龙常. 2005. 半滑舌鳎消化系统器官发生的组织学. 水产学报, 29(4): 447-453
成嘉, 符贵红, 刘芳, 唐建洲, 李基光, 张建社. 2006. 重金属铅对鲫鱼乳酸脱氢酶和过氧化氢酶活性的影响. 生命科学研究, 10(4): 372-376
成令忠, 王一飞, 钟翠平. 2003. 组织胚胎学: 人体发育和功能组织学. 上海: 上海科学技术文献出版社
褚新洛. 1979. 鲩鮡鱼类的系统分类及演化谱系: 包括一新属和一新亚种的描述. 动物分类学报, 4(1): 72-82
褚新洛. 1982. 褶鮡属鱼类的系统发育及二新种的记述. 动物分类学报, 7(4): 428-437
褚新洛, 郑葆珊, 戴定远. 1999. 中国动物志, 硬骨鱼纲, 鲇形目. 北京: 科学出版社: 158-160
崔惟东, 冷向军, 李小勤, 李向南, 徐捷. 2009. 虾青素和角黄素对虹鳟肌肉着色和肝脏总抗氧化能力的影响. 水产学报, 33(6): 987-995
方树淼, 许涛清, 崔桂华. 1984. 鮡属鱼类一新种. 动物分类学报, 9(2): 209-211
何舜平, 曹文宣, 陈宜瑜. 2001. 青藏高原的隆升与鲩鮡鱼类(鲇形目: 鮡科)的隔离分化. 中国科学 C 辑: 生命科学, 31(2): 185-192
李树深. 1984. 中国纹胸鮡属(Glyptothorax Blyth)鱼类的分类研究. 云南大学学报(自然科学版), (2): 75-89
李树深. 1986. 纹胸鮡属(Glyptothorax Blyth)鱼类的系统分类、分布及演化. 云南大学学报(自然科学版), 8: 98-104
刘冰, 梁婵娟. 2005. 生物过氧化氢酶研究进展. 中国农学通报, 21(5): 223-224
卢彤岩, 郭德文, 赵吉伟, 王荻, 刘红柏, 尹家胜. 2010. 哲罗鱼不同组织SOD, CAT, ACP和AKP活力的比较研究. 水产学杂志, 23(4): 10-13
孟庆闻, 苏锦祥, 李婉端. 1987. 鱼类比较解剖. 北京: 科学出版社
莫天培, 褚新洛. 1986. 中国纹胸鮡属 Glyptothorax Blyth 鱼类的分类整理(鲇形目 Siluriformes, 鮡科 Sisoridae). 动物学研究, 7(4): 229-349
沈文英, 林浩然. 1999. 饥饿和再投喂对草鱼鱼种生物化学组成的影响. 动物学报, 45: 404-412
谭树华, 罗少安, 梁芳, 严芳, 何典翼. 2005. 亚硝酸钠对鲫鱼肝脏过氧化氢酶活性的影响. 淡水渔业, 35(5): 16-18

伍献文, 何名巨, 褚新洛. 1981. 西藏地区的鮡科鱼类. 海洋与湖沼, 12(1): 74-79

西藏自治区水产局. 1995. 西藏鱼类及其资源. 北京: 中国农业出版社

谢从新, 李红敬, 李大鹏, 柴毅, 刘鸿艳, 樊启学, 朱邦科. 2007. 黑斑原鮡特殊器官——腹腔外肝. 自然科学进展, 17(5): 683-686

于平. 2006. 超氧化物歧化酶研究进展. 生物学通报, 41: 4-6

曾端, 麦康森, 艾庆辉. 2008. 脂肪肝病变大黄鱼肝脏脂肪酸组成、代谢酶活性及抗氧化能力的研究. 中国海洋大学学报, 38(4): 542-546

张春霖. 1960. 中国鲇类志. 北京: 人民教育出版社

张春霖, 岳佐和, 黄宏金. 1964. 西藏南部的鱼类. 动物学报, 16(2): 272-282

张坤生, 田荟琳. 2007. 过氧化氢酶的功能及研究. 食品科技, (1): 8-11

张洒霞. 2000. 生物化学. 北京: 北京医科大学出版社

周伟, 李旭, 杨颖. 2005. 中国鮡科鰋鮡群系统发育与地理分布格局研究进展. 动物学研究, 26(6): 673-679

Akiyoshi H, Inoue A. 2004. Comparative histological study of teleost livers in relation to phylogeny. Zool Sci, 21(8): 841-850

Bertolucci B, Vicentini C, Vicentini I, Vicentini I B F, Bombonato M T S. 2008. Light microscopy and ultrastructure of the liver of *Astyanax altiparanae* Garutti and Britski, 2000 (Teleostei, Characidae). Acta Sci Biol Sci, 30(1): 73-76

Boulhic M, Gabaudan J. 1992. Histological study of the organogenesis of the digestive system and swim bladder of the Dover sole, *Solea solea* (Linnaeus 1758). Aquaculture, 102(92): 373-396

Bruslé J, Anadon G G. 1996. The structure and function of fish liver. *In*: Munshi J S D, Dutta H M. Fish Morphology. North-Holland: Science Publishers: 77-93

Craig P M, Wood C M, McClelland G B. 2007. Oxidative stress response and gene expression with acute copper exposure in zebrafish (*Danio rerio*). Am J Physiol Regul Integr Comp Physiol, 293(5): 1882-1892

El-Bakary N, El-Gammal H. 2010. Comparative histological, histochemical and ultrastructural studies on the liver of flathead grey mullet (*Mugil cephalus*) and sea bream (*Sparus aurata*). World Appl Sci J, 8(4): 477-485

Ghorpade N, Mehta V, Khare M, Sinkar P, Krishnan S, Rao C V. 2002. Toxicity study of diethylphthalate on freshwater fish *Cirrhina mrigala*. Ecotox Environ Safe, 53(2): 255-258

Gül S, Belge-Kurutas E, Yildiz E, Sahan A, Doran F. 2004. Pollution correlated modifications of liver antioxidant systems and histopathology of fish (Cyprinidae) living in Seyhan Dam Lake, Turkey. Environ Int, 30(5): 605-609

Guo X G, He S P, Zhang Y G. 2005. Phylogeny and biogeography of Chinese sisorid catfishes re-examined using mitochondrial cytochrome *b* and 16S rRNA gene sequences. Mol Phylogenet Evol, 35(2): 344-362

Guyot E, Diaz J P, Connes R. 1995. Organogenesis of the liver in sea bream. J Fish Biol, 47(3): 427-437

Harder W. 1975. Anatomy of Fishes, Part I. Stuttgart: E. Schweizerbart'sche Verlagsbuchhandlung: 159-162

Hegazi M M, Attia Z I, Ashour O A. 2010. Oxidative stress and antioxidant enzymes in liver and white muscle of Nile tilapia juveniles in chronic ammonia exposure. Aquat Toxicol, 99(2): 118-125

Hinton D, Pool C. 1976. Ultrastructure of the liver in channel catfish *Ictalurus punctatus* (Rafinesque). J Fish Biol, 8(3): 209-219

Jin Y, Zhang X, Shu L, Chen L, Sun L. 2010. Oxidative stress response and gene expression with atrazine exposure in adult female zebrafish (*Danio rerio*). Chemosphere, 78(7): 846-852

Larsson A, Lewander K. 1973. Metabolic effects of starvation in the eel, *Anguilla anguilla* L. Comp Biochem Phys A, 44(2): 367-374

Li C, Ni D, Song L, Zhao J, Zhang H, Li L. 2008. Molecular cloning and characterization of a catalase gene from Zhikong scallop *Chlamys farreri*. Fish Shellfish Immun, 24(1): 26-34

Livingstone D R. 2003. Oxidative stress in aquatic organisms in relation to pollution and aquaculture. Re Méd Vét, 154: 427-430

Lü Z, Sang L, Li Z, Min H. 2009. Catalase and superoxide dismutase activities in a *Stenotrophomonas maltophilia* WZ2 resistant to herbicide pollution. Ecotox Environ Safe, 72(1): 136-143

Mai K, Yu H, Ma H, Duan Q, Gisbert E, Zambonino Infante J L, Cahu C L. 2005. A histological study on the development of the digestive system of *Pseudosciaena crocea* larvae and juveniles. J Fish Biol, 67(4): 1094-1106

Mazmancı B, Çavaş T. 2010. Antioxidant enzyme activity and lipid peroxidation in liver and gill tissues of Nile tilapia (*Oreochromis niloticus*) following in vivo exposure to domoic acid. Toxicon, 55(4): 734-738

Metón I, Mediavilla D, Caseras A, Cantó E, Fernández F, Baanante IV. 1999. Effect of diet composition and ration size on key enzyme activities of glycolysis-gluconeogenesis, the pentose phosphate pathway and amino acid metabolism in liver of gilthead sea bream (*Sparus aurata*). Brit J Nutr, 82(3): 223-232

Nagai M, Ikeda S. 1971. Carbohydrate metabolism in fish I. Effects of starvation and dietary composition on the blood glucose level and the hepatopancreatic glycogen and lipid contents in carp. Bull Jpn Soc Sci Fish, 37(5): 404-409

Olsvik P A, Kristensen T, Waagb R, Rosseland B O, Tollefsen K E, Baeverfjord G, Berntssen M H G. 2005. mRNA expression of antioxidant enzymes (SOD, CAT and GSH-Px) and lipid peroxidative stress in liver of Atlantic salmon

(*Salmo salar*) exposed to hyperoxic water during smoltification. Comp Biochem Phys C, 141(3): 314-323

Rocha E, Monteiro R A F, Pereira C A. 1997. Liver of the brown trout, *Salmo trutta* (Teleostei, Salmonidae): A stereological study at light and electron microscopic levels. Anat Rec, 247(3): 317-328

Santamaría C A, Mateo M M, Traveset R, Sala R, Grau A, Pastor E, Sarasquete C, Crespo S. 2004. Larval organogenesis in common dentex *Dentex dentex* L.(Sparidae): histological and histochemical aspects. Aquaculture, 237(1-4): 207-228

Teles M, Pacheco M, Santos M A. 2003. *Anguilla anguilla* L. liver ethoxyresorufin *O*-deethylation, glutathione *S*-tranferase, erythrocytic nuclear abnormalities, and endocrine responses to naphthalene and β-naphthoflavone. Ecotox Environ Safe, 55(1): 98-107

Vicentini C A, Franceschini-Vicentini I B, Bombonato M T S, Bertolucci B, Lima S G, Santos A S. 2005. Morphological study of the liver in the teleost *Oreochromis niloticus*. Int J Morphol, 23(30): 211-216

Zhou W, Zhou Y W. 2005. Phylogeny of the genus *Pseudecheneis* (Sisoridae) with an explanation of its distribution pattern. Zool Stud, 44(3): 417-433

第六章　细胞遗传学和生化遗传学

细胞遗传学和生化遗传学是研究物种演化和分类的重要手段。染色体的数目和核型反映了物种的遗传特性，而同工酶电泳分析技术则广泛地应用于研究物种的遗传结构和种群的遗传变异（李思发，1993），是鱼类种质标准的重要指标。此外，血液的生理生化指标不仅是检测鱼类生理状态的有效方法（Adham et al.，2002；Barcellos et al.，2003；Borges et al.，2004），而且与动物的进化和对环境的生态适应有关（杨秀平，2002），可以反映某些种类的系统发育关系（Pavlidis et al.，2007），有助于研究其适应环境的机制和演化进程（Yakhnenkol and Yakhnenkol，2006）。

第一节　染色体特征

任修海等（1992）研究发现，采自曲水（拉萨河与雅鲁藏布江交汇处）的黑斑原鮡染色体数为 $2n$=48，核型公式为 28m+12sm+8st，染色体臂数 NF=88，具有一个核仁组织区（NOR）。因此指出，黑斑原鮡的染色体主要为中部和亚中部着丝粒染色体，而端部或亚端部着丝粒染色体较少。武云飞等（1999）发现，采自日喀则年楚河的黑斑原鮡染色体数与任修海等（1992）的报道相同，但核型公式为 22m+12sm+10st+6t，染色体臂数 NF=80，即中部着丝粒染色体数减少，而端部和亚端部着丝粒染色体数增加。对于造成这种核型差异的原因，研究人员认为可能与裂腹鱼类在物种形成时所处的环境条件不稳定有关，并指出物种形成时所处的条件越不稳定，种就越具有广生性，其性状和属性及染色体的变异幅度就越大（武云飞等，1999）。

通过比较已经报道的 5 种鮡科鱼类（青石爬鮡、黄石爬鮡 *Coreglanis kishinouyei*、*Gataga viridescens*、福建纹胸鮡、中华纹胸鮡）的核型资料，任修海等（1992）提出虽然鮡科鱼类的染色体数目分布相对较广，但是呈连续性分布，且核型进化呈现双臂染色体增加、单臂染色体减少的趋势，由此推测，黑斑原鮡的核型应该是鮡科鱼类中最为进化和特化的类型。然而，褚新洛（1979）根据偶鳍、鳃孔、唇、齿型和上颌齿带等主要形态学及其生态适应性分析的结果，认为黑斑原鮡是鮡科鱼类最原始的一个种。对于这两种完全不同的意见，武云飞等（1999）认为，虽然鱼类的核型对于探讨鱼类系统关系和进化等问题起着不可忽视的作用，但仍存在一定的局限性。他指出，即便是对于同一研究对象，由于分析标准的不同，不同研究人员获得的核型结果也会存在一定的差异。例如，作者的研究也发现，黑斑原鮡同一个体不同组织的染色体数目和组型上也都存在一定的差异，如果再用这种存在差异的核型与其他鱼类比较，并探讨其进化关系，就会得到完全不同的结论。因此，在鱼类的染色体核型分析还没有一个公认的标准，即没有重复检验的核型指标可以利用之前，是不宜用作探讨物种起源和分化依据的。当然，在染色体数目及核型分析的基础上，加强对不同地理地带、系统发育过程的不同阶段及不同生态环境中鱼类染色体组型变化的研究，并结合染色体带型分析、DNA 分子杂交或更精细的分子遗传学等方法，对深入探讨鱼类的起源和进化关系仍然具有一定的指导意义。

关于黑斑原鮡的染色体核型，作者也进行了分析，结果显示，其染色体数 $2n = 48$，核型公式为 24m + 14sm + 10st（图版 Ⅵ-1），即核型方面与早期报道的结果也有一定的差异。对于造成这种差异的原因，作者认为，一是由于"一个物种的核型特征即染色体数目、形态及行为的稳定是相对的，种内染色体的多态性是广泛存在的（施立明，1990）"。二是可能是制片技术方面的原因，滴片的过程中并不能保证所有染色体均平躺在玻片上，部分染色体可能会与玻片形成一定的角度，从而影响观察测量结果。此外，标本的质量和测量的误差也会造成同一倍性鱼类的染色体臂数计算结果的不同。因此，作者认为，为了提高种质标准的可操作性，可考虑只选用染色体数目作为黑斑原鮡种质标准的细胞遗传学参数。

第二节　同　工　酶

同工酶是基因表达的产物，同一物种的不同种群，由于长期的地理隔离或生殖隔离会积累不同的等位基因。此外，由于生物体的不同组织、器官各自行使不同的功能，同工酶的表达亦可能存在组织间的差异，即一个物种的同工酶表型具有种群特异性和组织特异性。因此，对于相同的组织，同工酶的表型特征可以作为物种种质标准的一个重要参数。本研究中，作者采用聚丙烯酰胺凝胶电泳的方法，对雅鲁藏布江的 3 个黑斑原鮡群体的同工酶进行了分析，并探讨了黑斑原鮡群体的生化遗传变异情况。

一、肌肉组织同工酶的遗传变异

2003 年 9～10 月，在雅鲁藏布江谢通门江段、支流拉萨河和尼洋河（图 6-1），作者分别选取了体质健康、无病无伤的样本各 30 尾，断尾放血后，取背部肌肉组织 1 g 置于超低温冰箱中保存备用。采用聚丙烯酰胺凝胶电泳（PAGE）法（朱蓝菲，1992；周宗汉和林金榜；1983），对 3 个群体的同工酶遗传变异情况进行了分析。

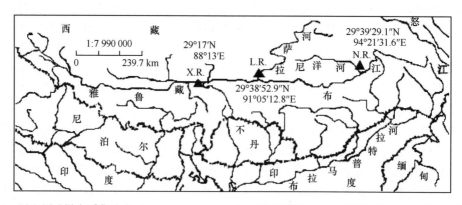

图 6-1　黑斑原鮡样本采集地点（N.R.、L.R.和 X.R.分别代表尼洋河、拉萨河和谢通门江段的采样点）
Fig. 6-1　The sampling sites of *G. maculatum*（N.R.，L.R. and X.R. represent the sampling sites at the Niyang River，the Lhasa River and the Xietongmen section of the Yarlung Zangbo River）

（一）性别差异

对黑斑原鮡肌肉组织的 14 种同工酶进行了凝胶电泳分析，结果显示，6 种同工酶（AMY、CAT、EST、G6PDH、GcDH 和 POD）未检测到活性或活性极弱，表现为谱带不清，其余 8 种同工酶均检测到明显清晰的谱带。

雌雄个体之间比较发现，这 8 种同工酶的酶谱表达数目及活性均无明显的性别差异，相同的结果在很多鱼类中都有报道，如色林错裸鲤、错鄂裸鲤和纳木错裸鲤 *G. namensis* 的 LDH、EST 和 MDH（Chen et al.，2001），鄱阳湖鳜和团头鲂 *Megalobrama amblycephala* 的 CAT、EST、POD 和 SOD（朱必凤等，1999），以及暗纹东方鲀 *Fugu obscurus* 的 EST、LDH、POD、SOD 和 AMY 同工酶（刘玲玲等，1998）等。虽然关于鱼类性别差异所引起同工酶表达变异的报道目前还不是很多，但研究人员也发现，部分鱼类中的少数同工酶，如暗纹东方鲀的 MDH 同工酶（刘玲玲等，1998）和黄颡鱼 EST 同工酶（李雅娟等，2004）存在明显的雌雄之间的表达差异。

（二）地理群体差异

对雅鲁藏布江的干流谢通门江段、支流拉萨河和尼洋河肌肉样本的 ADH、AO、GDH、LDH、MDH、MEP、SDH 及 SOD 等 8 种同工酶酶谱进行了基因定位分析，共检测到了 16 个基因座位，由此分析了不同群体间的同工酶表达差异。

1. 群体间的等位基因频率差异

在所分析的 8 种同工酶的 16 个基因座位中，*Adh-B*、*Ldh-A*、*s-Mep-A*、*s-Mep-B*、*m-Mep-D* 和 *m-Sod-C* 等 6 个座位呈现出多态性（图版Ⅵ-2），而 AO、GDH、MDH 和 SDH 同工酶在各群体中均表现为单态性。各群体多态座位基因型及等位基因频率如表 6-1 所示。

表 6-1 不同群体黑斑原鮡肌肉组织多态座位的基因型分布和等位基因频率
Table 6-1 Genotypic distributions and allelic frequencies at polymorphic loci in the muscle tissues of *G. maculatum* collected from different geographic groups

基因座位 genetic locus	基因型 genotype	等位基因 allele	等位基因频率 allelic frequencies		
			谢通门 XTR	拉萨河 LSR	尼洋河 NYR
Adh-B	0/0	-*B*^{0}	0.9333	0.9667	0.9333
	0/100	-*B*^{100}	0.0667	0.0333	0.0667
	100/100				
Ldh-A	100/100	-*A*^{100}	0.9333	0.9500	0.9500
	100/115	-*A*^{115}	0.0667	0.0500	0.0500
m-Mep-D	100/100	-*D*^{100}	0.9667	0.9833	1.0000
	100/148	-*D*^{148}	0.0333	0.0167	0.0000
s-Mep-A	0/0	-*A*^{0}	0.0667	0.0500	0.0667
	0/100	-*A*^{100}	0.9333	0.9500	0.9333
	100/100				
s-Mep-B	0/0	-*B*^{0}	0.0667	0.0500	0.0333
	100/100	-*B*^{100}	0.9333	0.9333	0.9500
	100/108	-*B*^{108}	0.0000	0.0167	0.0167
m-Sod-C	100/100	-*C*^{100}	1.0000	0.9833	0.9500
	100/118	-*C*^{118}	0.0000	0.0167	0.0500

与 *Ldh-A* 和 *Ldh-B* 基因不同，*Ldh-C* 基因具有明显的组织特异性、发育阶段特异性和物种特异性。Rao 等（1989）对 12 目 24 科共 52 种鱼类的 LDH 同工酶研究后发现，较高等的鲈形目鱼类中，*Ldh-C* 基因只在眼球中特异表达；Ferris 和 Whitt（1977）研究发现，在鲤形目鱼类中，*Ldh-C* 基因只在肝脏中特异表达；戴凤田和苏锦祥（1998）也发现，在黄颡鱼、长须黄颡鱼 *P. eupogon*、瓦氏黄颡鱼、光泽黄颡鱼 *P. nitidus*、粗唇鮠 *Leicassis crassilabris*、切尾拟鲿 *Pseudobagrus truncatus*、圆尾拟鲿 *P. tenuis*、斑鳠等鱼类中，*Ldh-C* 编码的同工酶只在肝脏中特异表达。然而，与上述结果不同的是，刘文彬等（2003）在黄颡鱼肝脏中并未检测到 *Ldh-C* 基因的表达。此外，在部分鲇形目鱼类中，如鲇（李懋等，1998）、南方鲇（李懋等，1998）、斑点胡鲇 *C. macrocephalus*、胡鲇 *C. batrachus*、蟾胡鲇 *C. meladerma*、短体胡鲇 *C. teysmanni* 和光棘胡鲇 *C. leiacanthus*（Na-Nakorn et al.，2002）等，也均未发现 *Ldh-C* 基因的表达。作者的研究结果表明，在黑斑原鮡中，*Ldh-C* 基因在肝脏、脾脏和肾脏中均有表达，并且在肝脏中表达量最高，其次为脾脏。

有学者认为，原始的鱼类只有一个 *Ldh-A* 基因，*Ldh-B* 基因由 *Ldh-A* 基因进化而来，*Ldh-C* 基因由 *Ldh-B* 基因进化而来（薛国雄等，1992；Markert et al.，1975）。在高等鱼类中，*Ldh-C* 基因只在肝脏和眼中有特异性表达（薛国雄，1992），而在低等鱼类中，*Ldh-C* 基因在肝、眼、肾、脑、脾、胃及血清中均有表达，只是表达量的多少与组织和发育阶段相关（薛国雄，1978，1992；夏德全等，1990）。

2. 群体间的遗传相似指数和遗传距离

种群是指在特定空间内能彼此交配繁殖后代的同种生物个体的集合体，其遗传特征是具有一定的基因组成，即享有一个共同的基因库。黑斑原鮡分布于我国雅鲁藏布江的谢通门江段上下至波密江段，以及印度的布拉马普特拉河。

对采自谢通门江段、支流拉萨河和尼洋河的黑斑原鮡进行了群体间遗传相似性指数和遗传距离分析，结果显示，所分析的 3 个群体之间，遗传相似指数 $I>0.999$，而遗传距离 $D<0.001$（表 6-2），表明谢通门江段、支流拉萨河和尼洋河的黑斑原鮡采样群体遗传分化不显著，同属一个种群。

表 6-2　黑斑原鮡不同地理群体间遗传相似指数（I）和遗传距离（D）
Table 6-2　Genetic similarity index（I）and genetic distance（D）among geographic groups of *G. maculatum*

	谢通门 XTR	拉萨河 LSR	尼洋河 NYR
谢通门 XTR	—	0.0004	0.0009
拉萨河 LSR	0.9996	—	0.0005
尼洋河 NYR	0.9991	0.9995	—

注：左下方是遗传相似指数，右上方是遗传距离
Note：Nei's identity（above diagonal）and genetic distance（below diagonal）

对雅鲁藏布江的 3 个黑斑原鮡群体的种群多态座位比例（P）、平均杂合度观测值（H_o）和期望值（H_e）及遗传偏离指数（d）分别进行了分析，结果如表 6-3 所示。采用 χ^2 检验对群体平均杂合度的观察值与期望值进行的分析发现，其结果均符合 Hardy-Weinberg

平衡定律（$P>0.05$）。此外，在所检测到的 6 个多态座位中，基因座位 *Adh-B*、*s-Mep-A* 和 *s-Mep-B* 遗传偏离指数 $d<0$，偏离 Hardy-Weinberg 平衡定律，杂合子缺失现象严重，而其他座位 d 值接近 0，符合 Hardy-Weinberg 平衡定律。

表 6-3　种群多态座位杂合度的观测值（H_o）、预期值（H_e）和遗传偏离指数（d）

Table 6-3　Observed heterozygosities（H_o）, expected heterozygosities（H_e）and the genetic divergence index（d）at polymorphic loci of *G. maculatum*

多态座位 polymorphic locus	Adh-B	Ldh-A	m-Mep-D	s-Mep-A	s-Mep-B	m-Sod-C
H_o	0.0444	0.0889	0.0333	0.0333	0.0778	0.0444
H_e	0.1049	0.0849	0.0328	0.1148	0.1159	0.0435
d	−0.5765	0.0465	0.0169	−0.7095	−0.3287	0.0227

对谢通门江段、拉萨河和尼洋河三群体同工酶电泳表型研究结果表明，各群体同工酶遗传变异无显著差异，遗传相似指数 $I>0.999$，遗传距离 $D<0.001$。根井正利（1975）利用遗传相似指数（I）和遗传距离（D）对物种的不同分类单位间的遗传变异水平做了定量性估计，指出种群间遗传距离 D 值是 0～0.05，亚种间是 0.02～0.20。Shaklee 等（1982）结合已发表的资料，提出鱼类在属、种和种群三级水平上的遗传距离 D 分别是 0.90、0.30 及 0.05 的分类标准。黑斑原鮡采样群体之间的遗传距离位于种群遗传距离标准的下限，这表明黑斑原鮡群体间没有明显的遗传分化，雅鲁藏布江各黑斑原鮡群体应同属一个种群。此外，*Cytb*、D-loop 等分子生物学研究结果也证明此 3 个地理群体的黑斑原鮡无显著差异，属于同一种群（刘鸿艳，2006）。

调查发现，雅鲁藏布江谢通门江段上游、支流拉萨河唐加至旁多、支流尼洋河巴河为黑斑原鮡产卵场，这 3 处产卵场之间不存在地理隔离，黑斑原鮡可随意在此流域内迁移，存在繁殖交流的机会，这可能是 3 个群体间没有明显遗传分化的重要原因。遗传学研究证明，物种保持一定程度的遗传变异性是适应不同生境、生存和进化的首要保证。鱼类遗传变异性的降低可不同程度地导致其适应能力的降低、有害隐性基因的增加和经济性状的退化，最终导致物种的衰退。

人工繁殖对鱼类的基因库及遗传变异性常会带来一系列不利影响，主要包括等位基因频率的改变、遗传变异性的降低和特有等位基因（特别是稀有等位基因）的丧失（Gross and King, 1983）。雅鲁藏布江黑斑原鮡种群符合 Hardy-Weinberg 平衡定律，未出现遗传分化现象，且种群多态性高。

二、不同组织同工酶表达和遗传变异

2005 年 4～5 月，于雅鲁藏布江支流尼洋河采集黑斑原鮡样本 21 尾，断尾放血后，取心脏、肝脏、脑、眼、背部肌肉、脾脏和肾脏 7 种组织，编号后放入小塑料袋中，冰冻带回实验室，置于超低温冰箱中保存备用。

（一）同工酶组织特异性表达模式

1. 醇脱氢酶 ADH

醇脱氢酶 ADH 为二聚体，由两个基因座位（*Adh-A* 和 *Adh-B*）编码。在黑斑原鮡组织特异性检测中，表现为 3 个表达区，分别是纯合体 $Adh\text{-}A_2$、$Adh\text{-}B_2$ 和杂合体 $Adh\text{-}AB$ 编码的同工酶区（图版Ⅵ-3-a）。研究结果表明，黑斑原鮡ADH 同工酶共有 6 条酶带，由此推测，黑斑原鮡$Adh\text{-}A$ 基因和 $Adh\text{-}B$ 基因结构可能发生了部分变异，从而形成了 $Adh\text{-}A$ 或 $Adh\text{-}B$ 基因的等位基因后编码形成的同工酶。黑斑原鮡ADH 同工酶具有明显的组织特异性表达的特点：主肝与副肝中活性相似，但明显高于其他组织，表现为纯合体编码的酶带 4 条及 $Adh\text{-}AB$ 编码的杂合酶带一条，其中，$Adh\text{-}A_2^{100}$ 活性最强，$Adh\text{-}B_2^{100}$ 次之；在肾脏中，除 $Adh\text{-}B_2^{95}$ 外，$Adh\text{-}AB$ 的表达活性最强，而 $Adh\text{-}A_2$ 最弱；在心脏中，共有 4 条酶带，分别为 $Adh\text{-}A_2^{100}$、$Adh\text{-}A_2^{125}$ 编码的两条纯合带，以及 $Adh\text{-}AB$ 编码的杂合带两条；在脾脏中，也有 4 条酶带，分别是 $Adh\text{-}A_2^{100}$、$Adh\text{-}B_2^{100}$ 编码的纯合带各一条，以及 $Adh\text{-}AB$ 编码的杂合带两条，其中，$Adh\text{-}AB$ 编码的两条杂合酶带活性强于纯合酶带；ADH 同工酶在黑斑原鮡肌肉中的表达活性最弱，只检测到杂合体 $Adh\text{-}AB$ 编码的两条酶带。

2. 醛氧化酶 AO

醛氧化酶 AO 是由 150 kDa 亚基组成的同源二聚体酶，很容易失活。在黑斑原鮡中，仅在肝脏和肌肉组织中检测到 AO 同工酶，其在主肝和副肝中的表达水平无明显差异，只是肝型 AO 同工酶（$A_o\text{-}A_2$ 编码）的表达活性略强；肌肉组织中，只检测到肌型 AO 同工酶（$A_o\text{-}B_2$ 编码），且活性很弱（图版Ⅵ-3-b）。

3. 酯酶 EST

酯酶 EST 为多基因编码的单体酶，能催化酯键水解，属于水解酶类，在酯类代谢和生物膜的结构维系等方面发挥着重要的作用（朱蓝菲等，1983）。EST 同工酶由染色体上不同的基因或共显性的等位基因编码，是基因表达的直接产物，所以在种属鉴定和遗传研究等方面具有重要的意义。EST 同工酶很容易失活。在黑斑原鮡的肝脏中，共检测到 EST 同工酶酶带 5 条，主要分布在 3 个区域内，由阳极向阴极依次为 $Est\text{-}1\sim Est\text{-}3$。黑斑原鮡EST 同工酶在肝脏中的表达水平最高，无论酶带数量还是活性均为优势表达，且主肝和副肝表达水平无明显差异；在脾脏和脑中，均只检测到 $Est\text{-}1$ 的一条酶带，且在脾脏中的表达水平比脑高。在其他组织中，包括心脏、眼、肌肉和肾脏中，均未检测到 EST 同工酶谱带（图版Ⅵ-3-c）。EST 同工酶在肝脏中优势表达的现象在南方鲇、鲇及其杂种的研究中也有报道（王朝明，2005），作者推测，这可能与肝脏复杂的生理功能紧密相关。

4. 葡糖脱氢酶 GcDH

葡糖脱氢酶GcDH在黑斑原鮡中的表达情况如图版Ⅵ-3-d所示。除肌肉组织外，GcDH同工酶均只检测到一条酶谱条带。肝脏中，在主肝和副肝中的表达活性一致，且略高于其他组织。

5. 谷氨酸脱氢酶 GDH

谷氨酸脱氢酶 GDH 为两个基因座位编码的二聚体，主要催化谷氨酸脱氢转变为 α-

酮戊二酸，属于 NAD 氧化还原酶。在黑斑原鮡中，共检测到 3 种 GDH 基因型，包括两种纯合体（$Gdh\text{-}A_2$、$Gdh\text{-}B_2$）和一种杂合体（$Gdh\text{-}AB$）。与其他同工酶相似，GDH 的表达也具有组织特异性，在主肝、副肝和心脏中，检测到由 $Gdh\text{-}A_2$、$Gdh\text{-}AB$ 编码的两条带；在脑与肾脏中，检测到 $Gdh\text{-}A_2$ 和 $Gdh\text{-}B_2$ 的两条纯合体酶带；而在眼、肌肉和脾脏中，仅检测到一条由 $Gdh\text{-}B_2$ 编码的酶带。GDH 同工酶的表达活性如图版Ⅵ-3-e 所示，肝脏的表达活性最高，其次为眼，而在心脏、脑等组织中表达活性最弱。

6. 乳酸脱氢酶 LDH

乳酸脱氢酶 LDH 为四聚体蛋白，是研究最为广泛和深入的同工酶。大多数脊椎动物 LDH 同工酶都由 $Ldh\text{-}A$、$Ldh\text{-}B$ 和 $Ldh\text{-}C$ 3 个座位编码，它们在胚胎发育和细胞分化过程中具有重要的调控作用，硬骨鱼类 LDH 同工酶多是由 $Ldh\text{-}A$ 和 $Ldh\text{-}B$ 两个基因编码的同工酶谱系。由于在不同的组织中行使的功能不同，再加上基因变异的发生，LDH 同工酶的表达也呈现高度的发育特异性和组织特异性（Edwards et al.，1987）。

在黑斑原鮡的 LDH 同工酶中，共发现由 3 个基因座位编码的 11 条区带（图版Ⅵ-3-f）：在脑和眼中，检测到经典的 LDH 同工酶表型，即由 $Ldh\text{-}A$ 和 $Ldh\text{-}B$ 自由结合而成的 $Ldh\text{-}A_4$、$Ldh\text{-}A_3B$、$Ldh\text{-}A_2B_2$、$Ldh\text{-}AB_3$ 及 $Ldh\text{-}B_4$ 编码的 5 条酶带；在心脏中，除上述 5 条酶带外，还有一条迁移较快的酶带，研究发现，其为黑斑原鮡 $Ldh\text{-}B$ 基因变异后形成等位基因 $Ldh\text{-}B_4^{108}$ 编码的酶带；在主肝和副肝中，LDH 的表达也无明显的差异，均含有 4 条酶带，表达活性相似，且强于其他组织，具体为靠近阴极由纯合体 $Ldh\text{-}C_4^{100}$ 编码的酶带及分别由 $Ldh\text{-}B$ 等位基因 $Ldh\text{-}B_4^{100}$、$Ldh\text{-}B_4^{108}$ 和 $Ldh\text{-}B_4^{117}$ 编码的酶带，其中，$Ldh\text{-}B_4^{100}$ 编码的酶带活性最强；在脾脏中，共检测到 4 条酶带，分别为由纯合体 $Ldh\text{-}B_4^{100}$、$Ldh\text{-}B_4^{108}$ 编码的酶带和杂合体 $Ldh\text{-}C_4^{136}$、$Ldh\text{-}C_4^{155}$ 编码的酶带，其中，以 $Ldh\text{-}B_4^{100}$ 编码的酶带活性最强；在肾脏中共检测到 3 条酶带，分别由 $Ldh\text{-}C_4^{118}$、$Ldh\text{-}B_4^{100}$ 和 $Ldh\text{-}B_4^{108}$ 编码，与脾脏相同，$Ldh\text{-}B_4^{100}$ 编码的酶带活性较强，但整体活性弱于脾脏；在肌肉中，仅检测到一条由纯合体 $Ldh\text{-}A_4$ 编码的酶带，此酶带活性高于其他组织的此带。

综上所述，与多数硬骨鱼类一样，黑斑原鮡 LDH 同工酶的表达具有明显的组织特异性：$Ldh\text{-}A_4$ 座位在肌肉中优势表达；$Ldh\text{-}B_4$ 座位在肝脏组织中优势表达；$Ldh\text{-}C$ 座位在肝脏、脾脏和肾脏组织中均有表达，且在肝脏中优势表达。$Ldh\text{-}A_4$ 座位在肌肉组织中优势表达的原因，作者推测可能是其对肌肉等嫌气性组织的一种适应策略，因为 $Ldh\text{-}A_4$ 基因可以催化丙酮酸还原为乳酸，具有无氧酵解的特性；而 $Ldh\text{-}B_4$ 座位在心脏、肝脏、脾脏和肾脏等好气性组织中优势表达，尤其是在肝脏中，$Ldh\text{-}B_4$ 同工酶活性极强，作者认为这是代谢功能旺盛的肝脏及好气性组织有氧代谢的必要条件，因为 $Ldh\text{-}B_4$ 同工酶可使还原型辅酶Ⅰ高效地氧化呼吸，并持续进行。而 $Ldh\text{-}C$ 基因，除了能与乳酸结合作底物外，还能以羟基戊酸盐为底物作用。$Ldh\text{-}C$ 基因编码的同工酶，在黑斑原鮡 4 种组织中的表达及在肝脏中的优势表达，均与各组织的特异功能密切相关。

7. 苹果酸脱氢酶 MDH

硬骨鱼类的苹果酸脱氢酶 MDH 有上清液型（s-MDH）和线粒体型（m-MDH）两种，

均为两个基因编码的二聚体。在黑斑原鮡的各个组织中，均检测到 s-MDH 和 m-MDH，只是 m-MDH 的迁移速率慢于 s-MDH，因此更靠近阴极（图版Ⅵ-3-g）。MDH 同工酶在心脏、肝脏、脑和肌肉中的表达酶谱相似，均包括纯合体 m-Mdh-C₂、m-Mdh-D₂、s-Mdh-A₂ 及杂合体 m-Mdh-CD、s-Mdh-AB，但不同组织中活性不同：在主肝和副肝中，酶活性没有明显的差异，且 m-MDH 活性高于 s-MDH，其中 m-Mdh-C₂ 活性最强；与肝脏中的结果不同的是，心脏、脑和肌肉中均以 s-Mdh-A₂ 活性最强，且在脑和肌肉中的活性略强于心脏。在肾脏中，检测到 MDH 的 4 条酶带，分别为纯合体 s-Mdh-A₂、s-Mdh-B₂、m-Mdh-D₂ 及杂合体 m-Mdh-CD，且为优势表达；MDH 在脾脏中的酶谱表达与肾脏相似，但活性稍低。

8. 苹果酸酶 MEP

与苹果酸脱氢酶 MDH 相同，苹果酸酶 MEP 也有上清液型（s-MEP）和线粒体型（m-MEP）两种类型，也均为由两个基因编码的二聚体。MEP 同工酶在黑斑原鮡中也有明显的组织特异性（图版Ⅵ-3-h）：在肝脏中共检测到 5 条酶带，包括 3 条 m-MEP 酶带（分别由 m-Mep-C₂、m-Mep-CD 和 m-Mep-D₂ 编码）和两条 s-MEP 酶带（分别由 s-Mep-A₂、s-Mep-AB 编码），且 m-MEP 的活性明显高于 s-MEP，这 5 条酶带在主肝与副肝中的表达水平无明显的差异；在心脏和脑中，除 m-Mep-D₂ 外，其余 5 条酶谱均被检测到，m-MEP 的酶活性均略高于 s-MEP，且脑中酶的活性略高于心脏；在肌肉中，除纯合体 m-Mep-C₂ 和 s-Mep-B₂ 外，其余 4 条酶带均被检测到，与其他组织中不同的是，s-MEP 的酶活性略高于 m-MEP；在脾脏和肾脏中，均检测到 3 条酶带（分别由 m-Mep-CD、m-Mep-D₂ 和 s-Mep-A₂ 编码），这 3 条酶带在肾脏中的活性均高于脾脏；在眼中，仅检测到由 m-Mep-CD 和 m-Mep-D₂ 编码的两条酶带，但其活性极弱，与在脾脏中的表达水平相似。

9. 过氧化物酶 POD

过氧化物酶 POD 是一类能利用 H_2O_2 氧化供氢体的氧化酶的总称，是动物体内甲状腺合成甲状腺素的关键酶，这类酶的亚基结构和基因座位比较复杂，通常情况下，POD 同工酶为单体或二聚体，由多个座位控制。由于其分布广泛、变异性强，因此，可作为低级单位的分类指标。植物 POD 同工酶研究较多，现一般认为 POD 同工酶普遍存在于动植物的各种组织中，并且高度特化。有关鱼类 POD 同工酶的报道较少，现多认为此酶是由多基因编码的单聚体酶。POD 同工酶目前仅在暗纹东方鲀（刘玲玲等，1998）、军曹鱼（邓思平等，2002）和青鱼（姜建国等，1997）等鱼类中有研究报道。

POD 同工酶也很容易失活，也具有显著的组织特异性（图版Ⅵ-3-i）。在黑斑原鮡中，除肌肉外，在其他组织中均检测到 POD 同工酶的表达：在脾脏和肾脏中，除 Pod-3 外，其余的 5 种酶带被检测到，且 Pod-4、Pod-5 和 Pod-6 的表达活性比 Pod-1 和 Pod-2 高，此外，Pod-1 和 Pod-2 在脾脏中的活性略高于肾脏；在心脏中，除 Pod-2 外，其余的 5 条酶谱均被检测到，且 Pod-3 的酶活最高；在脑组织中，检测到 Pod-1、Pod-5 和 Pod-6 共 3 条酶带，且 Pod-6 活性略高于其他两条酶带，Pod-6 在脑组织中的活性仅次于脾脏和肾脏；在眼和肝脏中，均只检测到两条酶带，肝脏中为 Pod-5 和

Pod-6，其在主肝和副肝中的活性无明显差异，而在眼中，为 *Pod*-3 和 *Pod*-6，其酶活水平高于肝脏。

综上所述，在黑斑原鮡中，POD 同工酶在脾脏、肾脏和心脏等组织中活性较强，而在肌肉中未检测到 POD 同工酶酶谱，表明 POD 同工酶在黑斑原鮡肌肉中不表达，或者活性很弱。其结果与在青鱼（姜建国等，1997）、鳜、团头鲂（朱必凤等，1999）及军曹鱼（邓思平等，2002）等鱼类中的报道一致。

10. 超氧化物歧化酶 SOD

超氧化物歧化酶 SOD 是一种与氧环境密切相关、具有清除自由基能力的酶，是动物体的一种重要防御酶，能够催化 O_2^- 发生歧化反应，生成 H_2O_2 和 O_2，该酶作为生物体保护系统的酶而被广泛研究。SOD 同工酶也分为上清液型（s-SOD）和线粒体型（m-SOD），均为二聚体酶。黑斑原鮡SOD 同工酶表达情况如图版Ⅵ-3-k 所示，其在主肝与副肝中的表达水平无明显差异。s-SOD 同工酶仅在肝脏中检测到，且表达活性较弱，而 m-SOD 中的 *m-Sod-C₂* 在所有检测的组织中均有表达；在肝脏和脾脏中，分别检测到 *m-Sod-C₂*、*Sod-CD*、*Sod-D₂* 编码的 3 条酶带，且 3 条酶带在肝脏中的表达水平比脾脏高；在脑组织中，仅检测到纯合体 *m-Sod-C₂* 的表达；在肾脏中，只检测到活性较弱的纯合体 *m-Sod-C₂* 和活性极微弱、酶带极细的 *m-Sod-D₂* 的表达；在其他 3 种组织，包括眼、肌肉和心脏中，均只检测到由 *m-Sod-C₂* 和 *Sod-CD* 编码的两条酶带。组织间比较结果显示，除肝脏外，心脏中 SOD 同工酶的活性最强，脑、眼、肌肉和脾脏中的活性相似，而肾脏中的活性最弱。

综上所述，黑斑原鮡肝脏组织中 SOD 同工酶表达谱带丰富、活性强，是两种类型 SOD 同工酶（s-SOD 和 m-SOD）唯一均可表达的组织，这可能与其肝脏的生理功能密切相关。

11. 山梨醇脱氢酶 SDH

山梨醇脱氢酶 SDH 为由两个基因编码的二聚体酶，黑斑原鮡组织中共检测到两种由 SDH 纯合体基因编码的谱带（图版Ⅵ-3-j）。在肝脏、脑、脾脏和肾脏中，均检测到两种纯合体 *Sdh-A₂* 和 *Sdh-B₂* 的表达，而在其他 3 种组织中，仅检测到 *Sdh-B₂* 的表达。SDH 同工酶在肝脏中的活性最强，其次为脑组织及肾脏，而脾脏中 SDH 同工酶的活性较弱。其中，在肝脏中，SDH 同工酶在主肝和副肝表达情况无明显差异。另外，在肝脏、脑及肾脏中，*Sdh-B₂* 的活性略高于 *Sdh-A₂*，而在脾脏中，*Sdh-A₂* 活性高于 *Sdh-B₂*。此外，黑斑原鮡同种组织的 SDH 同工酶未见多态现象。

综上所述，在黑斑原鮡中，仅有少数同工酶的组织特异性不明显，如 AO、GcDH、GDH 和 SDH 等。其中，AO 同工酶仅有肝型（*Ao-A₂*）和肌型（*Ao-B₂*）两种，它能参与一些异源物质的解毒、视黄酸合成等生理生化反应（Huang and Ichikawa，1994）；GcDH 同工酶在肌肉组织中未检测到表达，在其他组织间的表达水平基本没有差异；SDH 同工酶在心脏、眼和肌肉组织中仅检测到一条酶带，而在其他组织中检测到两条酶带；GDH 同工酶在眼、肌肉和脾脏中仅检测到一条酶带，而在其他组织中检测到两条酶带；MDH 同工酶在心脏、肝脏、脑和肌肉组织中表达的酶谱一致，但活性不同，在其余组织中表达的酶谱种类和活性略有差异。组织间表达差异比较显示，以上所有的同工酶均以在肝脏中表达的活性最高，作者推测，这可能与其行使的复杂功能直接相关，因为肝脏作为主要的内脏器官之一，具有消化、分泌及解毒等多种功能，与此相适应，其同工酶亦表现出较为复杂的酶系和多态性；与此相反，肌肉、心脏和眼组织等功能相对单一，其表达的同工酶种类较少，表型也较简单。

（二）多态座位的 Hardy-Weinberg 平衡分析

在所有分析的 11 种同工酶中，除 POD 同工酶无确切基因定位资料不予统计外，共定位分析了 27 个基因座位，各座位表达情况如表 6-4 和图版Ⅵ-4 所示。分析表 6-4 不难发现，黑斑原鮡同工酶的表达具有组织特异性，各组织检测到的基因座位数不等，其中，肝脏中表达的基因座位最多，占总数的 92.59%；其次为脑组织，占总体的 70.37%；最少的为眼和肌肉组织，表达的座位数不足 60%。

表 6-4　黑斑原鮡各组织被检座位和多态座位比例（*P*）

Table 6-4　Tested loci and proportion of polymorphic loci expressed in various tissues of *G. maculatum*

酶 enzymes	座位 loci	组织 tissues						
		心脏 H	肝脏 L	脑 B	眼 E	肌肉 M	脾脏 S	肾脏 K
ADH	*A*	+	+++	+	+	+	+	+
	B	+	++	+	++	+	+	++
AO	*A*	−	++	−	−	−	−	−
	B	−	−	−	−	+	−	−
EST	−1	−	+++	+	−	−	++	−
	−2	−	+	−	−	−	−	−
	−3	−	++	−	−	−	−	−
GcDH		+	++	+	+	−	+	+
GDH	*A*	+	++	+	−	−	−	++
	B	+	+	+	++	++	++	++
LDH	*A*	++	−	++	++	+++	++	+
	B	+++	+++	++	++	−	+++	++
	C	−	+++	−	−	−	−	−
MDH	*A*	++	++	+++	++	+++	++	+++
	B	+	+	+	+	++	++	+++
	C	++	+++	++	+	++	+	+
	D	++	+++	++	+	++	+	++
MEP	*A*	+	+	+	−	+	+	++
	B	+	+	+	−	+	−	−
	C	++	+++	++	+	+	+	++
	D	+	++	++	+	++	+	++
SDH	*A*	−	++	+	++	−	−	+
	B	++	++	++	++	++	+	+
SOD	*A*	−	++	−	−	−	−	−
	B	−	+	−	−	−	−	−
	C	++	+++	+	++	++	++	+

续表

酶 enzymes	座位 loci	组织 tissues						
		心脏 H	肝脏 L	脑 B	眼 E	肌肉 M	脾脏 S	肾脏 K
SOD	D	+	++	−	+	+	++	+
被检座位数 Tested loci number		18	25	19	16	16	17	18
百分比（%）Percentage		66.67	92.59	70.37	59.26	59.26	62.96	66.67
多态座位数 No. polymorphic loci		5	7	1	2	5	1	2
多态座位比例（P）Proportion of polymorphic loci		0.2778	0.2800	0.0526	0.1250	0.3125	0.0588	0.1111

注："+++"表示酶带活性强；"++"表示活性居中；"+"表示活性弱；"−"表示无酶带表达

Notes："+++" means the isozymic bands with strong activity；"++" means the bands with moderate activity；while "+" means the bands with no activity；"−" means no expression of isozymic band

　　研究发现，6 种酶系统共有 13 个基因座位呈现多态性（图版Ⅵ-4），多态座位比例为 48.15%。选取多态性高度表达的组织（表 6-4），即心脏、肝脏和肌肉等，选择具有多态性的同工酶电泳图谱进行统计分析，心脏、肝脏和肌肉组织多态座位的基因型分布、等位基因频率、杂合度的观测值和预期值，以及遗传偏离指数分别如表 6-5、表 6-6 和表 6-7 所示。结果显示，心脏中的 Adh-B 和 s-Mep-B，肝脏中的 m-Mep-C，肌肉中的 Adh-B 和 s-Mep-A 座位的遗传偏离指数均为 $d<0$，表明上述座位在心脏、肝脏和肌肉中均存在杂合子缺失现象，偏离 Hardy-Weinberg 定律，尤其是心脏和肌肉的 Adh-B 座位、肝脏的 m-Mep-C 座位，$|d|$值最大，表明杂合子缺失现象最为严重；在心脏和肝脏组织中表达的 Ldh-B 及肝脏 Adh-A 座位遗传偏离指数较大，$d>0.1000$，表明其杂合子略有过剩；其他多态座位在各组织中的 d 值接近于零（$|d|<0.1000$），表明其基因型分布接近于 Hardy-Weinberg 平衡

表 6-5　心脏多态座位基因型分布、等位基因频率、杂合度（H）及遗传偏离指数（d）

Table 6-5　Genotypic distribution, allelic frequencies, heterozygosities（H）and genetic divergence index（d）at polymorphic loci of expressed in heart tissues

基因座位 loci	基因型 genotype	等位基因频率 allelic frequencies	杂合度 heterozygosities		遗传偏离指数 genetic divergence index
			H_o	H_e	
Adh-B	0/0	A^0: 0.9286	0.0476	0.1327	−0.6410
	0/100	A^{100}: 0.0714			
	100/100				
Ldh-A	87/100	A^{87}: 0.0238	0.0476	0.0465	0.0244
	100/100	A^{100}: 0.9762			
Ldh-B	100/100	B^{100}: 0.6905	0.6190	0.4410	0.4036
	100/105	B^{108}: 0.0238			
	100/117	B^{117}: 0.2857			
m-Mdh-C	90/100	C^{90}: 0.0238	0.0476	0.0465	0.0244
	100/100	C^{100}: 0.9762			
s-Mep-B	0/0	B^0: 0.0714	0.0952	0.1757	−0.4581
	0/100	B^{100}: 0.9048			
	100/100	B^{108}: 0.0238			
	100/108				

表 6-6　肝脏多态座位基因型分布、等位基因频率、杂合度（H）及遗传偏离指数（d）

Table 6-6　Genotypic distribution, allelic frequencies, heterozygosities（H）and genetic divergence index（d）at polymorphic loci expressed in liver tissues

基因座位 loci	基因型 genotype	等位基因频率 allelic frequencies	杂合度 heterozygosities		遗传偏离指数 genetic divergence index
			H_o	H_e	
Adh-A	100/100	A^{100}：0.5000	0.6190	0.5227	0.1844
	100/125	A^{125}：0.4762			
	125/125	A^{142}：0.0238			
	100/142				
Est-1	96/100	-1^{96}：0.0238	0.0476	0.0465	0.0244
	100/100	-1^{100}：0.9762			
Est-2	93/100	-2^{93}：0.0238	0.0952	0.0918	0.0370
	96/100	-2^{96}：0.0238			
	100/100	-2^{100}：0.9524			
Ldh-B	100/100	B^{100}：0.7619	0.4762	0.3730	0.2766
	100/117	B^{117}：0.2143			
	100/133	B^{133}：0.0238			
s-Mdh-A	100/100	A^{100}：0.9762	0.0476	0.0465	0.0244
	100/110	A^{110}：0.0238			
m-Mep-C	65/65	C^{65}：0.0714	0.0476	0.1327	−0.6410
	65/100	C^{100}：0.9286			
	100/100				

表 6-7　肌肉多态座位基因型分布、等位基因频率、杂合度（H）及遗传偏离指数（d）

Table 6-7　Genotypic distribution, allelic frequencies, heterozygosities（H）and genetic divergence index（d）at polymorphic loci expressed in muscle tissues

基因座位 loci	基因型 genotype	等位基因频率 allelic frequencies	杂合度 heterozygosities		遗传偏离指数 genetic divergence index
			H_o	H_e	
Adh-A	100/100	A^{100}：0.9762	0.0476	0.0465	0.0244
	100/142	A^{142}：0.0238			
Adh-B	0/0	B^{0}：0.9286	0.0476	0.1327	−0.6410
	0/100	B^{100}：0.0714			
Gdh-B	100/100	B^{100}：0.9542	0.0952	0.0907	0.0500
	100/105	B^{105}：0.0476			
s-Mep-A	0/0	A^{0}：0.1190	0.1429	0.2098	−0.3189
	0/100	A^{100}：0.8810			
m-Mep-D	100/100	D^{100}：0.9524	0.0952	0.0907	0.0500
	100/137	D^{137}：0.0476			

状态。通常认为，杂合子出现的原因可能与自然选择、非随机交配或哑等位基因的表达有关（张志峰等，1997；Singh and Green，1984；Zouros and Foltz，1984）。Ball 等（1998）研究发现，哑等位基因是作为解释杂合子缺失现象不可缺少的因素之一。

（三）哑等位基因的表达

哑等位基因，又称零等位基因或不活动基因、寂静基因等，是不编码蛋白质或所编码蛋白质活性大大降低的基因，它不产生任何功能产物或抗原。在对黑斑原鮡的研究过程中，作者发现，少数个体心脏中 *s-Mep-B* 基因座位未表达，或肌肉组织中 *s-Mep-A* 座位未表达，另有部分个体肌肉中 *s-Mep-A*、*s-Mep-B* 中的 1 个或 2 个基因均未表达，这表明在黑斑原鮡心脏组织的 *s-Mep-B* 座位及肌肉组织的 *s-Mep-A*、*s-Mep-B* 座位上，可能分别具有一个活性等位基因（activite allele）"100" 和一个哑等位基因（null allele）"0"。哑等位基因的现象曾在鲤的 LDH 同工酶（Engel et al.，1973）和 GDH 同工酶（薛明，2001），溪红点鲑的 ADH 同工酶、IDH 同工酶（Stoneking et al.，1981b）和 AAT 同工酶（Stoneking et al.，1981a），厚颌鲂 *Megalobrama pellegrini* 的 GTDH 同工酶、SDH 同工酶和 MEP 同工酶（刘焕章和汪亚平，1997）等的基因座位上有过报道。

（四）群体的遗传变异分析

多态座位的标准是实测等位基因的出现频率小于或等于 0.99 时即视为多态。作者采用多态座位比例（*P*）和平均杂合度（*H*）两个参数分析了黑斑原鮡 3 个群体之间的遗传变异情况。

结果显示，黑斑原鮡群体多态性座位占总座位数的 48.15%，心脏、肝脏和肌肉组织中多态性座位比例、平均杂合度观测值和期望值结果如表 6-8 所示。其中，肝脏中表达的座位和多态座位最丰富，但 *P* 值最低，而肌肉组织的 *P* 值最高；统计 3 种组织的平均杂合度观测值和期望值，肝脏＞心脏＞肌肉。但以上 3 种组织各多态座位杂合度观测值和期望值经 χ^2 检验分析均表明，黑斑原鮡群体符合 Hardy-Weinberg 平衡定律（*P*＞0.05），这与以肌肉组织为材料的研究结果一致。

表 6-8　黑斑原鮡心脏、肝脏和肌肉组织多态座位比例（*P*）和平均杂合度（*H*）
Table 6-8　Polymorphic loci, proportion of polymorphism (*P*) and average heterozygosity (*H*) per locus expressed in heart, liver and muscle tissues of *G. maculatum*

组织 tissues		心脏 heart	肝脏 liver	肌肉 muscle
多态座位数 polymorphic loci		5	6	5
多态座位比例（*P*）proportion of polymorphism		0.2778	0.2400	0.3125
平均杂合度 average heterozygosity	H_o	0.0476	0.0533	0.0268
	H_e	0.0468	0.0485	0.0356

对黑斑原鮡多种组织进行同工酶分析后发现，多态座位比例（*P*）和群体平均杂合度（*H*）存在着组织间的差异。对肌肉组织进行的同工酶凝胶电泳发现，有 8 种同工酶显色，共检测到 16 个基因座位，其种群的 *P*、H_o 和 H_e 分别为 0.3750、0.0201 和 0.0310；但增加组织样本后，11 种同工酶显色，共定位分析 10 种酶的 27 个基因座位。心脏、肝脏和肌

肉组织中统计的 P 值有所降低,而群体的 H_o 和 H_e 以肝脏组织最高,肌肉最低($H_o = 0.0268$,$H_e = 0.0356$)。尽管 *Adh-A*、*s-Mep-B*、*s-Mep-A* 和 *m-Mep-C* 等个别座位存在杂合子缺失现象,但基因多态座位平均杂合度的观测值和期望值 χ^2 检验结果均表明,黑斑原鮡符合 Hardy-Weinberg 平衡定律。

关于多态座位比例因组织不同而存在差异,以及平均杂合度略有增高的原因,作者认为:①同工酶具有明显的组织特异性,在黑斑原鮡肌肉组织表达的酶系少于肝脏、心脏、脾脏和肾脏等组织,使研究过程中记录的基因数量明显不同,且肝脏、心脏等组织检测到的多态座位多于或等于肌肉组织;②即使同一物种的不同群体,其遗传变异也可能不同。

多态座位比例和平均杂合度是反映群体生化遗传变异及其多样性的重要参数。据 Kirpichnikov（1981）报道,脊椎动物多态座位比例一般为 0.15～0.30。鱼类的多态座位比例会因种属或同物种的不同种群而有差异。据报道,最高的可达 0.50 以上,最低只有 0.09。在 2003 年肌肉样本检测到的多态座位中,除 *m-Sod-C* 座位外,其他多态座位均于随后的研究中再次被检测到。黑斑原鮡的多态座位比例 $P = 51.85\%$,略高于脊椎动物的一般水平,即黑斑原鮡种群生化遗传多态性较高,表明其种质资源状况仍维持在较好的水平。

脊椎动物平均杂合度观测值 H_e 为 0.03～0.08（Kirpichnikov,1981）,而与其他高等脊椎动物相比,鱼类的遗传变异性在不同物种之间及同一物种的不同种群之间均具有较大的差异。Gyllensten（1985）报道,海水鱼类的平均杂合度（平均值为 0.063,范围为 0.029～0.088）高于淡水鱼类（平均值为 0.043,范围为 0.010～0.080）;洄游性鱼类的平均杂合度与淡水鱼类相似,平均值为 0.041。我国学者研究报道,长江、珠江、黑龙江 3 个水系鲢、鳙、草鱼 8 种群的杂合度为 0.0454～0.1133,平均为 0.0753（李思发等,1986）;长江中下游鳙种群平均杂合度为 0.0674（赵金良和李思发,1996）;团头鲂、三角鲂 *M. terminalis* 和广东鲂 *M. hoffmanni* 平均杂合度期望值分别为 0.0744、0.1047 和 0.0552（李思发等,2002）;青海湖裸鲤群体平均杂合度高达 0.095（祁得林,2002）。作者的研究表明,黑斑原鮡种群平均杂合度观测值（H_o）和期望值（H_e）分别为 0.0201～0.0533 和 0.0310～0.0485,平均值分别为 0.0370 和 0.0405。与其他鱼类的研究结果相比,黑斑原鮡种群平均杂合度（H_e）处于鱼类的中低等水平,表明黑斑原鮡种群生化遗传变异能力较弱。

第三节　血液生理生化特性

血液的生理生化指标是检测鱼类生理状态的有效方法（Adham et al.,2002；Barcellos et al.,2003；Borges et al.,2004）。血细胞对自身的生理状况和外界环境的刺激很敏感,因此血细胞的特征可以反映鱼类生活环境的状况（李亚南和王冀平,1995；周永灿等,2003）。此外,血液的生理生化指标还与动物的进化和对环境的生态适应有关（杨秀平,2002）,可以反映某些种类的系统发育关系（Pavlidis et al.,2007）,用于研究其适应环境的机制和演化进程（Yakhnenkol and Yakhnenkol,2006）。本部分对黑斑原鮡的生理生化指标和血细胞的形态及结构进行了研究,以期为研究黑斑原鮡及相关鱼类对高原环境的适应机制积累资料。

一、生理指标

从雅鲁藏布江的支流尼洋河捕获黑斑原鮡成鱼，随机选取30尾体质健壮、无病无伤的个体，用MS-222（100 mg/L）麻醉后，测量体长和体重［平均体长（21.43±2.66）cm，平均体重（108.07±39.73）g］，用一次性无菌注射器尾静脉采血，注入预先用0.1 mL 1%的肝素钠抗凝过的2 mL的EP管中，然后上下轻轻颠倒混匀，低温保存备用。血样采集期间，保持水温在（13±0.5）℃，并用充氧泵充氧，保证试验鱼处于正常生理状态。

采用常规方法测定血液的生理指标（杨秀平，2002），包括红细胞数RBC、红细胞比容Hct、血红蛋白含量Hb、最大红细胞脆性maxEof、最小红细胞脆性minEof、红细胞沉降率ESR、平均红细胞体积MCV、平均红细胞血红蛋白含量MCH和平均红细胞血红蛋白浓度MCHC。测定结果见表6-9。

表 6-9 黑斑原鮡的血液学指标
Table 6-9 Haematological parameters of *G. maculatum*

指标 parameters	范围 range	平均值 mean	标准差 S.D.	95%置信区间 95% CI	n
红细胞数 RBC（10^6/μL）	1.00～1.35	1.16	0.10	1.12～1.20	30
红细胞比容 Hct	0.21～0.35	0.28	0.04	0.26～0.29	30
血红蛋白含量 Hb（g/dL）	5.81～9.83	7.42	1.08	7.02～7.83	30
最大红细胞脆性 maxEof（g/L NaCl）	0.20～0.45	0.29	0.05	0.27～0.31	26
最小红细胞脆性 minEof（g/L NaCl）	0.18～0.34	0.24	0.04	0.23～0.25	26
红细胞沉降率 ESR（mmh^{-1}）	1.80～5.00	3.21	0.93	2.87～3.56	30
平均红细胞体积 MCV（fL）	173.20～304.70	229.76	40.96	214.47～245.06	30
平均红细胞血红蛋白含量 MCH（pg）	45.81～82.54	59.36	10.68	55.37～63.35	30
平均红细胞血红蛋白浓度 MCHC（g/L）	203.59～367.87	260.80	44.90	244.03～277.56	30

二、生化指标

用血清分析血液的生化指标，在全自动生化分析仪上，用配套试剂盒进行测定。测定的生化指标包括血糖GLU、尿素UREA、肌酐CREA、白蛋白ALB、球蛋白GLB、白蛋白/球蛋白A/G、直接胆红素DBIL、总胆红素TBIL、总胆固醇TC、三酰甘油TG、总蛋白TP、碱性磷酸酶ALP、谷丙转氨酶ALT和谷草转氨酶AST的平均值、标准差、95%置信区间、最大值和最小值的范围等，结果见表6-10。

鱼类血液的生理生化指标可以反映鱼类自身的生理状况。与其他鲇形目鱼类相比，黑斑原鮡具有相似的Hct、Hb、MCH和MCHC值；而与小海鲇*Arius leptaspis*一样，黑斑原鮡的红细胞数低于其他鱼类（表6-11）。此外，黑斑原鮡血液中的MCV高于克林雷氏鲇*Rhamdia quelen*和白斑胡鲇*Clarias albopunctatus*，有学者认为，从无颌鱼类到硬骨鱼类，红细胞的大小呈现由大到小的进化趋势（Snyder and Sheafor，1999），因此，动物越高等，红细胞的数目越多，且细胞体积越小（杨秀平，2002）。与其他鲇形目鱼类相比，黑斑原鮡较低的红细胞数和较高的平均红细胞体积表明其在鲇形目中进化程度并不高。

表 6-10　黑斑原鲱的血液生化指标
Table 6-10　Blood biochemical parameters of G. maculatum

指标 parameters	范围 range	平均值 mean	标准差 S.D.	95%置信区间 95% CI	n
血糖 GLU（mmol/L）	1.97～12.58	6.56	3.15	5.38～7.73	30
尿素 UREA（mmol/L）	0.36～1.24	0.79	0.21	0.71～0.87	30
肌酐 CREA（μmol/L）	21.30～265.30	91.43	63.32	67.79～115.08	30
白蛋白 ALB（g/L）	5.50～14.70	11.11	2.13	10.32～11.91	30
球蛋白 GLB（g/L）	20.50～33.60	27.93	3.38	26.67～29.20	30
白蛋白/球蛋白 A/G	0.20～0.50	0.39	0.06	0.37～0.42	30
直接胆红素 DBIL（μmol/L）	0.00～0.90	0.49	0.24	0.40～0.58	30
总胆红素 TBIL（μmol/L）	5.80～28.30	13.87	5.80	11.71～16.03	30
总胆固醇 TC（mmol/L）	5.02～20.18	11.38	3.10	10.22～12.54	30
三酰甘油 TG（mmol/L）	0.86～15.93	7.09	4.65	5.35～8.82	30
总蛋白 TP（g/L）	22.30～151.00	46.36	24.14	37.35～55.37	30
碱性磷酸酶 ALP（U/L）	22.30～151.00	55.11	25.60	45.55～64.67	30
谷丙转氨酶 ALT（U/L）	5.60～108.80	32.18	26.57	22.26～42.10	30
谷草转氨酶 AST（U/L）	144.30～1410.30	1060.04	374.51	920.19～1199.90	30

表 6-11　鲇形目鱼类的血液学指标
Table 6-11　Haematological parameters in Siluriformes fishes

指标 parameters	黑斑原鲱 G. maculatum （mean±S.E.）	克林雷氏鲇 R. quelen （mean±S.E.）	白斑胡鲇 C. albopunctatus （mean±S.E.）	小海鲇 A. leptaspis （mean±S.E.）	杂斑兵鲇 Corydoras paleatus （mean±S.E.）
RBC（10⁶/μL）	1.16±0.10	3.70±0.10	3.55±0.11	1.17±0.12	1.9±0.50
Hct	0.28±0.04	0.43±0.01	0.36±0.01	0.39±0.03	0.34±0.08
Hb（g/dL）	7.42±1.08	8.70±0.10	16.0±0.86	9.09±1.20	6.9±1.90
MCV（fL）	229.76±40.96	120.90±6.00	130±2.81	342±21.10	190±71
MCH（pg）	59.36±10.68	24.30±0.90	44.74±0.28	74.30±3.10	38±10
MCHC（g/dL）	260.80±44.90	207±5.00	34.41±1.60	233.10±26.80	21±5
参考文献 references	本研究	Borges 等（2004）	Mgbenka 等（2005）	Wells 等（2005）	Cazenave 等（2005）

注：数据用平均值±标准差或标准误表示

Note：Data in the table are all shown as mean ± S. D.（standard deviation）or mean ± S.E.（standard error）

黑斑原鲱的血液生化指标中，除 AST 外，其他指标均与其他鲇形目鱼类相似，但其 AST 明显高于克林雷氏鲇和南方鲇（表 6-12）。AST 是一种主要存在于肝脏中的酶，可以反映肝脏的生理状态（Kaplan et al.，1988），AST 的显著升高表明，肝脏内的转氨作用非常活跃（Asadi et al.，2006）。另外，AST 常与肝脏内血液和氧气的供应情况有关，Johnson 等（1995）和盛颖等（1997）认为，血清中 AST 的急剧升高与肝细胞缺氧和局部坏死有关。因此，与其他鲇形目鱼类相比，黑斑原鲱显著增高的 AST，可能是由于其对高原生活环境的一种生理适应。

表 6-12　鲇形目鱼类的血液生化指标
Table 6-12　Serum biochemical parameters in Siluriformes fishes

指标 parameters	黑斑原鮡 G. maculatum （mean ± S.D.）	克林雷氏鲇 R. quelen （mean ± S.E.）	南方鲇 S. meridionalis （mean ± S.D.）	鲇 S. asotus （mean ± S.E.）
GLU（mmol/L）	6.56 ± 3.15	3.62 ± 0.2	2.314 ± 2.186	7.41 ± 0.26
TP（g/L）	46.36 ± 24.14	42.0 ± 1.0	26.840 ± 5.733	49.15 ± 0.98
ALB（g/L）	11.11 ± 2.13	19 ± 0.6	6.730 ± 5.715	16.46 ± 0.59
GLB（g/L）	27.93 ± 3.38	23.0 ± 0.8	19.946 ± 4.938	32.69 ± 1.42
ALP（U/L）	55.11 ± 25.60	90.2 ± 5.2	41.820 ± 11.429	86.08 ± 1.158
AST（U/L）	1060.04 ± 374.5	114.1 ± 7.1	547.040 ± 229.438	—
ALT（U/L）	32.18 ± 26.57	34.5 ± 2.2	128.480 ± 42.333	—
TC（mmol/L）	11.38 ± 3.10	4.41 ±0.26	5.244 ± 1.787	7.59 ± 0.34
TG（mmol/L）	7.09 ± 4.65	4.83 ± 0.60	2.422 ± 1.993	7.21 ± 1.40
参考文献 references	本研究	Borges 等（2004）	赵海涛等（2006）	乔志刚（2008）

注：数据用平均值±标准差或标准误表示（S.D.为标准差；S.E.为标准误）

Note：Data in the table are all shown as mean ± S.D.（standard deviation）or mean ± S.E.（standard error）

三、血细胞的显微与超微结构

采用血涂片法（刘志洁和宗英，2002）分析了黑斑原鮡的血液生理指标，每个血涂片计数 200 个血细胞，并对血细胞进行分类，记录其白细胞分类数值（DLC），然后测量每种白细胞的细胞和细胞核的长径和短径（每种白细胞测定 100 个）。制作血液的透射电镜标本，透射电镜（FEI TECNAIG2）下观察血细胞的超微结构并拍照。

光镜下，黑斑原鮡外周血中的血细胞包括红细胞和 4 种白细胞（淋巴细胞、中性粒细胞、单核细胞和血栓细胞）。透射电镜下，除上述 5 种细胞外，还能观察到少量的浆细胞。血细胞和细胞核的大小，以及白细胞百分比如表 6-13 所示。

表 6-13　黑斑原鮡血细胞的大小和白细胞的分类
Table 6-13　Size of blood cells and differential leucocytes counts in G. maculatum

细胞类型 cell type	白细胞百分比（%） percentage of the different leukocytes	细胞大小（长×宽，μm） cell size（length × width）	核大小（长×宽，μm） nucleus size（length × width）
红细胞 erythrocyte		（19.39 ± 2.48）×（15.15 ± 1.91）	（7.96 ± 0.89）×（5.54 ± 0.70）
淋巴细胞 lymphocyte	30.91 ± 14.95	（11.12 ± 2.40）×（9.96 ± 2.33）	（9.71 ± 2.00）×（7.89 ± 1.72）
中性粒细胞 heterophil	23.39 ± 14.27	（15.27 ± 2.02）×（13.89 ± 2.34）	（10.62 ± 1.73）×（7.44 ± 1.35）
单核细胞 monocyte	6.37 ± 4.08	（16.53 ± 1.72）×（14.65 ± 1.74）	（12.25 ± 1.86）×（9.59 ± 6.33）
血栓细胞 thrombocyte	39.69 ± 16.54	（12.55 ± 3.94）×（7.14 ± 1.41）	（9.26 ± 6.16）×（5.89 ± 0.96）

注：数据用平均值±标准差表示

Note：Data in the table are all shown as mean ± S. D.（standard deviation）

光学显微镜下,黑斑原鮡的红细胞(图版Ⅵ-5-1)呈圆形或椭圆形,细胞质被 Wright-Giemsa 染液染成均匀的粉红色,细胞核大,位于细胞中央,也呈圆形或椭圆形,被染成蓝紫色,偶尔能观察到少量正在分裂的红细胞。透射电镜下,红细胞(图版Ⅵ-5-1)呈纺锤形,有大量异染色质分布其中,细胞质内含有少量的细胞器,包括大的线粒体、核糖体和空泡。

光学显微镜下,根据细胞大小可将黑斑原鮡的淋巴细胞分为小淋巴细胞和大淋巴细胞两种类型。其外形极不规则,表面具有很多绒毛状的突起,细胞核很大,不规则,呈蓝紫色,占据了细胞的大部分体积,细胞质处于细胞的边缘,呈蓝色(图版Ⅵ-5-2,3)。电子显微镜下,淋巴细胞的表面上有很多指状突起,细胞核位于细胞中间,大且具较多的异染色质,细胞质内有少量的线粒体、自由核糖体、粗面内质网和电子密度颗粒(图版Ⅵ-5-2)。

在黑斑原鮡的外周血中,只有中性粒细胞,未观察到嗜酸性粒细胞和嗜碱性粒细胞。光学显微镜下,中性粒细胞为圆形,具规则的外形,细胞质呈浅蓝色。细胞核被染成蓝紫色,呈圆形(图版Ⅵ-5-5)、肾形(图版Ⅵ-5-6)或分双叶(图版Ⅵ-5-7)。电子显微镜下,由于细胞表面具短的突起,中性粒细胞(图版Ⅵ-5-3)的外形并不规则,细胞核的异染色质散布其中或外围,细胞质中含有较多的细胞器,如线粒体、粗面内质网、自由核糖体和空泡等。其中有 3 种类型的特殊颗粒:第一种颗粒(G_1)呈圆形,中等电子密度,由一个亮圈包围;第二种颗粒(G_2)呈圆形或椭圆形,电子密度较高;第三种颗粒(G_3)为大的纺锤形颗粒,具有与 G_2 相同的电子密度。

光学显微镜下,单核细胞(图版Ⅵ-5-4)的细胞核大而不规则,细胞质呈蓝灰色,可观察到亮泡和突起。透射电镜下,单核细胞因表面具伪足样突起,外形并不规则。细胞质中含有大的亮泡,细胞核也不规则,细胞质中也包含粗面内质网、线粒体和自由核糖体等细胞器。

光学显微镜下可分辨出 5 种类型的血栓细胞:裸核(图版Ⅵ-5-8)、纺锤形(图版Ⅵ-5-9)、蝌蚪形(图版Ⅵ-5-10)、卵圆形(图版Ⅵ-5-11)和群体(图版Ⅵ-5-12)的血栓细胞。裸核和卵圆形是血栓细胞中最常见的两种类型,它们均具有蓝紫色的细胞核和相对较小的浅蓝色的细胞质。电镜下,血栓细胞也有多种形状,如圆形(图版Ⅵ-5-1)和椭圆形(图版Ⅵ-5-5),细胞核均位于细胞的中间,且具有形状不规则的异染色质。细胞质中还能观察到不同大小和形状的空泡,以及线粒体、糖原和电子密度颗粒等。

浆细胞(图版Ⅵ-5-6)有一个近圆形的细胞核,具有异染色质。细胞质内有极其丰富的粗面内质网,另外还含有其他的细胞器和内含物,如自由核糖体、线粒体和较多特殊颗粒。

综上所述,与其他鱼类(林浩然,1999)中的研究结果相同,黑斑原鮡血液中的红细胞占绝对优势。但与鲇形目的其他鱼类相比,黑斑原鮡的红细胞相对较大(表6-14),林浩然(1999)认为,越高等的脊椎动物,红细胞的体积越小,由此推测,黑斑原鮡是鲇形目鱼类中相对原始的种类。与鳜(袁仕取等,1998)、欧洲鳗鲡(周玉等,2002)和中华鲟 *Acipenser sinensis*(Gao et al.,2007)中的报道相同,黑斑原鮡外周血中偶尔也能发现正在分裂的红细胞,这表明除了主要的造血器官(肾、脾和肝)外,鱼类中的红细胞也能在外周血中通过直接分裂产生(周玉等,2001)。透射电镜观察结果表明,黑斑原鲄红细胞的超微结构与其他鱼类相似，具有较少的细胞器如线粒体、核糖体和圆形小空泡（López-Ruiz et al.，1992；Esteban et al.，2000）。

表6-14 鲇形目鱼类细胞大小的比较（长×宽，μm²/直径的范围，μm）

Table 6-14 Cell size comparisons（length × width，μm²/ range of diameter，μm）of Siluriformes fishes

细胞类型 cell type	黄颡鱼 P. fulvidraco	南方鲇 S. meridionalis	湄公河巨鲇 Pa. gigas	革胡子鲇 C. lazera	斑点叉尾鲴 I. punctatus	黑斑原鲱 G. maculatum
红细胞 erythrocyte	（13.21±1.30）× （9.93±0.63）	（15.36±0.95）× （13.62±1.08）	12×7	（10.34±0.96）× （8.28±0.92）	—	（19.39±2.48）× （15.15±1.91）
淋巴细胞 lymphocyte	（4.96±0.15）× （4.49±0.48）	（9.20±1.18）× （8.06±1.49）	6～9（范围）	大：（5.48±0.63）× （4.79±0.93） 小：（3.68±0.58）× （3.25±0.57）	小：5	（11.12±2.40）× （9.96±2.33）
单核细胞 monocyte	（8.76±1.67）× （6.68±1.55）	（13.20±2.22）× （9.96±2.33）	9～13（范围）	（9.63±1.61）× （7.92±1.59）	7～17	（16.53±1.72）× （14.65±1.74）
中性粒细胞 heterophil	（10.18±1.52）× （9.61±1.69）	（12.54±0.88）× （10.96±0.90）	9～10（范围）	（8.67±1.38）× （7.46±1.33）	7～13	（15.27±2.02）× （13.89±2.34）
血栓细胞 thrombocyte	（8.49±1.37）× （4.40±0.84）	（6.93±0.83）× （5.81±0.67）	纺锤状：15×3.5 泪滴状：10×3.5 棒状：7.5×4	（7.91±1.87）× （3.39±1.58）	6～13	（12.55±3.9）× （7.14±1.41）
参考文献 references	刘小玲和严安 生（2006）	赵海涛等 （2006）	Mungkornkarn 和 Termtachartipongsa （1994）	林光华和张丰旺 （1992）	Cannon 等 （1980）	本研究

注：数据中长×宽用平均值±标准差（μm²）或直径用范围（μm）表示

Note：Data in the table are shown as length × width［mean ± S.D.（standard deviation），μm²］or range（range of diameter，μm）

白细胞百分比与鱼的种类和所处的生理状态相关，与其他鲇形目鱼类如斑点叉尾鲴（Cannon et al.，1980）和黄颡鱼（刘小玲和严安生，2006）等的研究结果相似，除血栓细胞外，淋巴细胞是黑斑原鲱的外周血细胞中最多的白细胞，且淋巴细胞内含有较少的电子密度颗粒（Savage，1983；Esteban et al.，2000），此外，淋巴细胞表面的绒毛状突起使之较容易与裸核血栓细胞分开。另外，与其他鲇形目鱼类相比，黑斑原鲱大淋巴细胞的体积更大（表6-14）。

单核细胞是一种具有噬菌能力的细胞，对周围环境的变动非常敏感（周玉等，2006）。近年来的研究发现，除叉牙鲷外（Pavlidis et al.，2007），多数硬骨鱼类的血液中均存在单核细胞。黑斑原鲱的血液中，单核细胞是体积最大、但数目最少的白细胞，测量分析结果表明，其大小与斑点叉尾鲴相似（Cannon et al.，1980），且比鲇形目中的其他鱼类大（表 6-14）。与白斑狗鱼中的报道一致（Savage，1983），黑斑原鲱的单核细胞也具有不规则的伪足和大量的细胞质空泡。

已有的研究结果表明，鱼类的外周血中存在 3 种类型的粒细胞：中性粒细胞、嗜酸性粒细胞和嗜碱性粒细胞。多数硬骨鱼类有中性粒细胞，但是否具有嗜酸性粒细胞和嗜碱性粒细胞因鱼类的种类而异。与其他大多数鲇形目鱼类，如斑点叉尾鲴（Cannon et al.，1980）和黄颡鱼（刘小玲和严安生，2006）中的研究结果相同，黑斑原鲱血液中也只观察到中性粒细胞，但赵海涛（2006）在对南方鲇的研究中发现一个嗜酸性粒细胞；林光华和张丰旺（1992）在革胡子鲇的研究中发现两个嗜碱性粒细胞，且均未发现嗜酸性粒细胞，对于产生这种种间差异的原因，周玉等（2002）认为，脊椎动物造血器官中的嗜酸性粒细胞和嗜碱性粒细胞分化较晚，例如，在个体发育过程中，鲤白细胞中的嗜碱性粒细胞要晚于中性粒细胞（Rombout et al.，2005；Huttenhuis et al.，2006）。此外，黑斑原鮡中性粒细胞的典型特征是存在 3 种类型的电子密度颗粒，其中，G_1 颗粒与舌齿鲈 *Dicentrarchus labrax* 中的 typeIII 颗粒相似（Esteban et al.，2000），而 G_2 和 G_3 颗粒与斑点叉尾鮰的特异性颗粒相似（Cannon et al.，1980），利用这种特征能较容易地将其血液中的单核细胞区分开。

关于血栓细胞的分类，不同的学者有不同的意见，有的学者将其归为白细胞，有的将其划为与红细胞和白细胞并列的一类细胞（周玉等，2001）。本研究中，作者将血栓细胞归为白细胞的一种。黑斑原鮡的血液中，血栓细胞是最丰富的一种白细胞，可将其分为 5 种类型：裸核、纺锤形、蝌蚪形、卵圆形和群体血栓细胞。电子显微镜下，黑斑原鮡的血栓细胞与白斑狗鱼的血栓细胞相似（Savage，1983），因其特有的空泡结构而容易辨认；此外，与其他鱼类一样，其细胞质中也存在着丰富的颗粒（Cannon et al.，1980）。

正常情况下，鱼类外周血中的浆细胞很少或几乎不存在（Burrows et al.，2001；Esteban et al.，2000），但当鱼类受到抗原刺激时，浆细胞则由淋巴细胞增殖产生，并分泌大量的抗体储存在粗面内质网中（周永灿等，2003），因此，在淋巴造血器官中比较容易找到浆细胞，而在外周血中，浆细胞数量很少（Esteban et al.，2000）。在黑斑原鮡中，仅发现一个浆细胞，且浆细胞中存在大量的粗面内质网，这与其他鱼类中的研究报道相同（Savage，1983；López-Ruiz et al.，1992）。

不同鱼类的血细胞基本相似，但不同种类之间也存在一定的差异，如与其他鲇形目鱼类相比，黑斑原鮡的红细胞较大，缺乏嗜酸性粒细胞和嗜碱性粒细胞，存在各种形态的血栓细胞（裸核、纺锤形、蝌蚪形、卵圆形和聚集到一起的血栓细胞）等。

小　　结

（1）黑斑原鮡染色体数为 $2n = 48$，核型公式：24m+14sm+10st，染色体臂数 NF=80。

（2）黑斑原鮡同工酶表达无性别差异；不同地理群体生化遗传差异不显著；主肝和副肝同工酶表达无差异。

（3）黑斑原鮡同工酶具有明显的组织特异性。ADH 同工酶在肝脏中谱带最多，活性最强，在肌肉中谱带最少，活性最弱；AO 同工酶有肝型（A_o-A_4）和肌型（A_o-B_4）两种类型，且前者活性较强；EST 同工酶在肝脏中呈现活性较强的 5 条酶带，脑和脾脏仅有一条带，其余组织未见酶带；GDH 同工酶在肝脏中活性最强，其次为眼，而在心脏、脑等组织中活性最弱；Ldh-A_4 在肌肉中优势表达，MDH 和 MEP 同工酶均检测到上清液型（s）和线粒体型（m），且均在肝脏中优势表达；肌肉中未检测到 GcDH 和 POD 的酶带；SDH 同工酶在心脏、眼和肌肉中均只有一条酶带，其他组织为两条酶带；SOD 只在肝脏中同时检测到 s-SOD 和 m-SOD 两种类型的同工酶，其他组织只检测到 m-SOD 同工酶；Ldh-B_4 在肝脏、心脏和脾脏中优势表达，Ldh-C 在脾脏和肾脏中均有表达，但在肝脏优势表达，由此推测黑斑原鮡为鲇形目鱼类中较原始、低等的种类。

（4）黑斑原鮡同工酶多态性指数较高，两次研究共定位检测到 10 种酶的 27 个基因座位，其中，14 个座位表现出多态性，总的多态座位比例为 51.85%，多态座位比例因组织不同而存在差异：肌肉＞心脏＞肝脏；群体平均杂合度观测值（H_o）和期望值（H_e）也因组织不同而存在差异：肝脏＞心脏＞肌肉，变化范围为分别为 0.0201～0.0533 和 0.0310～0.0485，平均值分别为 0.0370 和 0.0405，表明群体遗传变异能力较弱。*s-Mep-A* 和 *s-Mep-B* 座位上具有哑等位基因，哑等位基因的表达可能是黑斑原鮡群体在这两个座位上杂合子严重缺失的主要原因。

（5）定位分析了 8 种同工酶 16 个基因座位，其中 6 种酶的 13 个基因座位呈现多态性，且 *Adh-B*、*s-Mep-A* 和 *s-Mep-B* 基因座位存在杂合子缺失现象；黑斑原鮡种群多态座位比例（P）为 0.3750，平均杂合度观测值（H_o）和期望值（H_e）分别为 0.0201 和 0.0310。平均杂合度的 χ^2 检验证明，黑斑原鮡种群符合 Hardy-Weinberg 平衡定律（$P>0.05$）。

（6）对黑斑原鮡的红细胞数（RBC）、血红蛋白含量（Hb）、红细胞脆性（Eof）、红细胞沉降率（ESR）、红细胞比容（Hct）、平均红细胞血红蛋白（MCH）、平均红细胞血红蛋白浓度（MCHC）和平均红细胞体积（MCV）等血液生理指标进行了测定。结果显示，与其他鲇形目鱼类相比，黑斑原鮡具有相似的 Hct、Hb、MCH 和 MCHC，较低的 RBC 和较高的 MCV。对血糖（GLU）、尿素（UREA）、肌酐（CREA）、白蛋白（ALB）、球蛋白（GLB）、白蛋白/球蛋白（A/G）、直接胆红素（DBIL）、总胆红素（TBIL）、总胆固醇（TC）、三酰甘油（TG）、总蛋白（TP）、碱性磷酸酶（ALP）、谷丙转氨酶（ALT）和谷草转氨酶（AST）等血液生化指标的测定结果表明，黑斑原鮡的 AST 高于其他鲇形目鱼类。

（7）利用光学显微镜和电子显微镜对血细胞形态与结构的研究表明，黑斑原鮡外周血中包括红细胞和 5 种白细胞：淋巴细胞、中性粒细胞、单核细胞、血栓细胞和浆细胞。与其他鲇形目鱼类相比，黑斑原鮡血细胞的形态和结构有其特殊之处，如较大体积的红细胞，缺少嗜酸性粒细胞和嗜碱性粒细胞，存在各种形态的血栓细胞等。

主要参考文献

褚新洛. 1979. 鲼鮡鱼类的系统发育及演化谱系: 包括一新属和一新亚种的描述. 动物分类学报, 4(1): 72-82
戴凤田, 苏锦祥. 1998. 鲿科八种鱼类同工酶和骨骼特征分析及系统演化的探讨. 动物分类学报, 23(4): 432-439
邓思平, 刘楚吾, 陈景雄, 叶国清. 2002. 军曹鱼不同组织 5 种同工酶的研究. 湛江海洋大学学报, 22(6): 1-5
根井正利. 1975. 分子群体遗传学与进化论. 王家玉译. 北京: 农业出版社: 121-203
姜建国, 熊全沫, 姚汝华. 1997. 青鱼不同组织中的同工酶的表达模式. 水生生物学报, 21(4): 353-358
李懋, 万松良, 黄二春, 魏于生, 陈里. 1998. 大口鲇和普通鲇的同工酶研究初报. 湖北农业科学, (3): 54-57
李思发, 王强, 陈永乐. 1986. 长江、珠江、黑龙江三水系的鲢、鳙、草鱼原种种群的生化遗传结构与变异. 水产学报, 10(4): 351-372
李思发, 朱泽闻, 邹曙明, 赵金良, 蔡完其. 2002. 鲂属团头鲂、三角鲂及广东鲂种间遗传关系及种内遗传差异. 动物学报, 48(3): 339-345
李思发. 1993. 主要养殖鱼类种质资源研究进展. 水产学报, 17(4): 344-358
李雅娟, 赵兴文, 毛连菊, 张伟, 王佳博. 2004. 黄颡鱼几种组织的组织蛋白与酯酶同工酶电泳分析. 东北农业大学学报, 35(3): 342-346
李亚南, 王冀平. 1995. 鱼类免疫学研究进展. 动物学研究, 16(1): 83-94
林光华, 张丰旺. 1992. 尼罗罗非鱼血液研究. 江西大学学报(自然科学版), 16(2): 103-107
林浩然. 1999. 鱼类生理学. 广州: 广东高等教育出版社
刘焕章, 汪亚平. 1997. 厚颌鲂种群遗传结构及哑基因问题. 水生生物学报, 21(2): 194-196
刘鸿艳. 2006. 黑斑原鮡同工酶的研究. 武汉: 华中农业大学硕士学位论文

刘玲玲, 李悦民, 陆佩洪, 华元渝. 1998. 暗纹东方鲀同工酶生化表现型的研究. 遗传, 20(2): 23-26

刘文彬, 陈合格, 张轩杰. 2003. 黄颡鱼不同组织中同工酶的表达模式. 激光生物学报, 12(4): 274-278

刘小玲, 严安生. 2006. 黄颡鱼外周血细胞的组成及其显微与超显微结构. 华中农业大学学报, 25(6): 659-663

刘志洁, 宗英. 2002. 野生动物血液细胞学图谱. 北京: 科学出版社

祁得林. 2002. 青海湖裸鲤遗传多样性研究. 杭州: 浙江大学硕士学位论文

乔志刚, 张建平, 牛景彦, 王武. 2008. 饥饿和再投喂对鲇血液生理生化指标的影响. 水生生物学报, 32(5): 631-636

任修海, 崔建勋, 余其兴. 1992. 黑斑原鲱的染色体组型及 NOR 单倍性. 遗传, 14(6): 10-11

盛颖, 宗春华, 陈湄玥, 王秀玲, 张健. 1997. 血清谷草转氨酶极度升高的病因学调查. 胃肠病学, 2(4): 237-238

施立明. 1990. 染色体分带技术的回顾与展望. 动物学研究, 5(1 增刊): 1-13

王朝明. 2005. 大口鲇、鲇及其杂种 F_1 种质遗传标记研究. 武汉: 华中农业大学硕士学位论文

武云飞, 康斌, 门强, 吴翠珍. 1999. 西藏鱼类染色体多样性的研究. 动物学研究, 20(4): 258-264

夏德全, 吴婷婷, 薛国雄, 张燕生, 杨靖, 赵淑慧. 1990. 鱼类乳酸脱氢酶同工酶 A_4 性质的研究. 核农学报, 4(4): 225-229

薛国雄, 官平, 张燕生, 杨靖, 赵淑慧, 吴婷婷, 夏德全. 1992. 草鱼 LDH 同工酶比较酶学和免疫化学性质. 水产学报, 16(4): 357-364

薛国雄. 1992. 乳酸脱氢酶(LDH)同工酶研究进展. 生物工程进展, 12(5): 29-32

薛国雄. 1978. 乳酸脱氢酶同工酶. 生物科学动态, 3: 10-16

薛明. 2001. 淮河鲤同工酶及其对形态学遗传效应的研究. 合肥: 安徽农业大学硕士学位论文

杨秀平. 2002. 动物生理学. 北京: 高等教育出版社

袁仕取, 张永安, 姚卫建, 聂品. 1998. 鳜鱼外周血细胞显微和亚显微结构的观察. 水生生物学报, 22(1): 39-50

张志峰, 马英杰, 廖承义, 王海林. 1997. 中国对虾幼体发育阶段的同工酶研究. 海洋学报, 19(4): 63-71

赵海涛, 张其中, 赵海鹏, 刘强平. 2006. 南方鲇幼鱼和成鱼血液指标的比较. 动物学杂志, 41(1): 94-99

赵金良, 李思发. 1996. 长江中下游鲢、鳙、草鱼、青鱼种群分化的同工酶分析. 水产学报, 20(2): 104-110

周永灿, 邢玉娜, 冯全英. 2003. 鱼类血细胞研究进展. 海南大学学报(自然科学版), 21(2): 171-176

周玉, 郭文场, 杨振国. 2001. 鱼类血细胞的研究进展. 动物学杂志, 36(6): 55-57

周玉, 郭文场, 杨振国, 邹啸环, 张凯, 文兴豪, 王铁东. 2002. 欧洲鳗鲡外周血细胞的显微和超微结构. 动物学报, 48(3): 393-401

周玉, 潘风光, 李岩松, 阎广谋. 2006. 达氏鳇外周血细胞的形态学研究. 中国水产科学, 13(3): 480-484

周宗汉, 林金榜. 1983. 血清乳酸脱氢酶同功酶圆盘电泳分离法在鱼类分类工作中的应用. 动物学杂志, (5): 33-35

朱必凤, 葛刚, 彭志勤, 薛喜文. 罗莉菲. 1999. 鄱阳湖鳜鱼、团头鲂肌肉四种同工酶研究. 南昌大学学报(理科版), 23(1): 62-66

朱蓝菲, 陈湘粦, 王祖熊. 1983. 20 种鲤科鱼类同工酶的表型分析及有关进化问题的探讨. 水产学报, 7(2): 145-152

朱蓝菲. 1992. 鱼类同工酶和蛋白质的聚丙烯酰胺梯度凝胶电泳法. 水生生物学报, 16(2): 183-185

Adham K G, Ibrahim H M, Hamed S S, Saleh R A. 2002. Blood chemistry of the Nile tilapia, *Oreochromis niloticus* (Linnaeus, 1757) under the impact of water pollution. Aquat Ecol, 36(4): 549-557

Asadi F, Masoudifard M, Vajhi A, Lee K, Pourkabir M, Khazraeinia P. 2006. Serum biochemical parameters of *Acipenser persicus*. Fish Physiol Biochem, 32(1): 43-47

Barcellos L J G, Kreutz L C, Rodrigues L B, Fioreze I, Quevedo R M, Cericato L, Conrad J, Soso A B, Fagundes M, Lacerda L A, Terra S. 2003. Haematological and biochemical characteristics of male jundiá (*Rhamdia quelen* Quoy & Gaimard Pimelodidae): changes after acute stress. Aquac Res, 34(15): 1465-1469

Borges A, Scotti L V, Siqueira D R, Jurinitz D F, Wassermann G F. 2004. Hematologic and serum biochemical values for jundiá (*Rhamdia quelen*). Fish Physiol Biochem, 30(1): 21-25

Burrows A S, Fletcher T C, Manning M J. 2001. Haematology of the turbot, *Psetta maxima* (L.): ultrastructural, cytochemical and morphological properties of peripheral blood leucocytes. J Appl Ichthyol, 17(2): 77-84

Cannon M S, Mollenhauer H H, Eurell T E, Lewis D H, Cannon A M, Tompkins C. 1980. An ultrastructural study of the leukocytes of the channel catfish, *Ictalurus punctatus*. J Morphol, 164(1): 1-23

Cazenave J, Wunderlin D A, Hued A C, de los Ángeles B M. 2005. Haematological parameters in a neotropical fish, *Corydoras paleatus* (Jenyns, 1842)(Pisces, Callichthyidae), captured from pristine and polluted water. Hydrobiologia, 537(1-3): 25-33

Chen Y F, He D K, Chen Y Y. 2001. Electrophoretic analysis of isozymes and discussion about species differentiation in three species of genus *Gymnocypris*. 动物学研究, 22(1): 9-19

Edwards Y H, Povey S, LeVan K M, Driscoll C E, Millan J L, Goldberg E. 1987. Locus determining the human sperm-specific lactate dehydrogenase, *LDHC*, is syntenic with *LDHA*. Dev Genet, 8(4): 219-232

Engel W, Schmidtke J, Vogel W, Wolf U. 1973. Genetic polymorphism of lactate dehydrogenase isoenzymes in the carp

(*Cyprinus carpio*) apparently due to a "null allele". Biochem Genet, 8(3): 281-289

Esteban M A, Munoz J, Meseguer J. 2000. Blood cells of sea bass (*Dicentrarchus labrax* L.). Flow cytometric and microscopic studies. Anat Rec, 258(1): 80-89

Ferris S D, Whitt G S. 1977. Loss of duplicate gene expression after polypolidisation. Nature, 265(5591): 258-260

Gao Z X, Wang W M, Yang Y, Khalid A, Li D P, Zou G W, James S D. 2007. Morphological studies of peripheral blood cells of the Chinese Sturgeon, *Acipenser sinensis*. Fish physiol Biochem, 33: 213-222

Gross T F, King J. 1983. Genetic effects of hatchery rearing in Atlantic salmon. Aquaculture, 33(1-4): 33-40

Gyllensten U. 1985. The genetic structure of fish: differences in the intraspecific distribution of biochemical genetic variation between marine, anadromous, and freshwater species. J Fish Biol, 26(6): 691-699

Huang D Y, Ichikawa Y. 1994. Two different enzymes are primarily responsible for retinoic acid synthesis in rabbit liver ytosol. Biochem Biophys Res Commun, 205: 1278-1283

Huttenhuis H B T, Taverne-Thiele A J, Grou C P O, Bergsma J, Saeij J P J, Nakayasu C, Rombout J H W M. 2006. Ontogeny of the common carp (*Cyprinus carpio* L.) innate immune system. Dev Comp Immunol, 30(6): 557-574

Johnson R D, ÓConnor M L, Kerr R M. 1995. Extreme serum elevations of aspartate aminotransferase. Am J Gastroenterol, 90: 1244-1245

Kaplan A, Ozabo L L, Ophem K E. 1988. Clinical Chemistry: Interpretation and Techniques. 3rd edn. Philadelphia: Lea and Febiger

Kirpichnikov V S. 1981. Genetic Bases of Fish Selection. Berlin, Heidelbarg, New York: Springer-Verlag: 143-200

López-Ruiz A, Esteban M A, Meseguer J. 1992. Blood cells of the gilthead seabream(*Sparus aurata* L.): Light and electron microscopic studies. Anat Rec, 234(2): 161-171

Markert C L, Shaklee J B, Whitt G S. 1975. Evolution of a gene. Science, 189(4197): 102-114

Mgbenka B O, Oluah N S, Arungwa A A. 2005. Erythropoietic response and hematological parameters in the catfish *Claris albopunctatus* exposed to sublethal concentrations of actellic. Ecotox Environ Safe, 62(3): 436-440

Mungkornkarn P, Termtachartipongsa P. 1994. Blood parameters and structures of blood cell types studied by light and electron microscrope in giant catfish (*Pangasius gigas*). Int congr fish boil

Na-Nakorn U, Sodsuk P, Wongrat P, Janekitkarn S, Bartley D M. 2002. Isozyme variation among four species of the catfish genus *Clarias*. J Fish Biol, 60(4): 1051-1057

Pavlidis M, Futter W C, Katharios P, Divanach P. 2007. Blood cell profile of six Mediterranean mariculture fish species. J Appl Ichthyol, 23(1): 70-73

Rao M R K, Padhi B K, Khuda-Bunkhsh A R. 1989. Lactate dehydrogenase isozymes in fifty-two species of teleostean fish: taxonomic significance of LDH-C gene expression. Biochem Syst Ecol, 17: 69-76

Rombout J H W M, Huttenhuis H B T, Picchietti S, Scapigliati G. 2005. Phylogeny and ontogeny of fish leucocytes. Fish Shellfish Immun, 19(5): 441-455

Savage A G. 1983. The ultrastructure of the blood cells of the pike *Esox lucius* L. J Morphol, 178(2): 187-206

Shaklee J B, Tamaru C S, Waples R S. 1982. Speciation and evolution of marine fishes studied by the electrophoretic analysis of proteins. Pac Sci, 36(2): 141-157

Singh S M, Green R H. 1984. Excess of allozyme homozygosity in marine molluscs and its possible biological significance. Mallacologia, 25: 569-581

Snyder G K, Sheafor B A. 1999. Red blood cells: centerpiece in the evolution of the vertebrate circulatory system. Amer Zool, 39(2): 189-198

Stoneking M, May B, Wright J E. 1981a. Loss of duplicate gene expression in salmonids: Evidence for a null allele polymorphism at the duplicate aspartate aminotransferase loci in brook trout (*Salvelinus fontinalis*). Biochem Genet, 19(11-12): 1063-1067

Stoneking M, Wagner D J, Hilderbrand A C. 1981b. Genetic evidence suggesting subspecific differences between northen and southen populations of brook trout (*Salvelinus fontinalis*). Copeia, (4): 810-819

Wells R M G, Baldwin J, Seymour R S, Christian K, Brittain T. 2005. Red blood cell function and haematology in two tropical freshwater fishes from Australia. Comp Biochem Phys A, 141(1): 87-93

Yakhnenkol V M, Yakhnenkol M S. 2006. Haematological parameters of Lake Baikal oilfish (golomyanka)(*Comephorus dybowskii* and *Comephorus baicalensis*). Hydrobiologia, 568(S): 233-237

Zouros E, Foltz D W. 1984. Possible explanations of heterozygote deficiency in bivalve mollusks. Malacologia, 25(2): 583-591

第七章　基于不同分子标记的遗传多样性分析

遗传多样性是生物多样性的核心，是物种多样性、景观多样性和生态系统多样性的基础。广义的遗传多样性是指地球上所有生物所携带的遗传信息的总和，但一般所说的遗传多样性是指种内个体之间或群体内部的遗传变异总和。种内遗传多样性是物种以上各水平多样性最重要的来源。遗传变异、生活史特点、种群动态及其遗传结构决定或影响着一个物种与其他物种及其环境相互作用的方式。遗传多样性的下降会使一个物种降低对环境改变的适应能力，遗传多样性的保护是渔业资源持续利用的关键。

调查期间，发现在尼洋河巴河、拉萨河唐加至旁多江段和日喀则江段 3 个产卵场所采集的黑斑原鮡样本，同龄个体大小差异显著。这种差异是否暗示雅鲁藏布江黑斑原鮡存在 3 个独立的繁殖群体，还是仅由捕捞压力不同所致？理清三群体间的遗传关系对黑斑原鮡资源保护措施的制定具有重要指导意义。本文采用线粒体标记（Cytb 和 D-loop）结合核基因标记（AFLP 和 SSR）对黑斑原鮡 3 个采自不同海拔、产卵特征不同的地理群体进行了遗传多样性及遗传结构研究。

第一节　Cytb 标记

鱼类线粒体 DNA 具有真核生物线粒体 DNA 的共同特征：母系遗传、进化速率快、分子量小、无组织特异性、遗传上具有自主性及不同区域的进化速度存在差异，可作为研究其遗传多样性的优良材料，越来越多的鱼类学家开始利用线粒体 DNA 进行相关方面研究。细胞色素 b（Cytb）基因是线粒体 DNA 的 13 个编码基因之一，其进化速度适中，易于用通用引物扩增，近年来被广泛应用于爬行、两栖、鱼类动物系统发育、种群鉴别等领域（Meyer et al.，1990；Bernardi and Powers，1992；Song et al.，1998；Xiao et al.，2001）。

一、*Cytb* 基因单倍型

（一）*Cytb* 基因单倍型对应表

选取雅鲁藏布江 3 个不同海拔江段的黑斑原鮡肌肉样本，共测得 27 个个体的 *Cytb* 全序列，长度为 1138 bp，编码 379 个氨基酸，以 AGT 为起始密码子，TAA 为终止密码子。经 DAMBE 软件分析整理，共得到 10 种单倍型，见表 7-1。表 7-2 则列出了各单倍型在各群体内的分布。10 个单倍型中，除 Hap8 为三群体共享外，其余 9 个单倍型分别被三群体单独占有。其中，尼洋河占有 5 个单倍型（Hap1、Hap3、Hap7、Hap9、Hap10）；拉萨河占有两个（Hap2、Hap5）；谢通门也占有两个（Hap4、Hap6）。单倍型数量是评价群体遗传多样性的重要指标，此结果显示黑斑原鮡群体遗传多样性水平并没有随海拔变化而出现明显差异。

表 7-1　黑斑原鮡样本 Cytb 基因单倍型对应表
Table 7-1　Haplotypes and their corresponding origin population based on Cytb gene in G. maculatum

单倍型 haplotype	群体样本 population sample
Hap1	NYRc9，NYRc1
Hap2	LSRc1
Hap3	NYRc5
Hap4	XTRMc1
Hap5	LSRc5，LSRc9，LSRc3
Hap6	XTRMc6，XTRMc7
Hap7	NYRc8
Hap8	LSRc8，XTRMc5，NYRc10，LSRc7，XTRc2，XTRc9，LSRc10 XTRc8，XTRc4，XTRc3，LSRc4，LSRc2，NYRc7，NYRc3
Hap9	NYRc4
Hap10	NYRc6

注：NYR—尼洋河群体，LSR—拉萨河群体，XTR—谢通门群体

Note：NYR—the Niyang River population，LSR—the Lhasa River population，XTR—the Xietongmen population

表 7-2　Cytb 基因不同单倍型在各群体内的分布
Table 7-2　The distribution of Cytb gene haplotypes in different G. maculatum populations

	NYR	LSR	XTR	Total
Hap1	2	0	0	2
Hap2	0	1	0	1
Hap3	1	0	0	1
Hap4	0	0	1	1
Hap5	0	3	0	3
Hap6	0	0	2	2
Hap7	1	0	0	1
Hap8	3	5	6	14
Hap9	1	0	0	1
Hap10	1	0	0	1
Total	9	9	9	27

注：NYR—尼洋河群体，LSR—拉萨河群体，XTR—谢通门群体

Note：NYR—the Niyang River population，LSR—the Lhasa River population，XTR—the Xietongmen population

（二）*Cytb* 单倍型碱基频率

如表 7-3 所示，黑斑原鮡 *Cytb* 平均碱基含量为：T=29.3%，C=27.3%，A=30.2%，G=13.1%，A+T=59.5%，G+C=40.4%。G 的含量明显低于其他碱基，（G+C）的含量也小于（A+T）。平均转换颠换比（s_i = transitionsal pairs/s_v = transversional pairs）为 0.9。氨基酸各碱基位点的转换颠换比分别为 1.1（1st）、0.4（2nd）和 3.0（3rd）。

表 7-3　黑斑原鲱 *Cytb* 基因单倍型碱基频率（%）

Table 7-3　The nucleotide frequencies of haplotypes based on *Cytb* gene in *G. maculatum*（%）

	Hap1	Hap2	Hap3	Hap4	Hap5	Hap6	Hap7	Hap8	Hap9	Hap10	Avg.
T（U）	29.3	29.2	29.3	29.3	29.3	29.4	29.3	29.3	29.3	29.3	29.3
C	27.3	27.3	27.3	27.3	27.3	27.2	27.3	27.3	27.3	27.2	27.3
A	30.2	30.2	30.2	30.2	30.2	30.1	30.2	30.1	30.3	30.4	30.2
G	13.1	13.3	13.1	13.1	13.1	13.2	13.1	13.2	13.1	13.1	13.1
Total	1138	1138	1138	1138	1138	1138	1138	1138	1138	1138	1138
T-1	26.8	26.8	26.8	26.8	26.8	26.8	26.8	26.8	26.6	26.6	26.8
C-1	23.7	23.7	23.9	23.7	23.7	23.7	23.7	23.7	23.7	23.7	23.7
A-1	25.0	25.0	25.0	25.3	25.0	25.0	25.3	25.0	25.0	25.0	25.0
G-1	24.5	24.5	24.2	24.2	24.5	24.5	24.2	24.5	24.5	24.2	24.4
Pot#1	380	380	380	380	380	380	380	380	380	380	380
T-2	42.0	41.4	42.0	42.0	42.0	42.0	42.0	42.0	42.0	42.0	41.9
C-2	24.8	24.8	24.5	24.8	24.8	24.8	24.8	24.8	24.8	24.8	24.8
A-2	21.1	21.1	20.8	20.8	20.8	20.8	20.8	20.8	21.1	20.8	20.9
G-2	12.1	12.7	12.7	12.4	12.4	12.4	12.4	12.4	12.1	12.4	12.4
Pot#2	379	379	379	379	379	379	379	379	379	379	379
T-3	19.3	19.3	19.3	19.3	19.3	19.5	19.3	19.3	19.3	19.3	19.3
C-3	33.5	33.5	33.5	33.5	33.5	33.2	33.5	33.5	33.5	33.2	33.5
A-3	44.6	44.6	44.9	44.6	44.9	44.6	44.6	44.6	44.6	44.9	44.7
G-3	2.6	2.6	2.4	2.6	2.4	2.6	2.6	2.6	2.6	2.6	2.6
Pot#3	379	379	379	379	379	379	379	379	379	379	379

　　在所有的单倍型中，Hap8 所占的个体数最多，共有 14 个样本。因此，以 Hap8 的基因序列为参照序列，将其他各单倍型与之相比较，与 Hap8 的序列差异最小的是 Hap1、Hap4、Hap5、Hap6 和 Hap7，分别只有一个碱基的差异：Hap1-A/G 转换（1016 bp）、Hap4-A/G 转换（640 bp）、Hap5-A/G 转换（384 bp）、Hap6-C/T 转换（741 bp）和 Hap7-A/G 转换（1715 bp）。其次为 Hap9 和 Hap10，共有两个碱基的差异：Hap9-A/G 转换（1016 bp）、A/T-颠换（1032 bp），Hap10-A/G 转换（493 bp）、A/C 颠换（600 bp）。然后是 Hap3，有 3 个碱基的差异：A/G 转换（387 bp）、C/G 颠换（826 bp）和 C/G 颠换（827 bp）。差异最大的是 Hap2，共有 4 个位点的碱基差异，分别为：A/C 颠换（659 bp）、A/T 颠换（683 bp）、A/T 颠换（686 bp）和 C/G 颠换（725 bp）。在所有的变异位点中，转换位点的数量小于颠换位点；在转换位点中，A/T、C/G 各有 3 个位点；在颠换位点中，A/G 有 7 个、A/C 有两个、C/T 有一个、G/T 没有变异位点。

　　Cytb 基因序列差异见图 7-1。从图 7-1 可以看出，500 bp 以前的碱基差异较小，500 bp 以后的碱基差异较大。

（三）*Cytb* 基因单倍型间的遗传距离

　　表 7-4 显示了 *Cytb* 基因单倍型间的遗传距离，从表 7-4 可以看出，10 种单倍型之间的遗传距离为 0.000 879 3～0.006 177 6，其中 Hap9 和 Hap1 之间的遗传距离最小，仅为

```
                                          1 1
            3 3 4 6 6 6 6 6 7 7 7 8 8 0 1
            8 8 9 0 4 5 8 8 1 2 4 2 2 1 3
            4 7 3 0 0 9 3 6 5 5 1 6 7 6 2
Hap1        g g g c g a t t g c c g c a t
Hap2        . . . . . c a a . g . . . g .
Hap3        . a . . . . . . . . c g g . .
Hap8        . . . . . . . . . . . . g . .
Hap7        . . . . . . . a . . . . g . .
Hap4        . . . . a . . . . . . . g . .
Hap5        a . . . . . . . . . . . g . .
Hap6        . . . . . . . . t . . g . .
Hap9        . . . . . . . . . . . . . a
Hap10       . . a a . . . . . . . . g a
```

图 7-1　黑斑原鮡 mtDNA *Cytb* 基因序列差异比较

Fig.7-1　Comparison of mtDNA *Cytb* gene sequences variation in *G. maculatum*

0.000 879 3；Hap2 和 Hap10、Hap2 和 Hap3 遗传距离最大，为 0.006 177 6。

表 7-4　黑斑原鮡 *Cytb* 基因单倍间的遗传距离

Table 7-4　The genetic distances among haplotypes in *G. maculatum Cytb* gene sequences

	1	2	3	4	5	6	7	8	9
Hap1									
Hap2	0.004 406 9								
Hap3	0.003 523 5	0.006 177 6							
Hap4	0.000 879 5	0.003 524 2	0.002 640 8						
Hap5	0.001 760 6	0.004 406 9	0.003 523 5	0.000 879 5					
Hap6	0.001 760 6	0.004 406 9	0.003 523 5	0.000 879 5	0.001 760 7				
Hap7	0.001 760 6	0.004 406 9	0.003 523 5	0.000 879 5	0.001 760 7				
Hap8	0.001 760 6	0.004 406 9	0.003 523 5	0.000 879 5	0.001 760 7	0.001 760 7	0.001 760 7		
Hap9	0.000 879 3	0.005 291 6	0.004 406 7	0.001 759 6	0.002 641 4	0.002 641 4	0.002 641 4	0.002 641 4	
Hap10	0.003 523 5	0.006 177 6	0.005 291	0.002 640 8	0.003 523 5	0.003 523 5	0.003 523 5	0.003 523 5	0.002 641 4

二、*Cytb* 基因单倍型种群内遗传多样性

用 DNASP（DNA sequences polymorphism）软件进行多态位点、平均核苷酸差异数、核苷酸多态性和单倍型多样性指数等数据计算。

表 7-5 列出了 *Cytb* 基因的遗传多样性分析结果，从表中显示的数据可以看出，在 3 个自然群体中，多态性最高的是尼洋河群体，其次为拉萨河群体，谢通门群体最低。可以看出，随着海拔的升高，遗传多态性参数依次降低。

三、*Cytb* 基因单倍型系统发育树

图 7-2 和图 7-3 显示了 10 种单倍型间遗传距离都较小，遗传距离为 0.000 879 3～

0.006 177 6，其中 Hap9 和 Hap1 之间的遗传距离最小，仅为 0.000 879 3；遗传距离最大的单倍型是 Hap2 和 Hap10、Hap2 和 Hap3，为 0.006 177 6。单倍型并未按照所属群体聚

表 7-5　黑斑原鮡 *Cytb* 的种群内遗传多样性

Table 7-5　Genetic diversity inside the population based on *Cytb* in *G. maculatum*

	NYR	LSR	XTR	单倍型 haplotype
样本数 number of samples（*n*）	9	9	9	10
多态性位点数 polymorphism sites（*s*）	8	5	2	15
单倍型数 number of haplotypes（*h*）	6	3	3	10
单倍型多样性指数 haplotype diversity（H_d）	0.889	0.631	0.556	1
核苷酸多样性指数 nucleotide diversity（P_i）	0.001 95	0.001 22	0.000 54	0.002 91
平均核苷酸差异数 average number of nucleotide differences（*K*）	2.222	1.389	0.611	3.311
最简信息位点数 sites with missing data	2	1	1	2

注：NYR—尼洋河群体，LSR—拉萨河群体，XTR—谢通门群体

Note：NYR—the Niyang River population，LSR—the Lhasa River population，XTR—the Xietongmen population

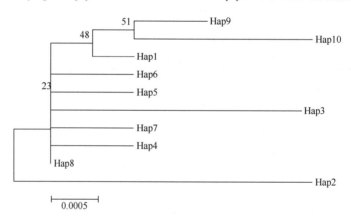

图 7-2　基于 Kimura's 2-Parameter 模型构建的 *Cytb* 基因 NJ 树

Fig. 7-2　NJ tree based on the Kimura's 2-Parameter distance using complete *Cytb* gene sequences

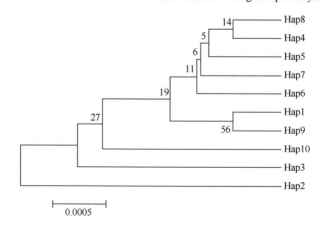

图 7-3　基于 Kimura's 2-Parameter 模型构建的 *Cytb* 基因 UPGMA 树

Fig. 7-3　UPGMA tree based on the Kimura's 2-Parameter distance using complete *Cytb* gene sequences

类，呈现随机聚合。聚类结果表明 3 个群体间基因交流频繁，遗传距离较近，可作为一个群体进行渔业资源管理和保护。

第二节　D-loop 标记

D-loop 控制区（displacement loop control region）又称 D-环，是线粒体 DNA 中重要的调控基因。它位于编码脯氨酸和苯丙氨酸的 tRNA 基因之间，不编码蛋白质。一般认为，它是线粒体基因组中进化最快的部分，它的变异速度是线粒体基因组完整分子或线粒体 DNA 分子上其他区域的 5～10 倍（Brown，1985）。D-loop 控制区是揭示鱼类群体遗传结构、研究鱼类遗传多样性的重要遗传标记，特别适合相近种和种内种群间的研究（Giles et al.，1980）。

一、D-loop 控制区序列及其碱基组成

（一）D-loop 控制区基因单倍型对应表

选取雅鲁藏布江 3 个不同海拔江段的黑斑原鮡肌肉样本，共测得 27 个个体的线粒体 D-loop 控制区基因全序列，全长为 878～879 bp。经 DAMBE（data analysis molecular biology and evolution）软件分析整理，共得到 9 种单倍型（表 7-6）。

表 7-6　黑斑原鮡样本 D-loop 控制区基因单倍型对应表
Table 7-6　Corresponding table of haplotypes based on D-loop region in *G. maculatum*

单倍型 haplotype	群体样本 population sample
Hap1	XTR8
Hap2	NYR3
Hap3	XTR7
Hap4	NYR6
Hap5	LSR5
Hap6	NYR9，NYR8，XTR6，NYR2，NYR4，NYR5 LSR6，LSR7，NYR7，LSR8，LSR4，NYR1
Hap7	XTR9，XTR5，NYR10，XTR3，XTR2，XTR4，LSR2，LSR1
Hap8	XTR10
Hap9	XTR1

注：NYR—尼洋河群体，LSR—拉萨河群体，XTR—谢通门群体
Note：NYR—the Niyang River population，LSR—the Lhasa River population，XTR—the Xietongmen population

表 7-7 列出了 D-loop 控制区基因不同单倍型在各种群中的分布。在 9 种单倍型中，除 Hap6 和 Hap 7 为三群体共享外，其余 7 个单倍型均被不同群体单独占有，其中尼洋河独占 Hap2 和 Hap4；拉萨河独占 Hap5；谢通门独占 Hap1、Hap3、Hap8 和 Hap9。Hap6 和 Hap7 的个体数最多，分别为 12 和 8 个，显示为祖先单倍型。同用 *Cytb* 分析的结果一致，此结果也显示黑斑原鮡群体遗传多样性水平并没有随海拔变化而出现明显差异。

表 7-7　黑斑原鮡 D-loop 控制区基因单倍型在各群体内的分布

Table 7-7　The distribution of haplotypes in populations based on D-loop region in *G.maculatum*

单倍型 haplotype	NYR	LSR	XTR	Total
Hap1	0	0	1	1
Hap2	1	0	0	1
Hap3	0	0	1	1
Hap4	1	0	0	1
Hap5	0	1	0	1
Hap6	7	4	1	12
Hap7	1	2	5	8
Hap8	0	0	1	1
Hap9	0	0	1	1
Total	10	7	10	27

注：NYR—尼洋河群体，LSR—拉萨河群体，XTR—谢通门群体

Note：NYR—the Niyang River population，LSR—the Lhasa River population，XTR—the Xietongmen population

（二）D-loop 控制区单倍型碱基频率

统计分析表明，其碱基组成平均为：T=30.4%，C=20.9%，A=33.4%，G=15.3%，（A+T）=63.8%，（G+C）=36.2%。G 含量明显小于其他碱基，且（A+T）含量大于（G+C）含量。转换颠换比为 0.6。表 7-8 所列为单倍型碱基频率，D-loop 基因序列差异见图 7-4。

表 7-8　线粒体 DNA D-loop 控制区单倍型碱基频率（%）

Table 7-8　The nucleotide frequencies of haplotypes based on D-loop region in *G. maculatum*（%）

	T（U）	C	A	G	Total
Hap 1	30.6	20.9	33.4	15.2	877
Hap2	30.4	20.9	33.4	15.3	877
Hap3	30.6	20.8	33.4	15.3	877
Hap4	30.3	21.0	33.4	15.3	877
Hap5	30.3	20.9	33.5	15.3	875
Hap6	30.4	20.9	33.4	15.3	877
Hap7	30.4	20.9	33.5	15.2	877
Hap8	30.4	21.0	33.4	15.3	878
Hap9	30.4	21.0	33.3	15.2	879
Average	30.4	20.9	33.4	15.3	877.1

（三）D-loop 控制区单倍型间遗传距离

表 7-9 显示了 D-loop 控制区单倍型序列间的遗传距离。9 种单倍型之间的遗传距离为 0.000 000 0～0.006 888 7，其中 Hap7 和 Hap1 之间的遗传距离为 0；遗传距离最大的单倍型是 Hap4 和 Hap9，为 0.006 888 7。各种单倍型间的遗传距离都较小。遗传距离的范围大于 *Cytb* 基因的遗传距离，可能与 D-loop 区的变异速度高于 *Cytb* 有关。

	1 0 0	1 9 6	2 4 0	2 6 3	8 6 8	8 7 7	8 7 8	8 7 9
Hap6	c	t	g	g	a	a	g	c
Hap1	.	.	t	.	.	.	.	.
Hap2	.	.	.	.	.	.	c	g
Hap3	t	.	.	.	.	.	c	g
Hap7	.	.	.	a	.	.	.	.
Hap4	.	c	.	.	.	.	.	.
Hap5	.	.	.	.	.	.	.	.
Hap8	.	.	.	a	.	c	.	.
Hap9	.	.	.	a	c	c	.	.

图 7-4 黑斑原鮡 mtDNA D-loop 基因序列差异比较

Fig.7-4 Comparison of mtDNA D-loop region variation in *G. maculatum*

表 7-9 黑斑原鮡 D-loop 控制区单倍型遗传距离

Table 7-9 The genetic distances based on D-loop region in *G. maculatum*

	1	2	3	4	5	6	7	8
Hap1								
Hap2	0.001 143 8							
Hap3	0.002 289 6	0.003 437 4						
Hap4	0.003 436 4	0.004 585 5	0.001 144 2					
Hap5	0.001 144 2	0.002 289 3	0.003 436 3	0.004 585 9				
Hap6	0.001 144 2	0.002 289 3	0.003 436 3	0.004 585 9	0.002 291			
Hap7	0.000 000 0	0.001 143 8	0.002 289 6	0.003 436 3	0.001 144 2	0.001 144 2		
Hap8	0.002 289 3	0.003 436 3	0.004 585 5	0.005 736 3	0.001 143 8	0.003 437 4	0.002 289 3	
Hap9	0.003 436 4	0.004 585 5	0.005 736 6	0.006 888 7	0.002 289 6	0.004 585 9	0.003 436 4	0.001 143 8

二、D-loop 控制区的种群内遗传多样性

用 DNASP 软件进行种群内多态位点、平均核苷酸差异数、核苷酸多态性、单倍型多样性等数据计算（表 7-10）。从表 7-10 可以看出，3 个自然群体的遗传多态性同单倍

表 7-10 D-loop 控制区的种群内遗传多样性

Table 7-10 Genetic diversity in population based on D-loop region of *G. maculatum*

	NYR	LSR	XTR	单倍型 haplotype
样本数 number of samples（n）	10	7	10	9
多态性位点数 polymorphism sites（s）	4	1	7	8
单倍型数 number of haplotypes（h）	4	2	6	9
单倍型多样性指数 haplotype diversity（H_d）	0.533	0.476	0.778	0.972
样本数 number of samples（n）	0.000 91	0.000 54	0.002 08	0.002 92
平均核苷酸差异数 average number of nucleotide differences（K）	0.800 0	0.476	1.822	2.556
最简信息位点数 sites with the minimalist data	0	1		4
碱基缺失位点数 sites with missing data	2	4	2	4

注：NYR—尼洋河群体，LSR—拉萨河群体，XTR—谢通门群体

Note：NYR—the Niyang River population，LSR—the Lhasa River population，XTR—the Xietongmen population

型的数量分布情况相同，谢通门群体的最高，尼洋河群体的最低。未能找出遗传多样性的差异与海拔的变化之间必然的联系。

三、D-loop 单倍型系统发育树的构建

图 7-5 和图 7-6 分别为基于 Kimura's 2-Parameter 模型的 D-loop 单倍型 NJ 和 UPGMA 系统发育树，在 NJ 树中，单倍型之间部分按照所在群体的分布聚类，Hap8、Hap9、Hap6 和 Hap1 中都有谢通门群体的个体，但中间插入了 Hap4，说明此分布是随机的，单倍型的分布与群体之间并没有必然的联系；且 Hap3 被分出，而与 Hap2 聚类；同样的，只在尼洋河群体中出现的 Hap2 和 Hap4 被分开。在 UPGMA 树中，则是大部分单倍型与群体之间的聚类不吻合。此结果说明单倍型的分布与不同群体之间并不存在必然关系，3 个群体基因交流频繁，遗传关系较近，在渔业资源管理上可视作一个管理单元。

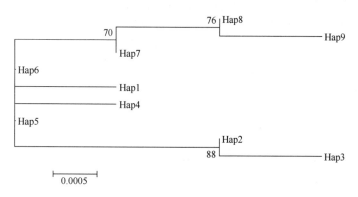

图 7-5　基于 Kimura's 2-Parameter 模型构建的 NJ 树（D-loop）
Fig.7-5　NJ tree based on the Kimura's 2-Parameter distance using mitochondria control region sequences

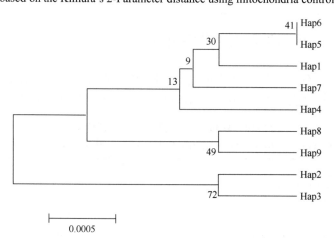

图 7-6　基于 Kimura's 2-Parameter 模型构建的 UPGMA 树（D-loop）
Fig.7-6　UPGMA tree based on the Kimura's 2-Parameter distance using mitochondria control region sequences

第三节　AFLP 标记

AFLP（amplified fragment length polymorphism）技术是由 Zabeau 和 Vos（1993）开

发、并由 Vos 等（1995）发展起来的。由于该标记是通过采用不同的内切酶达到选择性扩增目的的，因此又被称为选择性限制片段扩增标记（selective restriction fragment amplification，SRFA）。AFLP 技术适用于对遗传分化水平较低的生物种群进行分析。目前对黑斑原鮡遗传信息了解甚少，因此将 AFLP 应用于黑斑原鮡的遗传分析比较合适。本文用 AFLP 技术对我国黑斑原鮡 3 个地理群体进行了分析，初步探明了其遗传分化状况，在此基础上评估了目前我国黑斑原鮡的种质资源状况，为我国黑斑原鮡资源的深入调查提供了一定的理论依据。

一、群体遗传多样性

尼洋河群体、拉萨河群体和谢通门群体的多态位点比例和平均杂合度见表 7-11。由表可见，多态位点比例和平均杂合度均以谢通门群体最高，拉萨河群体最低，可能与拉萨河捕捞强度较其他两个采样点捕捞强度过大有关。

表 7-11 黑斑原鮡 3 个群体的遗传多样性
Table 7-11 Genetic diversity among the three populations of G. maculatum

群体 populations	样本数 sample size	位点数 number of loci	多态位点数 number of polymorphic loci	多态位点比例（%） percentage of polymorphic lcoi	杂合度 heterozygosity
尼洋河 NYR	30	332	43	12.95	0.0499
拉萨河 LSR	30	332	32	9.64	0.0368
谢通门 XTR	36	332	50	15.06	0.0609

AFLP 标记检测到黑斑原鮡遗传多样性比较低，这一结果和通过线粒体基因获得的研究结果是一致的（见本章第一、二节）。

二、群体间的遗传分化

Fst 是衡量种群分化的一种指标。由表 7-12 可见，群体间的遗传分化不显著。分子变异分析表明，所有的变异均来自于群体内（101.84%），而群体间变异很低，为–1.84%（表7-13）；负值说明样品间不存在遗传分化。因此，这 3 个群体在遗传上可视为一个群体。

遗传距离用 UPGMA 方法得到的 3 个地理群体的聚类分析图，如图 7-7 所示，表现为上下游的尼洋河群体和谢通门群体首先聚为一支，而处于中游位置的拉萨河群体独为一支，表现为不符合距离的隔离模型。在 3 个群体中，拉萨河群体所面临的捕捞压力最大，致使某些基因型丧失，可能是造成此结果的原因。

表 7-12 黑斑原鮡各群体间遗传距离（左下方数据）及遗传分化指数（右上方数据）
Table 7-12 Genetic distance（lower-left）and pair-wise Fst（upper-right）among the three populations of G. maculatum

群体	尼洋河 NYR	拉萨河 LHR	谢通门 XTR
尼洋河 NYR		–0.0347	–0.0203
拉萨河 LSR	0.0016		0.0018
谢通门 XTR	0.0015	0.0042	

表 7-13　黑斑原鮡 3 个地理群体的 AMOVA 分析

Table 7-13　Hierarchical AMOVA results of the three geographic populations of *G. maculatum*

变异来源 source of variance	自由度 d.f.	平方和 sum of squares	方差组成 variation components	变异百分比 percentage of variation
群体间变异 among populations	2	4.500	−0.0635	−1.84
群体内变异 within populations	57	200.650	3.5202	101.84
合计 total	59	205.150	3.4567	100

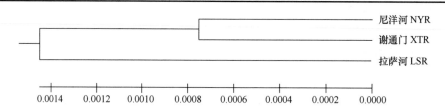

图 7-7　根据 AFLP 指纹资料用 UPGMA 法构建的群体间谱系关系图

Fig. 7-7　UPGMA dendrogram of the three geographic populations of *Glyptosternum maculatum* based on AFLP data

Mickett 等（2003）在研究斑点叉尾鮰群体时指出，F_{st} 值为 0.4456 时代表比较高的遗传分化水平，0.1763 代表中等分化水平。本研究中，发现尼洋河与谢通门群体之间的 F_{st} 为 −0.0203，尼洋河和拉萨河之间为 −0.0347，拉萨河和谢通门之间为 0.0018。事实上，3 个产卵场所在的尼洋河、拉萨河和干流谢通门江段水系连通，繁殖上不是相互独立的，从而群体间可能有频繁的基因交流，因此，作者认为黑斑原鮡群体之间不存在遗传分化，与线粒体遗传多样性分析结果是一致的（见本章第一、二节）。

第四节　SSR 标记

SSR 标记即简单序列重复（simple sequence repeat）标记，通常又称微卫星标记。SSR 重复 DNA 是以 1～6 个核苷酸为重复单位组成的长达几十个核苷酸的重复序列（Moxon and Wills，1999），在染色体上呈随机分布，由于重复次数不同及重复程度不同而造成了每个座位的多态性。SSR 标记因其共显性、分布广泛、高度多态、方便检测等优点，被广泛应用于水产动物遗传多样性研究。本文在国内首次构建了黑斑原鮡 SSR 富集文库，并成功从中筛选到 25 对多态性 SSR 引物。利用其中 6 对引物对黑斑原鮡 3 个地理群体的遗传多样性及种群结构状况进行了分析。

一、微卫星 SSR 序列筛选及特征分析

本文采用磁珠富集法和 PCR 筛选法分离 SSR 标记：用生物素标记的含有重复序列的寡核苷酸探针杂交富集 SSR 片段，再借助磁珠的固定作用进行高效分离，以此构建富含 SSR 的基因组文库，用 PCR 方法筛选文库，对阳性克隆测序并进行序列分析。

利用 3 种引物［M13（+）、M13（−）和（CA）$_{15}$］对黑斑原鮡 SSR 富集文库随机挑选的 1028 个克隆进行 PCR 扩增，其中 720 个（70%）克隆扩增到 2～3 条条带，初步鉴定为含有 SSR 序列的阳性克隆。随机挑选 145 个阳性克隆送测，测序结果用 SSR hunter

软件进行分析，其中 134 个鉴定为 SSR 序列：完美型 80 个（59.7%），非完美型 40 个（29.9%），混合型 14 个（10.4%）。表 7-14 为部分 SSR 序列的特征情况。此结果与日本盘鲍（Sekino and Hara，2000）、中国对虾 *Fenneropenaeus chinensis*（徐鹏等，2001）及大西洋鲑（Brooker et al.，1994）的 SSR 序列特点基本相符。从 SSR 富集文库筛选的结果来看，SSR 种类主要以 $(CA)_n$ 为主，同时还存在以 $(CT/GA)_n$ 为单元构成的 SSR。

表 7-14　部分 SSR 序列的重复单元、重复类型及序列号情况

Table 7-14　The repeat motifs，category and GenBank accession number
of the part of SSR sequences

SSR 克隆 SSR clones	重复单元 repeat motifs	重复类型 category	序列号 GenBank accession number
GMH09	$(TG)_{42}$	perfect	EU839624
GMF09	$(CA)_{48}$	perfect	EU839625
GME02	$(CA)_{26}$	perfect	EU839626
GMD06	$(CA)_{58}$	perfect	EU839638
GMC12	$(CA)_7$	perfect	EU839628
GMC06	$(CA)_{45}$	perfect	EU839627
GMB10	$(GT)_{29}$	perfect	EU839629
GMD09	$(GT)_7$	perfect	EU839631
GME04	$(CA)_{32}$	perfect	EU839632
GME06	$(CA)_{15}TATA(CA)_6$	imperfect	EU839639
GMF01	$(CA)_{41}$	perfect	EU839633
GMF06	$(CA)_{49}$	perfect	EU839634
GMG04	$(CA)_{17}$	perfect	EU839635
GMG11	$(CA)_{32}$	perfect	EU839636
GMG06	$(TG)_{26}$	perfect	EU839637
GMD02	$(CA)_{123}$	perfect	EU839611
GMB09	$(CA)_{32}$	perfect	EU839621
GME11	$(CA)_{32}CC(CA)_{16}$	imperfect	EU839622
GMH12	$(TG)_{15}$	perfect	EU839623
GMH04	$(CA)_{24}$	perfect	EU839612
GMG03	$(CA)_{13}TA(CA)_{17}$	imperfect	EU839613
GME07	$(CA)_{25}CG(CA)_{35}$	imperfect	EU839614

为了提高 SSR 的富集效率，Edwards 等（1996）提出的用多种探针来筛选文库的方法被广泛应用。Stamati 等（2003）以 $(CA)_{15}$、$(GA)_8$、$(AAG)_8$ 和 $(ATG)_8$ 为探针构建的 *Salix lanata* 基因组文库及 Barker 等（2003）以 $(CT)_n$、$(AG)_n$、$(CA)_n$、$(ATT)_n$ 和 $(AAT)_n$ 为探针来筛选的 *Salix burjatica* 文库，都成功筛选到各种类型的多态性 SSR 标记。李齐发等（2004）选择了 $(CA)_{12}$、$(CCG)_8$、$(CAG)_8$ 和 $(TTTC)_8$ 混合探针富集牦牛 SSR，测序后阳性克隆率为 77.3%（37/48），所以在今后的研究中可以用多种探针混合起来进行杂交分离 SSR 片段，是增加 SSR 种类的理想选择。

二、微卫星 SSR 引物开发

选取 33 条黑斑原鮡 SSR 序列进行引物设计，以黑斑原鮡 5 个个体基因组 DNA 为混

合模板进行梯度 PCR 扩增。经琼脂糖凝胶电泳检测，30 对引物对有扩增产物。以随机选取的 3 个不同地域的 36 尾黑斑原鮡基因组 DNA 为模板，经二次 PCR 扩增，聚丙烯酰胺凝胶电泳和硝酸银染色，最后筛选出具多态性的 SSR 引物共 25 对。SSR 序列的重复类型、引物序列、退火温度及产物大小见表 7-15。

表 7-15　SSR 位点的基本特征
Table 7-15　Characteristics of SSR loci isolated in the study

位点 locus	重复类型 repeat motif	引物序列 primer sequence（5'-3'）	退火温度 T_a（℃）	片段大小 expected size（bp）
GMH09*	$(TG)_{42}$	F: GATCAGCGCCTAGACTTGCT R: TGTGTAGCAAAGACACAGCAC	50	182
GMF09*	$(CA)_{48}$	F: CCAAACGGAGCAGACAGAT R: TTTCTTTCCACCTTGGCTGT	50	173
GME02	$(CA)_{26}$	F: CATGCACATGCACATACAC R: TGCTGCATTTCGCTCTGT	51	126
GMD06*	$(CA)_{58}$	F: TCGACGATCTACGTGG R: TCTAGGAGGGACAATATG	50	177
GMC12	$(CA)_7$	F: ATATGTTGGCGGCTCTCAAG R: TCCGTGCATGAACAGAATACTT	60	215
GMC06*	$(CA)_{45}$	F: ACTGACCCGGCACAGACTC R: TTACTGTATATCTCAGCTGGTG	50	140
GMB10	$(GT)_{29}$	F: CCTCTGTCGTGCTGAATG R: AGCGATGTGAAAGCAGAAC	50	170
GMA09	$(TG)_{28}$	F: CACAGGGGAGCTGAAACTTG R: CTCACTCACACCCACTCAC	60	126
GMD09	$(GT)_7$	F: GACAGGGCCATGTGAAAAAC R: GGGATTCTGACAGCTTTTGC	50	172
GME04	$(CA)_{32}$	F: GCTGGGCAAAATATCAGCTC R: TGGGTACAATGGATGAAGTG	50	190
GME06	$(CA)_{15}TATA(CA)_6$	F: GGGGCAGAAATACAGATGCT R: GTTTTCCCAGTCACGACGTT	50	159
GMF01	$(CA)_{41}$	F: CCACTTCCGACACGTACTG R: CGATGTCATGAACAAGAGAG	50	217
GMF06	$(CA)_{49}$	F: ACATGGAGCACACAAAGCAG R: GCAGGCATTTTCCTCTGTTC	50	184
GMG04*	$(CA)_{17}$	F: GGCTGCGATGCTAATGTTTC R: AGACTTGGTCTTGAGGGGACT	50	117
GMG11	$(CA)_{32}$	F: ATCGACACACTCCTGGAACC R: GAAAAGAGCTCAACCTTCCTT	51	124
GMD02	$(CA)_{123}$	F: CACACACTCACACTCTCTCT R: ACACACGGGTGAGTCAC	50	325
GMB09	$(CA)_{32}$	F: CCATGAAGCCCCTCAGAAT R: TGTGTTTGGCAGGTCAGTGT	50	166
GMH04	$(CA)_{24}$	F: ATTCAATTCGGGTCACTTGG R: AAGGCGAGCGAGTGAGAGT	50	134
GMG03	$(CA)_{13}TA(CA)_{17}$	F: TAAACACGCACTCGTTCTGC R: ACGGCTGTCCTCATTCACTC	50	226
GME05	$(TG)_{35}$	F: CGTCGACGATCTCAGGAACT R: CGGGCATATTCGCAATTAC	50	167
GMC03	$(TG)_{14}$	F: AAATGCCATGGCCTAAAGTG R: ACACCACACACTGCATCAGC	51	151

续表

位点 locus	重复类型 repeat motif	引物序列（5'-3'） primer sequence（5'-3'）		退火温度 T_a（℃）	片段大小 expected size（bp）
GMB11	（TC）$_7$（CA）$_{27}$	F：CCTGACACTGGAGCCTAATG	R：ACTAATGTCATAGCACTGCAC	60	157
GMH08	（TG）$_{43}$TA（TG）$_{11}$	F：TGTGTGTGTCAAGAATTCGGT	R：CCCTTTATCCAGGGTGTCTG	50	185
GMD11	（TG）$_8$	F：TCGCTTTTGCTGTTTTCTTG	R：AGAGATTTGCTTTCATTGTCC	50	151
GMB12	［（GT）$_5$GAGA］$_8$	F：GCTCTAGTTATGGGCGTCGT	R：TTACTCCACACAATGCAGCAC	50	197
GMB03	（CA）$_{119}$	F：GCTAAACACACAGGCCTCCT	R：CACGCACTCGTAGCAGGTAT	50	288

*表示偏离 Hardy-Weinberg 平衡

* indicates deviation from the Hardy-Weinberg equilibrium

数据分析结果显示，等位基因数为 2～10，平均值为 4.6；观测杂合度（H_o）为 0～1，平均值为 0.5481；多态信息含量（PIC）为 0.2846～0.8174，平均值为 0.5793。以上结果表明这些多态性标记具高度多态性，适合进行种群遗传学分析，具体统计结果见表 7-16。

表 7-16 25 个多态性 SSR 位点在黑斑原鮡群体中等位基因、杂合度和信息多态含量的统计

Table 7-16 Allele numbers，heterozygosity and polymorphic information contents of 25 novel polymorphic SSR loci in *G. maculatum*

位点 locus	样本数 N	等位基因数 A	杂合度 H_o / H_e	多态信息含量 PIC
GMH09*	35	4	0.0566/0.6577	0.5797
GMF09*	34	3	0.0000/0.6432	0.5614
GME02	36	4	0.8889/0.7496	0.6913
GMD06*	35	3	0.0833/0.5301	0.4231
GMC12	36	4	0.9167/0.7500	0.6918
GMC06*	34	4	0.0000/0.7371	0.6761
GMB10	36	4	0.3056/0.4887	0.4467
GMA09	36	3	1.0000/0.6088	0.5204
GMD09	36	3	0.9722/0.6185	0.5312
GME04	36	3	0.3611/0.3142	0.2846
GME06	35	10	0.3333/0.6968	0.6536
GMF01	36	7	0.6111/0.7359	0.6819
GMF06	36	6	0.4722/0.7324	0.6905
GMG04*	34	5	0.0000/0.7089	0.6481
GMG11	36	5	0.8611/0.7304	0.6718
GMD02	36	4	0.8611/0.5606	0.4619
GMB09	36	7	0.8333/0.8498	0.8174
GMH04	36	5	1.0000/0.7825	0.7371
GMG03	36	4	1.0000/0.7555	0.6975
GME05	36	9	0.5278/0.8169	0.7841
GMC03	36	4	0.3056/0.5113	0.4323
GMB11	36	2	0.9722/0.5067	0.3748
GMH08	36	5	0.5556/0.5278	0.5068
GMB12	36	4	0.0278/0.6491	0.5708
GMB03	36	3	0.55560.4319	0.3709

*偏离 Hardy-Weinberg 平衡的位点

*The locus deviates from the Hardy-Weinberg equilibrium

三、群体遗传多样性

选择 6 个 SSR 位点对黑斑原鮡不同地理群体进行群体遗传学分析。所有 6 个 SSR 位点在 3 个地理群体中均为多态，如表 7-17 所示，平均等位基因分别为：尼洋河群体 2.67 个、

表 7-17　黑斑原鮡三个地理群体 6 个多态位点的多样性指标

Table 7-17　Summary diversity statistics for six SSR loci in three geographic populations of wild *G. maculatum*

位点 locus		尼洋河 NYR	拉萨河 LSR	谢通门 XTR
GMF09	A	4	2	4
	Ne	2.238 8	1.980 2	2.112 5
	H_o	0.733 3	0.166 7	0.861 1
	H_e	0.562 7	0.503 4	0.534 0
	PIC	0.460 4	0.372 5	0.414 8
	HW	0.041 3	0.000 2*	0.001 4**
GMD06	A	3	3	3
	Ne	1.495 0	2.112 7	1.856 7
	H_o	0.366 7	0.900 0	0.638 9
	H_e	0.282 5	0.535 6	0.467 9
	PIC	0.294 1	0.418 9	0.377 5
	HW	0.302 0	0.000 011**	0.055 1
GMA09	A	3	2	3
	Ne	1.307 2	1.259 6	1.325 2
	H_o	0.266 7	0.233 3	0.250 0
	H_e	0.239 0	0.209 6	0.248 8
	PIC	0.214 1	0.184 9	0.225 9
	HW		0.000 9**	
GME04	A	2	2	2
	Ne	1.980 2	1.896 7	1.986 2
	H_o	0.900 0	0.766 7	0.916 7
	H_e	0.503 4	0.480 8	0.503 5
	PIC	0.372 5	0.361 0	0.373 2
	HW	0.000 011**	1	0**
GMD02	A	2	2	3
	Ne	1.033 9	1.033 9	1.057 5
	H_o	0.033 3	0.033 3	0.055 6
	H_e	0.033 3	0.033 3	0.055 2
	PIC	0.032 3	0.032 3	0.053 7
	HW		0.302 0	
GMB12	A	2	2	2
	Ne	1.997 8	1.348 6	1.962 1

续表

位点 locus		尼洋河 NYR	拉萨河 LSR	谢通门 XTR
GMB12	H_o	0.766 7	0.333 3	0.861 1
	H_e	0.507 9	0.282 5	0.497 3
	PIC	0.374 7	0.239 2	0.370 1
	HW	0.004 5**		0.000 011**
平均 mean	A	2.67	2.17	2.83
	Ne	1.675 5	1.630 1	1.905 1
	H_o	0.511 1	0.405 6	0.597 2
	H_e	0.354 8	0.340 9	0.384 5
	PIC	0.291 3	0.268 1	0.302 5
	HW	0.086 9	0.260 6	0.013 1*

注：A，等位基因数；Ne，有效等位基因数；H_o，观测杂合度；H_e，期望杂合度；PIC，多态信息含量

*显著水平（$P<0.05$）；**极显著水平（$P<0.01$）

Note: Number of alleles（A）; effective number of alleles（Ne）; observed heterozygosity（H_o）; expected heterozygosity（H_e）; polymorphic information content（PIC）

* $P<0.05$；** $P<0.01$

拉萨河群体 2.17 个、谢通门群体 2.83 个；片段大小在 105 bp（GMF09）与 404 bp（GMB12）之间。拉萨河、尼洋河、谢通门群体的平均 PIC 分别为 0.2681、0.2913 和 0.3025；平均观测杂合度分别为 0.4056、0.5111 和 0.5972；平均期望杂合度分别为 0.3409、0.3548 和 0.3845。总之，等位基因、有效等位基因、观测和期望杂合度及多态信息含量大小顺序均为：谢通门群体＞尼洋河群体＞拉萨河群体。显示拉萨河群体遗传多样性最低，而谢通门群体遗传多样性稍高于尼洋河。这一结果可能与拉萨河捕捞强度过大，以及高海拔的谢通门（4200 m）比低海拔的尼洋河（2800 m）有着相对较小的捕捞压力有关。本文中，3 个群体的等位基因数都很小，平均值为 2.55，并且不存在群体特异性基因，表明遗传多样性比较低，群体间无遗传分化，这一结果与线粒体标记研究的结果一致（见本章第一、二节）。

除了位点 GMF09 在拉萨河群体外，所有群体中的观测杂合度均比期望杂合度高，可能与以下 4 方面原因有关（Wolfus et al.，1997）：①有着无效等位基因的个体基因型本身就是纯合子；②位点是高突变的，导致有不同的等位基因；③群体非自由交配，导致杂合子过剩，因此，偏离 Hardy-Weinberg 平衡；④采样的原因，当样本量比较小时，期望杂合度比观测杂合度更能反映种群的遗传多样性水平。

位点 GMF09、GMD06 和 GMA09，GMF09 和 GMD06，以及 GMD06 和 GME04 分别在拉萨河、尼洋河和谢通门群体中偏离了 Hardy-Weinberg 平衡。造成种群偏离的原因是多方面的，包括突变、近交、人工选择、迁移等。研究期间，黑斑原鮡人工繁殖还未取得全面成功，不存在人工选择这方面的原因，作者判定可能是突变或未知因素导致大部分位点偏离 Hardy-Weinberg 平衡。鉴于 Hardy-Weinberg 平衡偏离现象在鱼类群体中是比较频繁的（Poteaux et al.，1999；Bhassu et al.，2004），其具体原因有待进一步验证。

四、群体间遗传距离

AMOVA 结果显示，群体间的变异为 13.36%，说明大部分变异来自群体内，只有小

部分来自群体间（表 7-18）。群体间遗传距离计算结果显示各群体间的遗传距离均较小，以尼洋河和谢通门间最小（表 7-19），显示了各群体间较近的亲缘关系。3 个群体虽然来自雅鲁藏布江水系的不同支流，但较近的亲缘关系显示其在渔业资源管理上仍可视为同一群体而非 3 个独立的群体，此结果与线粒体研究的结果是一致的。

表 7-18　黑斑原鮡 3 个地理群体的 AMOVA 分析

Table 7-18　Hierarchical AMOVA results of three geographic populations of *G. maculatum*

变异来源 source of variation	平方和 sum of squares	方差组成 variance components	变异百分比 percentage of variation
群体间 among populations	33.3	0.2693	13.3552
个体间 among individuals	42.967	−1.2531	−62.1497
群体内 within populations	270	3	148.7950
合计 total	346.267	2.0162	100

表 7-19　黑斑原鮡 3 个地理群体的遗传距离

Table 7-19　Genetic distance of three geographic populations of *G. maculatum*

群体 populations	尼洋河 NYR	拉萨河 LSR	谢通门 XTM
尼洋河 NYR			
拉萨河 LSR	0.0778		
谢通门 XTM	0.0022	0.0672	

　　UPGMA 聚类图表明，尼洋河群体与地理距离较近的拉萨河群体没有聚到一起，而是与地理距离较远的谢通门群体先聚成一支，拉萨河群体作为独立的一支（图 7-8），此结果与由 AFLP 数据得到的聚类图相似。通常情况下，群体之间的遗传关系随着地理距离的增加而疏远，但本文所研究的黑斑原鮡 3 个群体的遗传关系背离此结论。由于 3 个群体间不存在地理隔离，可能的原因是人为活动如过度捕捞等造成拉萨河群体某些基因型丧失，从而加大了与其他两个群体间的遗传距离。

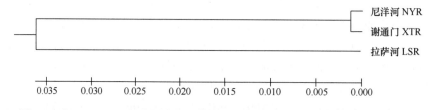

图 7-8　由 MEGA 3.1 软件得出的 SSR 数据构建的黑斑原鮡群体的 UPGMA 图

Fig. 7-8　UPGMA dendrogram of population of *G. maculatum* based on SSR data used MEGA 3.1 software

小　　结

　　（1）获得黑斑原鮡 27 个个体的 *Cytb* 基因全序列，核苷酸序列 1138 bp，共 10 种单倍型；获得 27 个个体的 D-loop 控制区全序列，核苷酸序列 878～879 bp，共 9 种单倍型；*Cytb* 基因和 D-loop 控制区全序列分析结果表明，分布在雅鲁藏布江尼洋河、拉萨河和干流谢通门江段的 3 个自然群体属于一个种群。

（2）在本研究所用的生物素标记的（CA）₁₅探针构建的富集文库克隆中，720个（70%）为初步定为含有 SSR 序列的阳性克隆，从中随机挑取 145 个克隆去测序，其中 139 个（95.9%）鉴定为 SSR 序列克隆，序列比对后发现 134 个克隆为非同源性碱基序列。对 124 个 SSR 序列进行划分：其中完美型为 80 个（59.7%）；非完美型为 40 个（29.9%）；混合型为 14 个（10.4%），部分序列已经在 GenBank 中进行了注册。

（3）共设计了 33 对 SSR 引物，经过 PCR 扩增，其中有 30 对有扩增产物，从中筛选出具有多态性产物的 25 对引物。在黑斑原鮡36 个样本的 25 个 SSR 位点上，等位基因的数目从 2 到 10 不等，平均每个位点为 4.6 个等位基因；观测杂合度为 0～1，平均为 0.5481；多态信息含量为 0.2846～0.8174，平均值为 0.5793，表明这些标记均适合黑斑原鮡进行群体遗传学分析。

（4）选用 28 对 SSR 引物对 3 个黑斑原鮡地理群体共 96 个样本进行了遗传多样性研究，选出的 6 对 SSR 多态性引物共扩出 20 个等位基因，平均每个位点为 3.2 个等位基因，多态信息含量为 0.0394～0.4159，平均 0.2837，属中度多态，可作为黑斑原鮡遗传标记分析有效的 SSR 引物。3 个地理群体的遗传距离（D）分布在 0.0022～0.0778。

（5）AFLP 和 SSR 两种分子标记研究结果均揭示了黑斑原鮡群体遗传多样性水平比较低，且拉萨河群体遗传多样性最低；3 个地理群体间无明显遗传差异，可视作一个种群。

主要参考文献

李齐发，赵兴波，罗晓林，姚平，李宁，田志华，冯继东，刘兆良，吴常信，谢庄. 2004. 牦牛基因组微卫星富集文库的构建与分析. 遗传学报, 31(5): 489-494

徐鹏，周岭华，相建海. 2001. 中国对虾微卫星 DNA 的筛选. 海洋与湖沼, 32(3): 255-259

Ball A O, Leonard S, Chapman R W. 1998. Charaterization of (GT)n microsatellites from native white shrimp(*Penaeus setiferus*). Mol Ecol, 7(9): 1251

Barker J H A, Pahlich A, Trybush S, Edwards K J, Karp A. 2003. Microsatellite markers for diverses *Salix* species. Mol Ecol Notes, 3(1): 4-6

Bernardi G, Powers D A. 1992. Molecular phylogeny of the prickly shark, *Echinorhinus cooker*, based on a unclear (18S rRNA)and a mitochondrial (cytochrome b) gene. Mol Phyloget Evol, 1(2): 161-167

Bhassu S, Yusoff K, Panandam J M, Embong W K, Oyan S, Tan S G. 2004. The genetic structure of *Oreochromis* spp.(tilapia) populations in Malaysia as revealed by microsatelite DNA analysis. Biochem Gen, 42(7-8): 217-229

Brooker A L, Cook D, Bentzen P, Wright J M, Doyle R W. 1994. Organization of microsatellites differs between mammals and cold-water teleost fishes. Can J Fish Aquatic Sci, 51(9): 1959-1966

Brown W M. 1985. The mitochontrial genome of animals. *In*: Maclntyre R J. Molecular Evolutionary Genetics. New York: Plenum Press: 95-130

Edwards K J, Barker J H A, Daly A, Jones C, Karp A. 1996. Microsatellite libraries enriched for several microsatellite sequences in plants. Biotechniques, 20(5): 758-760

Giles R E, Blanc H, Cann H M, Wallace D C. 1980. Maternal inheritance of human mitochondrial DNA. Proc Natl Acad Sci, 77(11): 6715-6719

Meyer A, Kocher T D, Basasibwaki P, Wilson A C. 1990. Monophyletic origin of Lake Victoria cichlid fishes suggested by mitochondrial DNA sequences. Nature, 347(6293): 550-553

Mgbenka B O, Oluah N S, Arungwa A A. 2005. Erythropoietic response and hematological parameters in the catfish *Clarias albopunctatus* exposed to sublethal concentrations of actellic. Ecotox Environ Safe, 62(3): 436-440

Mickett K, Morton C, Feng J, Li P, Simmons M, Cao D, Dunhan RA, Liu Z. 2003. Assessing genetic diversity of domestic populations of channel catfish (*Ictalurus punctatus*) in Alabama using AFLP markers. Aquaculture, 228(3): 91-105

Moxon E R, Wills C. 1999. DNA microsatellites: agents of evolution? Sci Am, 280(1): 94-99

Poteaux C, Bonhomme F, Berrebi P. 1999. Microsatellite polymorphism and genetic impact of restocking in Mediterranean brown trout (*Salmo trutta* L.). Heredity, 82(6): 645-653

Sekino M, Hara M. 2000. Isolation and characterization of microsatellite DNA loci in Japan flounder *Paralichthys olivaceus*. Mol Ecol, 9(12): 2201-2203

Song C B, Neal T J, Page L M. 1998. Phylogenetic relations among percid fishes as inferred from mitochondrial cytochrome b DNA sequence data. Mol Phylogenet Evol, 10(3): 343-353

Stamati K, Blackie S, Brown J W S, Russell J. 2003. A set of polymorphic SSR loci for subarctic willow (*Salix lanata, S. lapponum* and *S. herbacea*). Mol Ecol Notes, 3(2): 280-282

Vos P, Hogers R, Bleeker M, Reijans M, van de L T, Hornes M, Frijiters A, Pot J, Peleman J, Kuiper M. 1995. AFLP: A new technique for DNA fingerprinting. Nucleic Acids Res, 23(21): 4407-4414

Wells R M G, Baldwin J, Seymour R S, Christian K, Brittain T. 2005. Red blood cell function and haematology in two tropical freshwater fishes from Australia. Comp Biochem Phys A, 141(1): 87-93

Wolfus G M, Denis K G, Acacia A W. 1997. Application of the microsatellite technique for analysizing genetic diversity in shrimp breeding programs. Aquaculture, 152(1-4): 35-47

Xiao W H, Zhang Y P, Liu H. 2001. Molecular systematics of Xenocyprinae (Teleostei: Cyprinidae): taxonomy, biogeography, and coevolution of a special group restricted in east Asia. Mol Phyloget Evol, 18(2): 163-173

Zabeau M, Vos P. 1993. Selective restriction fragment amplification a general method for DNA fingerprinting. European Patent Applification, Publication No: EP0534858A1

第八章　资源利用现状与养护措施

鱼类种群动态研究是在研究鱼类个体生长的基础上，研究种群的补充、死亡、资源评估和管理对策（Xiao，2000）。种群的数量变动经常受到环境影响，在环境条件合适时，种群数量增加，条件不适时，种群数量减少；鱼类种群数量变动与个体繁殖和生长联系紧密；种群数量变动与鱼类的迁入和迁出也有关，迁入使种群的数量增加，迁出使种群数量减少（Amin et al.，2002）。种群适应于不同的死亡率，具有不同的生长、繁殖力，以及随之产生的种群数量的变动（詹秉义，1995）。本章在黑斑原鮡生物学研究的基础上，通过 Beverton-Holt 模型，开展种群动态研究，评析黑斑原鮡的种群现状，针对资源现状提出资源保护及合理利用措施。

第一节　种群动态

一、单位补充量模型

（一）模型参数

1. 年龄参数

起捕年龄 t_c、补充年龄 t_r 和最大年龄 T_λ 均由渔获物样本的年龄结构求算。由雅鲁藏布江黑斑原鮡渔获物的年龄结构（表 8-1）可知，黑斑原鮡雌性 $t_r = 2$ 龄，$t_c = 3$ 龄，$T_\lambda = 13$ 龄；雄性 $t_r = 3$ 龄，$t_c = 4$ 龄，$T_\lambda = 13$ 龄。

2. 生长参数

由雌雄全长—体重关系（见第二章），得到幂指数 b，雌性为 3.142，雄性为 3.147，接近于 3。Ricker（1975）认为，幂指数 b 值可以用来判断鱼类是否为等速生长，即当 $b = 3$ 时，表示鱼类为等速生长，因此可用 von Bertalanffy 建立的黑斑原鮡生长模型，也可用 Beverton-Holt 模型对其进行资源评估。

由全长生长方程：$L_{t\male} = 460.24 \left[1-e^{-0.0882(t+0.2718)}\right]$；$L_{t\female} = 342.66 \left[1-e^{-0.1142(t+0.7688)}\right]$ 得到黑斑原鮡的雌雄生长参数，雌性为 $L_\infty = 342.66$ mm，$k = 0.1142$，$t_0 = -0.7688$；雄性为 $L_\infty = 460.24$ mm，$k=0.0882$，$t_0=-0.2718$。根据全长—体重相关式求得渐近体重 $W_\infty = 1241.74$ g（$\male$）、$W_\infty=460.80$ g（$\female$）。

3. 死亡参数

采用捕捞曲线法估算黑斑原鮡的总死亡系数 Z（图 8-1）（Ricker，1975；Quinn and Deriso，1999）。自然死亡系数 M 采用经典的 Pauly 公式估算：

表 8-1　雅鲁藏布江黑斑原鮡渔获物的年龄结构

Table 8-1　Age structure of *G. maculatum* in the Yarlung Zangbo River

年龄 age	雌性样本量 number of female	雌性样本量百分比 percent of female	雄性样本量 number of male	雄性样本量百分比 percent of male
2	2	0.38		
3	76	14.53	5	1.57
4	74	14.14	61	19.18
5	131	25.04	76	23.89
6	121	23.13	68	21.38
7	71	13.57	41	12.89
8	28	5.35	23	7.23
9	8	1.52	26	8.17
10	5	0.95	6	1.88
11	4	0.76	6	1.88
12	1	0.19	3	0.94
13	2	0.38	3	0.94
总样本量 total	523		318	

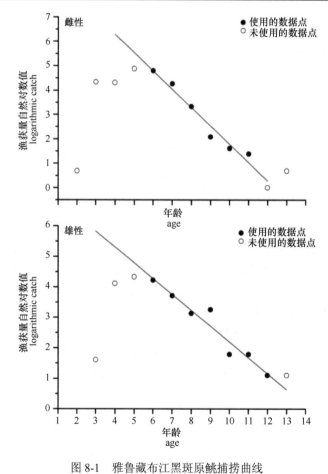

图 8-1　雅鲁藏布江黑斑原鮡捕捞曲线

Fig. 8-1　The catch curve of *G. maculatum* in the Yarlung Zangbo River

$\ln M = -0.0152 - 0.279 \ln L_\infty + 0.6543 \ln k + 0.463 \ln T$（Pauly，1980）

式中，L_∞ 和 k 为 von Bertalanffy 生长方程中的参数；T 为黑斑原鮡栖息环境的年平均水温（℃），本研究取 2005 年雅鲁藏布江干流的年平均水温 11.79℃。捕捞死亡系数 F 为总死亡系数（Z）和自然死亡系数（M）之差，即 $F = Z - M$。

黑斑原鮡的总死亡系数雌性为 0.7503/yr，雄性为 0.5196/yr；自然死亡系数雌、雄分别为 0.2787/yr 和 0.2168/yr；捕捞死亡系数雌、雄分别为 0.4716/yr 和 0.3028/yr（表 8-2）。

表 8-2　雅鲁藏布江黑斑原鮡的死亡系数
Table 8-2　Mortality for _G. maculatum_ in the Yarlung Zangbo River

		雌性 female	雄性 male
总死亡系数	total mortality rate /year（Z）	0.7503	0.5196
自然死亡系数	natural mortality rate /year（M）	0.2787	0.2168
捕捞死亡系数	fishing mortality rate /year（F）	0.4716	0.3028

（二）单位补充量模型

采用单位补充量模型分别评估雌性和雄性黑斑原鮡种群的资源状况（Beverton and Holt，1957；Goodyear，1993；Quinn and Deriso，1999），即模拟不同捕捞死亡率，分别计算单位补充量亲鱼生物量（SSBR）、繁殖潜力比（SPR）和单位补充量渔获量（YPR）。相关计算公式如下。

单位补充量亲鱼生物量（SSBR，g）计算公式：

$$\mathrm{SSBR} = \frac{\mathrm{SSB}}{R} = \sum_{t=t_r}^{t_{\max}} a L_t^b G_t \mathrm{e}^{-FS_t(t-t_c)-M(t-t_r)}$$

单位补充量渔获量（YPR，g）计算公式：

$$\mathrm{YPR} = \frac{Y}{R} = FW_\infty \mathrm{e}^{-M(t_c-t_r)} \sum_{n=0}^{3} \frac{U_n}{F+M+nk} \mathrm{e}^{-nk(t_c-t_0)}[1-\mathrm{e}^{-(F+M+nk)(t-t_c)}]$$

繁殖潜力比（SPR，%）计算公式：

$$\mathrm{SPR} = \frac{\mathrm{SSBR}_F}{\mathrm{SSBR}_{F=0}}$$

上述 3 个公式中，SSB 为一个世代的总亲鱼量；R 为补充量，假设为 1；F 为捕捞死亡率；M 为自然死亡率；a 和 b 为体长与体重关系式参数；k 为生长系数；L_t 为 t 龄时的平均体长，其计算公式见第二章 von Bertanaffy 方程；$t_{\max}$ 为观测到的最大年龄；t_r 为补充年龄；t 为年龄；G_t 为 t 龄时的成熟鱼类比例，其计算公式见第三章；S_t 为 t 龄时网具的选择系数，由于缺乏网具选择系数方面的数据，本章假设网具对黑斑原鮡的选择类型为刀锋选择，即达到起捕年龄 t_c，选择系数值为 1，小于起捕年龄 t_c，选择系数值为 0；Y 为一个世代的总渔获量；W_∞ 为黑斑原鮡渐近体重；对于 $n = 0$、1、2 和 3，U_n 分别取值 1、-3、3 和 -1；SSBR_F 为捕捞死亡率（F）不为零时，单位补充量亲鱼生物量；$\mathrm{SSBR}_{F=0}$ 为捕捞死亡率（F）为零时，单位补充量亲鱼生物量。

（三）生物参考点

采用 $F_{0.1}$、$F_{25\%}$、$F_{40\%}$ 和 F_{max} 4 个生物参考点来评估黑斑原鮡种群的开发程度。$F_{25\%}$ 和 $F_{40\%}$ 是繁殖潜力比为 25% 和 40% 时对应的捕捞死亡系数。$F_{25\%}$ 通常为下限参考点，如果捕捞死亡系数高于该值，则说明繁殖群体被过度开发，补充量不能维持种群的平衡稳定发展，种群处于过渡阶段（Griffiths，1997；Kirchner，2001；Sun et al.，2005）。$F_{40\%}$ 通常为目标参考点，捕捞死亡率处于该值附近，表明在保持种群稳定的前提下可以提高渔获量（Sun et al.，2005）。F_{max} 指获得最大渔获量时的捕捞死亡率，$F_{0.1}$ 指最优的捕捞死亡率（Quinn and Deriso，1999）。

二、种群动态特征

（一）当前捕捞政策下的资源状况

估算的雌性 $F_{current}$ 大于生物参考点 F_{max}、$F_{0.1}$、$F_{25\%}$ 和 $F_{40\%}$，估算的雄性的 $F_{current}$ 大于生物参考点 $F_{0.1}$、$F_{25\%}$ 和 $F_{40\%}$，小于生物参考点 F_{max}。估算的雌性的 $YPR_{current}$ 与 YPR_{max} 大致相等，略高于 $YPR_{0.1}$、$YPR_{25\%}$ 和 $YPR_{40\%}$；而估算的雄性的 $YPR_{current}$ 略低于 YPR_{max}，稍微高于 $YPR_{0.1}$、$YPR_{25\%}$ 和 $YPR_{40\%}$（图 8-2，表 8-3）。在现有的捕捞强度和起捕年龄下，雌鱼和雄鱼的繁殖潜力比分别为 11.57% 和 24.73%，都低于 25%（图 8-3，表 8-4）。以上结果表明，黑斑原鮡种群资源正在被过度开发和利用，如果不及时进行科学的管理，黑斑原鮡种群最终会衰竭甚至灭绝。

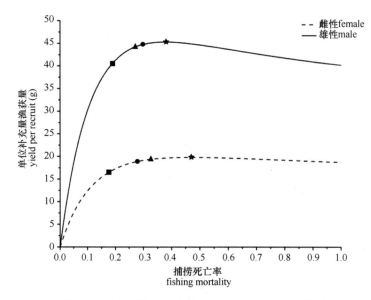

图 8-2　黑斑原鮡单位补充量渔获量曲线（正方形代表 $F_{40\%}$，圆形代表 $F_{25\%}$，三角形代表 $F_{0.1}$，星形代表 $F_{current}$ 和多边形代表 F_{max}）

Fig. 8-2　Yield per recruit curve of *G. maculatum*（Squares are $F_{40\%}$ levels，circles are $F_{25\%}$ levels，triangles are $F_{0.1}$ levels，stars are $F_{current}$ levels and polygens are F_{max} levels）

表 8-3 不同生物学参考点对黑斑原鮡单位补充量渔获量的影响
Table 8-3 The effect of yield per recruit for *G. maculatum* under different biological reference points

性别 gender	$F_{current}$ (/yr)	$F_{0.1}$ (/yr)	F_{max} (/yr)	$F_{25\%}$ (/yr)	$F_{40\%}$ (/yr)	$YPR_{current}$ (g)	$YPR_{0.1}$ (g)	YPR_{max} (g)	$YPR_{25\%}$ (g)	$YPR_{40\%}$ (g)
雌性 female	0.4716	0.3214	0.4696	0.2791	0.1758	19.80	19.33	19.80	18.89	16.49
雄性 male	0.3028	0.2716	0.3774	0.3000	0.1872	44.83	44.24	45.30	44.79	40.46

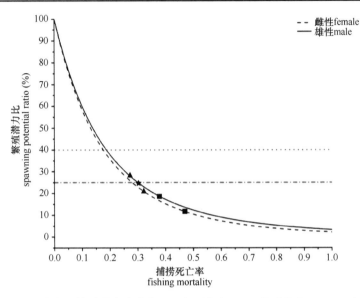

图 8-3 黑斑原鮡单位补充量繁殖潜力比曲线（三角形代表 $F_{0.1}$，星形代表 $F_{current}$，多边形代表 F_{max}）
Fig. 8-3 Spawning potential ratio curve of *G. maculatum*（Triangles are $F_{0.1}$ levels，stars are $F_{current}$ levels and polygens are F_{max} levels）

表 8-4 不同生物学参考点对黑斑原鮡繁殖潜力比的影响
Table 8-4 The effect of spawning potential ratio for *G. maculatum* under different biological reference points

性别 gender	$F_{current}$ (/yr)	$F_{0.1}$ (/yr)	F_{max} (/yr)	$SPR_{current}$ (%)	$SPR_{0.1}$ (%)	SPR_{max} (%)
雌性 female	0.4716	0.3214	0.4696	11.57	20.88	11.66
雄性 male	0.3028	0.2716	0.3774	24.73	27.99	18.69

（二）捕捞政策对资源的影响

在低水平捕捞强度下，对于起捕年龄的绝大部分值域，黑斑原鮡的单位补充量渔获量（YPR）随着捕捞强度的增加而快速增大（图8-4）。黑斑原鮡YPR极大值所对应的起捕年龄随着捕捞强度的增加而增大，其雌鱼的值域为2～5龄，雄鱼的值域为2～7龄。

在低水平捕捞强度下，对于起捕年龄的绝大部分值域，黑斑原鮡的繁殖潜力比（SPR）随着捕捞强度的增加而快速下降（图8-5）。对于捕捞死亡率绝大部分值域，雌性黑斑原鮡的起捕年龄设置为5龄以上，能够使其繁殖潜力比保持在25%以上；而将雄性的起捕年龄设置为6龄以上，能够使其繁殖潜力比保持在25%以上。综合考虑单位补充量渔获量和繁殖潜力比，将黑斑原鮡的起捕年龄提高到6～7龄,不仅使其繁殖潜力比保持在25%～40%，而且对其单位补充量渔获量的影响较小（图8-4，图8-5）。

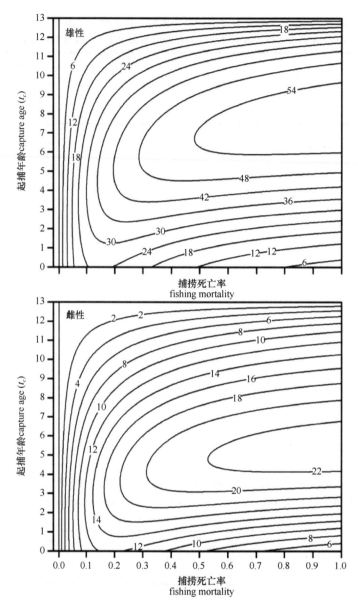

图 8-4　黑斑原鮡单位补充量渔获量等值线图
Fig. 8-4　Isopleths of yield per recruit for *G. maculatum*

　　有许多研究者用 Beverton-Holt 的种群动态模型进行资源评估取得了成功（费鸿年，1981；陈丕茂和詹秉义，1999）。导出 Beverton-Holt 模型的假设条件有：补充量恒定；世代所有的鱼都是在同一天孵化；补充和网具的选择性都是"刀刃型"的；从进入开发阶段起，其捕捞和自然死亡系数均为恒定；在该资源群体范围内是充分混合的；个体生长为匀速生长，即全长与体重关系的指数系数 $b = 3$。研究结果表明，黑斑原鮡种群符合利用 Beverton-Holt 模型的假设前提，因此，可用 Beverton-Holt 模型来分析黑斑原鮡的种群动态。

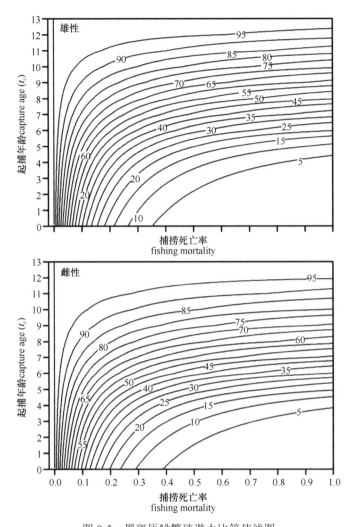

图 8-5　黑斑原鮡繁殖潜力比等值线图
Fig. 8-5　Isopleths of spawning potential ratio for *G. maculatum*

第二节　资源变化原因和养护措施

一、资源变化原因

（一）酷鱼滥捕的影响

近几年由于西藏经济的发展，人们的生活水平提高，生活习惯发生改变，对水产品需求量急剧增加。特别是因为黑斑原鮡肉味鲜美，加之具有一定的药用功能，其市场价格更是年年攀升。目前，在拉萨市场，黑斑原鮡价格是当地出产的裂腹鱼类价格的十几倍乃至几十倍，市场价格刺激对黑斑原鮡资源的掠夺，以至于有的渔民将黑斑原鮡作为唯一捕捞目标对象。黑斑原鮡是一种生长速度缓慢、繁殖力低的高原冷水性鱼类，达到渔获标准个体的补充不仅需要较长的周期，且每年的补充量有限。长期高强度的捕捞，造成资源量的减少，渔获个体越来越小。自治区政府已在 2006 年对渔业资源的增殖和保护有明确规定，但因西藏地区幅员辽阔，一些地方交通不便，给执法带来了一定困难，因此违法捕捞的行为时有发生。

对渔业资源造成更为严重破坏的是毒鱼、炸鱼等违法行为。黑斑原鮡通常栖息在急流江段，捕捞较困难，有人直接采用毒鱼或电鱼的方式将其捕捞。这些捕捞方式是一种"断子绝孙"式的违法行为。特别是毒鱼，不分种类，不分大小，所有鱼类无一幸免，2008年发生在拉萨河的三次毒鱼事件，是导致拉萨河至今难觅黑斑原鮡踪影的主要原因。

（二）水利工程的影响

雅鲁藏布江是世界海拔最高的河流，中国境内流域面积 $24.048×10^4$ km^2，河长 2057 m，总落差约 5440 m，平均坡降为 2.6‰，蕴藏着丰富的水能资源，全流域水能蕴藏量超过 $1.13×10^8$ kW。雅鲁藏布江水资源的合理开发利用，对于西藏的可持续发展具有深远意义（徐大懋等，2002；邱志鹏和张光科，2006）。雅鲁藏布江中上游气候环境恶劣，水土流失与沙漠化严重，自然灾害频发，生态环境一旦遭受破坏，其恢复成本高、周期长、难度大（吴佩鹏和杨永红，2013）。水资源开发对生态环境，特别是对鱼类和其他水生生物的影响应予以特别重视。

水电站改变了原有生态环境，对黑斑原鮡资源的影响主要表现在以下方面。

1. 水电站占据了鱼类产卵场位置

根据调查，尼洋河巴河支流、拉萨河的唐加至旁多河段及日喀则谢通门河段是已知的黑斑原鮡产卵场。目前，在拉萨河修建有直孔水电站和旁多水电站，在尼洋河流域也修建了多座水电站，这些水电站建在黑斑原鮡产卵场河段，直接占据了产卵场。

2. 电站大坝阻隔了鱼类洄游通道

洄游是基于季节性的或个体发育的需要，如产卵、觅食、越冬等，这些活动对鱼类成功完成生命循环至关重要（Rose，2002）。黑斑原鮡在繁殖季节具有产卵洄游行为。在产卵场下游修建的大坝，对鱼类的不利影响是阻隔了其洄游通道，使其正常的繁殖活动受到阻碍，影响鱼类种群的补充量。这种不利影响对生命周期长、生长缓慢、繁殖力低的鱼类显得尤为严重。

3. 改变了鱼类生态环境

电站建成后，上游库区水面开阔，水位升高，流速变缓，坝上水域由河流生境向水库生境转变，原有的急流环境消失，适应急流生境的鱼类生活空间减少。汛期洪水裹携的泥沙大量沉积，使底质发生变化，洁净的卵石被厚厚的淤泥覆盖，黑斑原鮡主要食物类群底栖生物群落发生变化。下游河段因蓄水发电，改变了原有的水文条件，河道水位下降且变化不定，河床下切，原本适合黑斑原鮡产卵的河道两岸卵石堆被搁置在水面之上。不仅使原有产卵场遭受严重破坏乃至彻底消失，而且破坏了黑斑原鮡摄食环境。

4. 改变鱼类区系

水电工程建设改变原来的水生态环境，坝上水域由原来的流水环境变为静水或缓流水环境，为鲤、鲫、棒花鱼 *Abbottina rivularis*、麦穗鱼、泥鳅、大鳞副泥鳅 *Paramisgurnus dabryanus* 等静水型鱼类创造了适宜的生活环境。黑斑原鲱、裂腹鱼类等适应流水生活的土著鱼类则迁移到水库上游具有流水环境的河段。而一些适宜在静水和缓流生活的高原鳅属鱼类的种群则可能扩大。

（三）外来鱼类入侵的影响

生物入侵（biological invasion），也称外来物种入侵，是指外来种经自然或人为途径由原产地侵入到另一新的栖息地，在侵入地通过定殖、潜伏、扩散、爆发等过程而逐渐占领该侵入地的事件。外来生物入侵问题导致了日益严重的地区特有物种衰竭，生物多样性丧失，生态环境变化和经济损失（万方浩等，2002）。

雅鲁藏布江地处青藏高原，受当地特殊而严酷的自然环境影响，其土著鱼类种群生长缓慢、性成熟较晚，资源一旦遭到破坏，将很难恢复（格桑达娃等，2011）。外来鱼类入侵已成为西藏鱼类资源面临的三大威胁之一（丁慧萍等，2014）。

1. 入侵概况

雅鲁藏布江发现的外来鱼类共有 12 种，隶属 4 目 5 科 11 属。包括鲢、鳙、草鱼、鲤、鲫、麦穗鱼、棒花鱼、泥鳅、大鳞副泥鳅、鲇、黄鳝、小黄黝（沈红保和郭丽，2008；范丽卿等，2011；杨汉运等，2010；周剑等，2010；丁慧萍等，2014）。

调查显示，雅鲁藏布江流域林芝江段干支流分布有 18 种鱼类，其中外来鱼类 3 种（周剑等，2010），在尼洋河采集到 19 种鱼类，其中外来鱼类 5 种（沈红保和郭丽，2008）。陈锋和陈毅峰（2010）报道，拉萨河 24 种鱼类，其中土著鱼类 14 种（包括一个自然杂交种），2 个未定种，外来鱼类 8 种。拉萨市拉鲁湿地发现外来鱼类 7 种，其中麦穗鱼和鲫的数量占绝对优势，土著鱼类 5 种，且其数量极少，几近灭绝（范丽卿等，2011）。杨汉运等（2010）对雅鲁藏布江中游干流渔获物调查结果显示，共采集到 25 种鱼类，其中高原土著鱼类 16 种，占鱼类总种数的 64%，外来鱼类 9 种，占鱼类总种数的 36%。曲水县的茶巴朗湿地有水渠与拉萨河相通，2009 年 4 月共采集鱼类 4116 尾，渔获物总重 15 805 g，经鉴定，隶属于 3 目 4 科 11 属 13 种，其中外来鱼类 8 种 4098 尾，土著鱼类 5 种 18 尾，外来鱼类占渔获物总种类数的 61.5%，总数的 99.56%，总重量的 99.32%，具有绝对优势；土著鱼类为裂腹鱼类幼鱼和高原鳅属鱼类，占渔获物总种类数的 38.46%，但数量极少，仅占渔获物总尾数的 0.44%，总重量的 0.68%（丁慧萍等，2014）。特别是鲫已在雅鲁藏布江中下游地区形成了自然种群；大鳞副泥鳅也已成功入侵到尼洋河流域和雅鲁藏布江流域（沈红保和郭丽，2008）。多数外来鱼类种群由不同年龄组成（丁慧萍等，2014）。可见外来鱼类不仅广泛入侵雅鲁藏布江水系，且已形成自然种群。

2. 入侵途径

生物入侵的途径是多种多样的。外来鱼类入侵雅鲁藏布江主要通过两个途径：一是养殖鱼类的逃逸，二是放生。

西藏林芝、山南、拉萨、日喀则等地均有鱼类养殖，从内地引进的经济鱼类鱼种中难免夹杂有麦穗鱼和棒花鱼等小型鱼类。洪水漫堤、池坝垮塌、引排水管理不善等都可能造成养殖鱼类逃逸进入自然水体。

藏族人民有放生的习俗，每年藏历 4 月萨噶达瓦节，人们从市场购买鱼将其放生到江河湖泊。这个习俗体现了藏族人民保护自然、崇尚生命的信仰。如果放生的鱼种是当地土著鱼类，则是对鱼类资源的一种有益的养护措施。但所购买的鱼多数为内地的泥鳅等鱼种，无意中助长了外来鱼类入侵。

3. 入侵机制

麦穗鱼等小型鱼类生命周期短，繁殖速度快，生活史类型属于典型的"r"策略者，在引入雅鲁藏布江后，由于食鱼鱼类少，其种群得以快速发展，与土著鱼类发生空间、食物竞争，导致那些与其空间分布和食物组成相似的土著鱼类数量减少。

1）空间竞争

黑斑原鮡为底层生活鱼类，喜居于急流水中的石下和隙间，主要生活在干支流水流湍急水域，觅食场所为河岸旁水流较缓水域和漫水滩，在河岸旁缓流处石堆缝隙间产卵。外来鱼类中的鲢、鳙、草鱼等体型较大的鱼类，主要分布在雅鲁藏布江干支流主河道中上层；麦穗鱼、泥鳅、鲫、小黄鲴等喜静水环境的小型鱼类主要分布在沼泽地、河道的静水河汊，在靠近主河道岸边的水体也有少量分布（陈锋和陈毅峰，2010）。外来鱼类的大部分群体没有与黑斑原鮡的生活空间重叠，但那些生活在主河道岸边水体的外来鱼类，尽管数量较少，但仍挤占黑斑原鮡的部分生活空间。

2）食物竞争

黑斑原鮡是一种以鱼类和底栖生物为主要食物的杂食性鱼类，主要以环节动物和昆虫幼虫为食（褚新洛等，1999）。外来鱼类中麦穗鱼、泥鳅、鲫和小黄鲴多为以底栖生物为食的杂食性鱼类，且多能根据环境中食物的易得性调整食物结构，因此能够对黑斑原鮡构成食物竞争。

3）吞食鱼卵和仔稚鱼

黑斑原鮡为底层生活鱼类，繁殖季节在河岸旁缓流处石堆缝隙间产卵，产出的卵滞留在石堆缝隙间发育。那些生活在主河道岸边水体的麦穗鱼、棒花鱼、鲫等外来鱼类有摄食鱼类卵粒和仔稚鱼的习性（金克伟等，1996；Scott and Crossman，1973），将对黑斑原鮡早期资源产生不利影响。

二、养护现状与养护措施建议

（一）养护现状

1. 加强渔业法治建设，为渔业资源的保护利用提供了法律依据

西藏自治区政府及有关渔业行政主管部门十分重视渔业资源保护，将西藏渔业资源管理纳入法制化建设轨道。1984 年发布了《关于保护水产资源的布告》；1989 年制定了《渔业资源增殖保护费征收使用办法》，部分重点水域也制定了有关保护措施（蔡斌，1997）。2006 年 1 月，自治区八届人大常委会第 22 次会议审议通过了《西藏自治区实施〈中华人民共和国渔业法〉办法》，并于当年 3 月 1 日起施行。上述法规的颁布实施，

对规范渔业生产、资源的保护增殖和合理开发利用具有重要影响（格桑达娃等，2011）。

2. 建立禁渔休渔制度

根据西藏鱼类繁殖季节主要集中在 6～8 月的特点，每年 4 月 20 日至 7 月 30 日，在鱼类主要分布江段，如拉萨河墨竹工卡县至达孜县江段，实施休渔，以保护亲鱼的正常繁殖及幼鱼生长。

3. 建立水产种质资源保护区

自治区重视水产种质资源的保护，1992 年亚东鲑 *Salmo trutta fario* 被列为西藏自治区二级保护动物，其主要繁殖水域亚东河被划为保护区（格桑达娃等，2011）。农业部 2010 年批准建立国家级尼洋河特有鱼类水产种质资源保护区①。保护区位于林芝地区工布江达县错高乡境内，总面积 $1.0 \times 10^4 \mathrm{hm}^2$，其中核心区面积 3750 hm^2，实验区面积 6250 hm^2。特别保护期为每年的 3 月 1 日至 8 月 1 日。主要保护对象为尖裸鲤、拉萨裂腹鱼、巨须裂腹鱼、双须叶须鱼、异齿裂腹鱼、拉萨裸裂尻和黑斑原鮡等西藏特有物种。

4. 开展土著鱼类人工繁殖和增殖放流

为科学合理地保护和利用西藏的渔业资源，自治区农牧厅在加强渔政管理的同时，也加强了对渔业的重视，在曲水县建立了黑斑原鮡良种场和高原土著鱼类增养殖及放流保护基地。特别是加强了对当地珍稀鱼类资源的人工繁殖和养殖技术的研究。自 2008 年以来，先后成功进行了亚东鲑、黑斑原鮡、尖裸鲤、拉萨裂腹鱼、拉萨裸裂尻、双须叶须鱼和异齿裂腹鱼的人工繁殖及苗种培育技术研究，实现了上述土著鱼类苗种的规模化繁育。

为了恢复天然水域鱼类资源，保证渔业的可持续发展，保护生物多样性，维护生态平衡，自治区农牧厅自 2008 年开始，在拉萨河进行黑斑原鮡人工放流。

（二）养护措施建议

根据调查，黑斑原鮡资源量出现严重下降，主要表现在分布范围缩小，原来主要产地拉萨河唐加至旁多河段，尼洋河巴河河口至巴松错河段，现在难觅其踪影；单船捕捞量越来越少，渔获个体越来越小。对黑斑原鮡这一珍稀鱼类的保护已刻不容缓。现据该鱼资源现状和生物学特点提出以下保护与合理利用建议。

1. 加强渔业资源管理法规、渔政管理队伍和渔政管理基础设施装备的建设，强化管理措施

如前所述，自治区政府及相关管理部门在渔业资源管理方面做了大量工作，但西藏渔业资源管理起步较晚，渔政管理基础设施和装备建设较薄弱，渔政管理立法有待进一步健全，渔政管理队伍和管理措施有待加强。

设立渔业资源管理机构，加强渔业资源保护和合理利用的宏观调控。西藏水域辽阔，

---

① 关于该保护区名称，诸多材料称"国家级巴松错特有鱼类水产种质资源保护区"，农业部公布的第六批水产种质资源保护区名单中该保护区名称为"尼洋河特有鱼类水产种质资源保护区"。

鱼类资源丰富，渔业生产已有较大发展，需要有相应的渔业管理机构，以便对西藏渔业资源的保护和合理开发利用在宏观上加强调控和管理（蔡斌，1997）。

加强渔业资源管理队伍建设，提高管理水平。根据自治区渔业生产的发展现状和未来发展趋势，应设立渔业资源研究机构和建设一支具有一定规模的专职渔政管理队伍。渔业资源研究机构主要研究渔业资源动态，保护、合理利用措施及效果监测；专职渔政管理队伍主要负责渔业资源管理执法。通过引进人才、请进来、派出去等途径对科技和管理人员进行培训，提高业务人员的技术水平和执法能力。

加强渔政管理设施和装备建设，强化渔政管理工作。西藏水域辽阔，一些重要渔业水域环境恶劣、交通不便，给渔政管理执法带来了较大困难。为渔政管理部门配备执法交通工具，执法检查、取证装备，对提高渔政管理能力十分必要。

进一步建设、健全地方性渔业法规，促进西藏渔政管理工作纳入法制化建设轨道。自治区政府及有关渔业行政管理部门对西藏渔业管理规章制度的建设工作非常重视，先后发布了《关于保护水产资源的布告》、《渔业资源增殖保护费征收使用办法》和《西藏自治区实施〈中华人民共和国渔业法〉办法》等地方性法规，重点水域地区有关部门也针对本地鱼类资源状况制定了有关保护措施。尽管如此，仍应进一步加强西藏地区渔业立法工作，使其适应西藏渔业发展（蔡斌，1997；格桑达娃等，2011）。

2. 加强重要鱼类生物学研究，科学地建立禁渔区和禁渔期，确保资源可持续合理利用

禁渔期 黑斑原鲑的初次性成熟年龄跨度较大，4龄已有部分个体成熟，6龄性成熟比例达到98.0%。黑斑原鲑的产卵群体由4～12龄组成，其中补充群体占8.47%，剩余群体91.53%；5～7龄个体占群体样本数的80.5%。个体绝对生殖力（F）变动范围为141～2162粒，平均（727±407.83）粒；黑斑原鲑繁殖期在5月上旬至6月中旬，在整个雅鲁藏布江，其产卵期从下游向上游逐渐后延。繁殖前具有洄游行为，为了保证产卵洄游亲鱼能够顺利安全到达产卵场，产后亲鱼顺利安全回到肥育场所，建议黑斑原鲑的禁渔期定为4月至7月中旬为宜。

雅鲁藏布江中游江段，除黑斑原鲑外，还有尖裸鲤等6种裂腹鱼类，它们也是我国特有的珍稀鱼类，具有重要的保护价值。这6种鱼类各自的产卵期不同，从1月开始一直到5月均有鱼类产卵。为了保护所有鱼类资源，禁渔期可以考虑定为1月至6月下旬。

禁渔区 黑斑原鲑在河道近岸处乱石堆的缝隙中产卵，产出的卵粒停留在石块缝隙中发育的特点，使其产卵场较为分散，但也有较为集中的产卵河段。已查明的有拉萨河唐加至旁多段、尼洋河巴河和谢通门上游产卵场，前两个产卵场由于水利工程建设、酷鱼滥捕等已不复存在。除此之外，应该还存在其他产卵场，根据对生态环境和渔民渔获物的调查，朗县上游江段及波密江段极有可能存在黑斑原鲑的产卵场，对已知产卵场应建立永久性保护区，对可能的产卵场应进行调查，一旦确定是产卵场也应建立永久性保护区。

3. 实行配额捕捞制度，合理利用资源，严厉打击有害渔具渔法，减少对资源的毁灭性破坏

雅鲁藏布江黑斑原鲑雌性和雄性的最小性成熟年龄为4龄，多数个体到5～6龄才达

到性成熟。目前渔获物中 2～3 龄个体占 14.81%，在现有的开捕年龄和捕捞强度下，黑斑原鮡的繁殖潜力比低于 25%，说明黑斑原鮡的种群捕捞压力大，种群被过度开发利用，使种群的死亡率增大、生长加快且性成熟提早，导致其种群资源衰退，补充群体难以维持其种群的平衡稳定。雅鲁藏布江及其支流水流湍急、冰冷刺骨、河中食物严重缺乏，黑斑原鮡生长发育比较缓慢，生长到体重 100 g 左右，通常需要 7～8 年时间（表 2-10）。综合考虑单位补充量渔获量和繁殖潜力比，建议将黑斑原鮡的起捕年龄提高到 7 龄，不仅使得其繁殖潜力比保持在 25%～40%，而且对其单位补充量渔获量的影响较小。最小捕捞个体大小雌鱼全长 200 mm，体重 88 g；雄鱼全长 220 mm，体重 120 g。西藏自治区 1984 年关于单层刺网、三层刺网最小网目不得小于 50 mm 的规定对于黑斑原鮡的捕捞来讲是恰当的，关键是要严格执行这一规定。

2008 年发生在拉萨河的毒鱼事件对拉萨河鱼类资源是一次毁灭性灾难。近年来，虽然没有发生类似事件，但电捕鱼的情况并没有完全禁绝。

电捕鱼是一种用高压电捕捉鱼类的非法捕鱼方法，是一种毁灭性的、极具危险性的捕鱼方法。对鱼、对人、对环境都有着巨大的危害。电捕机所到之处，不论大鱼、小鱼通常全部被电死，虽然有时候鱼没被电死只被电晕，但是电流会对其性腺造成破坏，从而导致其不育，不能参与繁殖活动，或者造成基因突变，使后代畸形、病变的概率加大，从而造成渔业资源的进一步严重破坏。另外，电捕鱼还会对鱼的食物，一些河流中栖息的无脊椎动物造成严重伤害，使鱼的生物饵料减少，间接影响渔业资源的恢复。《中华人民共和国渔业法》第三十条和第三十八条明文禁止使用炸鱼、毒鱼、电鱼等破坏渔业资源的方法进行捕捞生产；禁止制造、销售、使用禁用的渔具。对上述违法行为进行严厉打击，情节特别严重构成犯罪的，依法追究刑事责任。

在控制捕捞方面，控制捕捞证发放的数量，对每张捕捞证捕捞地点、捕捞种类、规格和数量作出明确规定。渔政管理人员应对捕捞进行监督管理，一是检查是否有违规行为，二是检查渔获物组成，为今后的捕捞配额调整收集资料。

4. 加速水产种质资源保护区建设，为重要鱼类休养生息提供永久性庇护所

《水产种质资源保护区管理暂行办法》第二条规定："水产种质资源保护区，是指为保护水产种质资源及其生存环境，在具有较高经济价值和遗传育种价值的水产种质资源的主要生长繁育区域，依法划定并予以特殊保护和管理的水域、滩涂及其毗邻的岛礁、陆域。"

西藏自治区经农业部批准建立的国家级水产种质资源保护区共有两个，分别是尼洋河特有鱼类国家级水产种质资源保护区（第六批）和西藏亚东鲑国家级水产种质资源保护区（第七批）。尼洋河特有鱼类国家级水产种质资源保护区主要保护对象为雅鲁藏布江中游 6 种裂腹鱼类和黑斑原鮡。该保护区因水利工程建设改变了原有生态环境，保护功能受到破坏。

日喀则至谢通门江段沿岸的藏族同胞对水生生物资源具有强烈的保护意识，该江段包括黑斑原鮡在内的鱼类资源较为丰富，谢通门县荣玛乡雄村至谢通门县城上游 20 km 江段底栖动物的平均生物量为 0.2946 g/m²。其中节肢动物生物量为 0.2913 g/m²（见第三章第一节），高原鳅属鱼类资源较为丰富，能为以底栖生物为食的黑斑原鮡提供较为丰富

的食物资源；该江段支流为黑斑原鮡产卵场。建议在该江段建立黑斑原鮡水产种质资源保护区。

5. 切断外来鱼类入侵途径，采取多种措施控制入侵鱼种种群发展，减缓入侵鱼类危害

前已述及，外来鱼类占据了黑斑原鮡部分生活空间和食物资源，还可对鱼卵和幼鱼产生危害。因此加强西藏外来鱼类研究，采取有效措施防止和控制外来鱼类是保护黑斑原鮡资源的一个重要手段。

在控制外来鱼类引进方面，针对西藏外来鱼类的入侵途径主要是养殖鱼类的逃逸和放生，建议采取以下措施。

（1）提高养殖准入门槛，对养殖设施防逃能力、员工养殖技术水平、外来鱼类入侵危害和防范知识等进行考核。经考核合格并获得养殖许可证后方能进行鱼类养殖。渔政部门应加强养殖企业在养殖过程中对外来鱼类入侵情况的监管。

（2）对内地引进的养殖鱼种进行严格检疫，对内地引进的鱼种除常规的病害检疫外，还应包括鱼种质量的检验，其中不应该混杂有麦穗鱼、泥鳅等鱼类。

（3）严格禁止引进泥鳅等鱼类，每年放生节，市场上有大量从内地引进的小型鱼类出售，供人们购买放生，应绝对禁止。建议人工繁殖土著鱼类苗种，供人们放生之需。既可满足藏族同胞传承放生习俗的需要，又可为苗种繁育单位带来一定收入，解决人工繁育经费缺乏的困难。

（4）在受外来鱼类入侵的沿江两岸附属水体放养尖裸鲤等土著食鱼鱼类以捕食外来鱼类；在外来鱼类的繁殖季节采用破坏其产卵环境和消灭其受精卵和幼鱼，如在产卵后泼洒生石灰，突然降低水位晒死受精卵等方法，抑制外来鱼类的种群数量直至消灭。

6. 加强工程建设对生态环境与鱼类资源影响的评价，切实落实减缓和补救措施，将对鱼类资源的影响降低到最小程度

雅鲁藏布江蕴藏着丰富的水能资源，水电开发因侵占产卵场位置、阻隔鱼类洄游通道、改变生态环境，不仅导致鱼类区系发生变化，甚至导致一些鱼类绝迹。因此，水电开发应在深入调查的基础上进行，选址应尽可能避开重要鱼类的主要栖息地、产卵场等，认真研究分析工程建设对生态环境与鱼类资源的影响，对工程可能造成的影响要有切实可行的减缓和补救措施。大中型水电工程应建立重要鱼类增殖站和珍稀鱼类救护站等设施。

西藏大型工业不多，但西藏矿产资源丰富，随着矿产资源的开发利用，交通等基础设施的建设，工程建设本身对环境的破坏，排放的工业废水和生活污水进入水域的水环境的污染，必将对鱼类的生活、生存环境造成影响，建议有关环保、渔政管理部门，加强对渔业水质的监测（蔡斌，1997）。

7. 强化"高原水放生高原鱼、高原水养殖高原鱼"理念并推进实践，积极开展高原特有鱼类人工繁殖和养殖，满足市场需求

高原鱼类以品质"有机、健康"而闻名，市场需求加剧了对鱼类资源的掠夺式开发。开展人工养殖满足市场需求，可减轻对自然水体鱼类过度索取。西藏自治区目前在拉萨、林芝、山南、亚东、羊八井和日喀则等地都有鱼类养殖，除亚东养殖的是亚东河土著鱼类亚东鲑外，其他养殖的都是内地鱼类。据农业部渔业局（2012）统计数据，2011 年西藏渔业产量达到 500 t，其中捕捞产量 428 t，养殖产量 72 t。养殖产量中鲑 3 t，鳟 8 t，罗非鱼 8 t，草鱼 8 t，鲤 16 t，土著鱼类鲑（亚东鲑）产量 3 t，仅占养殖产量的 4.17%。亚东鲑在拉萨市场的销售价格约是鲤和草鱼等内地主养鱼类销售价格的 10 倍，黑斑原鮡的价格约是亚东鲑的 2～3 倍，养殖黑斑原鮡的经济效益显而易见。

土著鱼种缺乏是长期以来土著鱼类养殖的"瓶颈"。自 2008 年以来，西藏自治区黑斑原鮡良种场已经实现了黑斑原鮡、尖裸鲤、异齿裂腹鱼、拉萨裂腹鱼、拉萨裸裂尻鱼、双须叶须鱼和巨须裂腹鱼等经济鱼类的规模繁育，为土著鱼类的人工养殖奠定了物质基础。建议加强"高原水放生高原鱼、高原水养殖高原鱼"理念的宣传，对养殖土著鱼类进行政策性引导，通过养殖满足市场对土著鱼类的需求，达到减少对自然水体鱼类捕捞的目的。

小　　结

（1）估算的黑斑原鮡雌鱼和雄鱼的总死亡率分别为 0.7503/yr 和 0.5196/yr，自然死亡率分别为 0.2787/yr 和 0.2168/yr，捕捞死亡率分别为 0.4716/yr 和 0.3082/yr。

（2）单位补充量模型评估结果表明，在现有捕捞政策下，估算的 $F_{current}$ 大于生物参考点 F_{max}、$F_{0.1}$、$F_{25\%}$ 和 $F_{40\%}$，这说明黑斑原鮡种群资源不仅处于"生长型"过度捕捞阶段，而且处于"补充型"过度捕捞阶段，如果不及时进行科学的管理，黑斑原鮡种群最终会衰竭甚至灭绝。通过进一步的模型评估发现将现有捕捞政策的开捕年龄提高至 6～7 龄能够有效地保护其资源。

（3）酷渔滥捕、水利工程和外来鱼类入侵是造成黑斑原鮡资源衰竭的三大主要因素。针对上述资源衰竭因素，提出以下保护和合理利用资源建议。

①加强渔业法治、渔政管理队伍及渔政管理基础设施的建设，强化管理措施；②加强重要鱼类的科学研究工作，科学地建立禁渔休渔制度，确保资源的可持续利用；③实行配额捕捞制度，合理利用资源，严厉打击有害渔具渔法，减少对资源的毁灭性破坏；④加速水产种质资源保护区建设，为重要鱼类休养生息提供永久性庇护所；⑤切断外来鱼类入侵途径，采取多种措施控制入侵鱼类种群发展，减缓入侵鱼类危害；⑥加强工程建设对生态环境与鱼类资源影响评价，切实落实减缓和补救措施，将对鱼类资源的影响降低到最小程度；⑦强化"高原水放生高原鱼、高原水养殖高原鱼"理念并推进实践，积极开展高原特有鱼类人工繁殖和养殖，满足市场需求。

主要参考文献

蔡斌. 1997. 西藏鱼类资源及其合理利用. 中国渔业经济研究, (4): 38-40

陈锋, 陈毅峰. 2010. 拉萨河鱼类调查及保护. 水生生物学报, 34(2): 278-285

陈丕茂, 詹秉义. 1999. 绿鳍马面鲀生长和资源评估. 湛江海洋大学学报, 19(3): 48-54

褚新洛, 郑葆珊, 戴定远. 1999. 中国动物志硬骨鱼纲鲇形目. 北京: 科学出版社: 159-160

丁慧萍, 覃剑晖, 林少卿, 格桑达娃, 张志明, 谢从新. 2014. 拉萨市茶巴朗湿地的外来鱼类. 水生态学杂志, 35: 49-55

范丽卿, 土艳丽, 李建川, 方江平. 2011. 拉萨市拉鲁湿地鱼类现状与保护. 资源科学, 33(9): 1742-1749

费鸿年. 1981. 南海北部大陆架底栖鱼类群聚的多样度以及优势种区域和季节变化. 水产学报, 5(1): 1-20

格桑达娃, 王慧, 陈红菊. 2011. 西藏渔业资源保护及其利用的思考. 中国渔业经济, 29: 171-196

金克伟, 史为良, 于喜洋, 胡红霞, 李伟. 1996. 几种淡水小型鱼类吞食粘性鱼卵的初步观察. 大连水产学院学报, 11(3): 24-30

农业部渔业局. 2012. 2012 中国渔业年鉴. 北京: 中国农业出版社

邱志鹏, 张光科. 2006. 雅鲁藏布江水资源开发的战略思考. 水利发展研究, (2): 15-19

万方浩, 郭建英, 王德辉. 2002. 中国外来入侵生物的危害与管理对策. 生物多样性, 10(1): 119-125

吴佩鹏, 杨永红. 2013. 雅鲁藏布江水电开发的生态学思考. 西藏科技, (1): 59-61

徐大懋, 陈传友, 梁维燕. 2002. 雅鲁藏布江水能开发. 中国工程科学, 4(2): 47-52

杨汉运, 黄道明, 谢山, 简东, 池仕运, 张庆, 常秀岭, 王文君, 方艳红. 2010. 雅鲁藏布江中游渔业资源现状研究. 水生态学杂志, 3(6): 120-126

詹秉义. 1995. 渔业资源评估. 北京: 中国农业出版社

周剑, 赖见生, 杜军, 刘光迅, 赵刚, 林珏, 吴明森, 刘亚. 2010. 林芝地区鱼类资源调查及保护对策. 西南农业学报, 23(3): 938-942

Amin S M N, Rahman M A, Haldar G C, Mazid M A, Milton D. 2002. Population dynamics and stock assessment of Hilsa shad, *Tenualosa ilisha* in Bangladesh. Asian Fish Sci, 15: 123-128

Beverton R J H, Holt S J. 1957. On the dynamics of exploited fish populations. Lond: Ministry of Agriculture, Fisheries and Food, Fisheries Investigations, 19: 533

Goodyear C P. 1993. Spawning stock biomass per recruit in fisheries management: foundation and current use. *In*: Smith S J, Hunt J J, Rivard D. Risk Evaluation and Biological Reference Points for Fisheries Management. Can Spec Pub Fish Aquat Sci, 120: 67-81

Griffiths M H. 1997. The application of per-recruit models to *Argyrosomus inodorus*, an important South African sciaenid fish. Fish Res, 30: 103-115

Kirchner C H. 2001. Fisheries regulations based on yield-per-recruit analysis for the linefish silver kob *Argyrosomus inodorus* in Namibian waters. Fish Res, 52: 155-167

Pauly D. 1980. On the interrelationships between natural mortality, growth parameters, and mean environmental temperature in 175 fish stocks. J Cons Int Explor Mer, 39(2): 175-192

Quinn II T J, Deriso R B. 1999. Quantitative Fish Dynamics. New York: Oxford University Press

Ricker W E. 1975. Computation and interpretation of biological statistics of fish populations. Bull Fish Res Bd Can, 191: 1-382

Rose G. 2002. Migration of freshwater fishes. Fish and Fisheries, 3(4): 361-362

Scott W B, Crossman E J. 1973. Freshwater fishes of Canada. Fish Res Board Can Bull, 184: 1-966

Sun C L, Wang S P, Porch C E, Yeh S Z. 2005. Sex-specific yield per recruit and spawning stock biomass per recruit for the swordfish, *Xiphias gladius*, in the waters around Taiwan. Fish Res, 71: 61-69

Xiao Y. 2000. A general theory of fish stock assessment models. Ecol Model, 128: 165-180

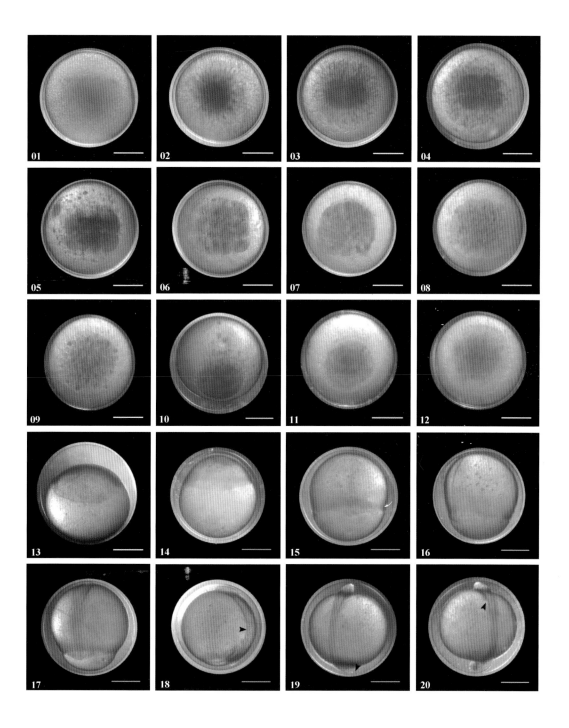

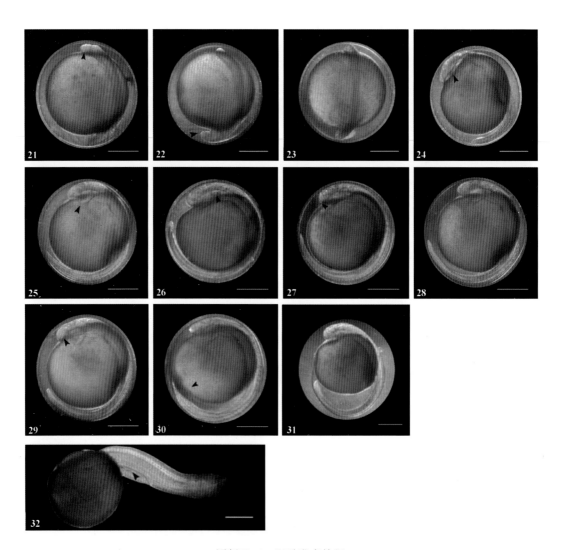

图版 Ⅱ -1　胚胎发育特征

Plate Ⅱ -1　Embryonic development features

01. 受精卵 fertilized egg；02. 胚盘期 blastodisc stage；03. 2 细胞期 2-cell stage；04. 4- 细胞期 4-cell stage；05. 8 细胞期 8-cell stage；06. 16- 细胞期 16-cell stage；07. 32- 细胞期 32-cell stage；08. 64- 细胞期 64-cell stage；09. 多细胞期 multicellular stage；10. 桑葚期 morula stage；11. 囊胚早期 early blastula stage；12. 囊胚中期 mid blastula stage；13. 囊胚晚期 late blastula stage；14. 原肠早期 early gastrula stage；15. 原肠中期 mid gastrula stage；16. 原肠晚期 late gastrula stage；17. 神经胚期 neurula stage；18. 肌节出现期，箭头示肌节 appearance of somite，arrowhead shows the somite；19. 胚孔封闭期，箭头示胚孔 closure of blastopore，arrowhead shows the blastopore；20. 耳囊出现期，箭头示耳囊 appearance of otic capsule，arrowhead shows the otic capsule；21. 眼囊期，箭头示眼囊 appearance of optic vesicle，arrowhead shows the optic vesicle；22. 尾芽期，箭头示尾芽 formation of tail bud，arrowhead shows the tail bud；23. 肌肉效应期 muscular effect；24. 心脏原基期，箭头示心脏原基 heart rudiment，arrowhead shows the rudiment of heart；25. 心脏搏动期，箭头示心脏原基 heart beat period，arrowhead shows the rudiment of heart；26. 耳石出现期，箭头示耳石 appearance of otolith，arrowhead shows the otolith；27. 嗅囊出现期，箭头示嗅囊 olfactory capsule，arrowhead shows the olfactory capsule；28. 血液循环期 blood circulation stage；29. 眼晶体出现期，箭头示眼晶体 formation of eye lens，arrowhead shows the eye lens；30. 尾鳍出现期，箭头示尾鳍褶 caudal fin fold，arrowhead shows the caudal fin fold；31. 出膜前消化道形成期，箭头示消化管原基 formation of alimentary canal，arrowhead shows the rudiment of alimentary canal；32. 出膜期 hatching. 标尺 scale bars：1mm

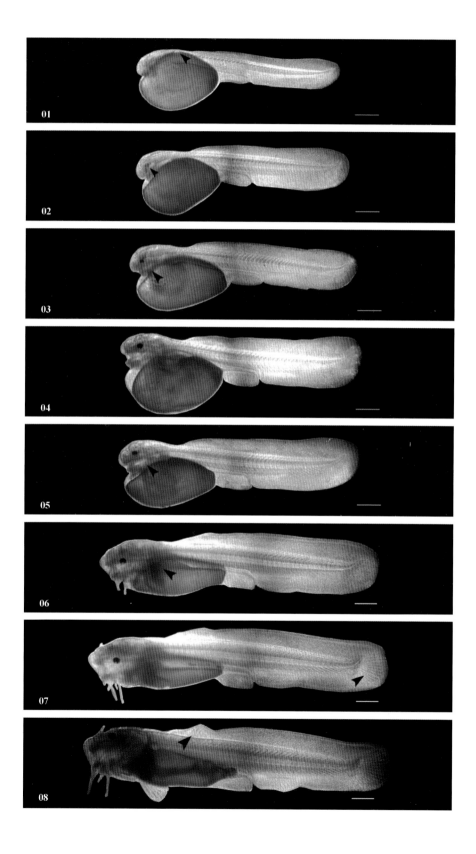

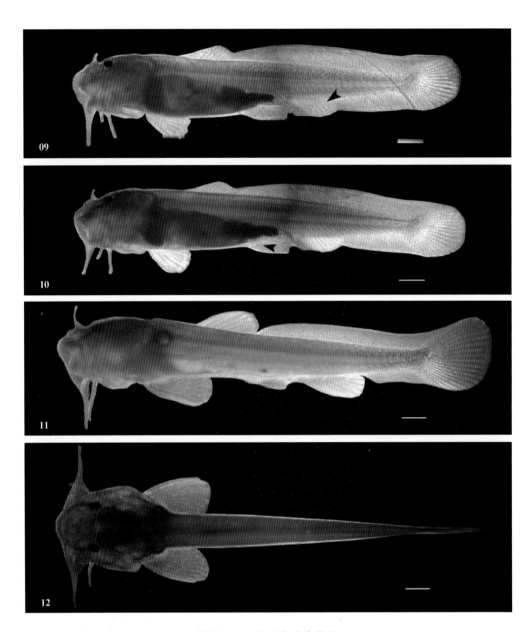

图版 II -2　仔稚鱼发育特征

Plate II -2　Larval and juveniles development features

01. 4 h 仔鱼，箭头示胸鳍原基 4 h larvae, arrowhead shows the rudiment of pectoral fin；**02.** 12 h 仔鱼，箭头示眼泡色素 12 h larvae, arrowhead shows the pigment in the optic vesicle；**03.** 3 d 仔鱼，箭头示鳃弓 3 d larvae, arrowhead shows the gill arches；**04.** 4 d 仔鱼 4d larvae；**05.** 6 d 仔鱼，箭头示鳃丝 6 d larvae, arrow show the gill filaments；**06.** 8 d 仔鱼，箭头示肝脏原基 8 d larvae, arrowhead shows the rudiment of liver；**07.** 9 d 仔鱼，箭头示鳍条 9 d larvae, arrowhead shows the fin rays；**08.** 11 d 仔鱼，箭头示背鳍原基 11 d larvae, arrowhead shows the rudiment of dorsal fin；**09.** 15 d 仔鱼，箭头示臀鳍原基 15 d larvae, arrowhead shows the rudiment of anal fin；**10.** 17 d 仔鱼，箭头示腹鳍原基 17 d larvae, arrowhead shows the rudiment of ventral fin；**11.** 24 d 仔鱼，卵黄消失（侧视图）24 d larvae, disappearance of yolk（lateral view）；**12.** 24 d 仔鱼，卵黄消失（背视图）24 d larvae, disappearance of yolk. 标尺 scale bars：1mm

图版 II -3　年轮特征

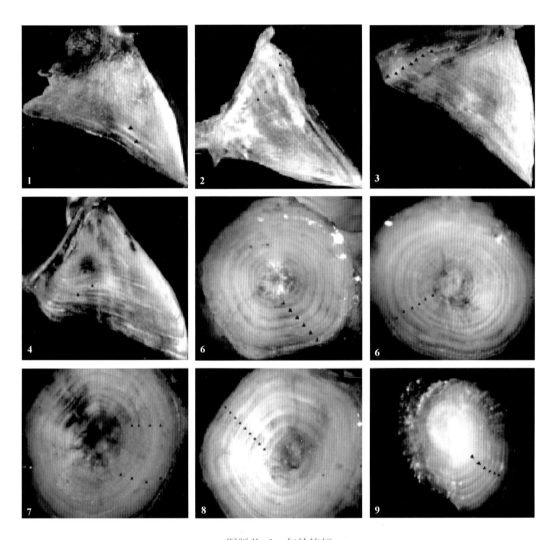

图版 II -3　年轮特征

Plate II -3　Annuli characteristics

1. 鳃盖骨，无法判读年轮 opercula, annulus unreadable；**2**. 鳃盖骨，环片形成脊 opercula, circuli formed ridge；**3**. 鳃盖骨，示年轮 opercula, showing annuli of opercula；**4**. 鳃盖骨，年轮不明显 opercula, circuli arrangement irregularity；**5**. 脊椎骨，示年轮 vertebrae, showing annuli of vertebrae；**6**. 脊椎骨，环片不形成同心圆 vertebrae, pattern of zones of widely and closely-spaced circuli；**7**. 脊椎骨，环片交叉重叠 vertebrae, circuli arrangement interferingly；**8**. 脊椎骨，宽暗带中包含次级暗带 vertebrae, each opaque zones containing sub-opaque zones；**9**. 脊椎骨，不透明带中包含周期性生长阻断次级暗带 vertebrae, each opaque zones containing period checks

图版Ⅲ-1　消化道形态及唇、口咽腔和食道组织学

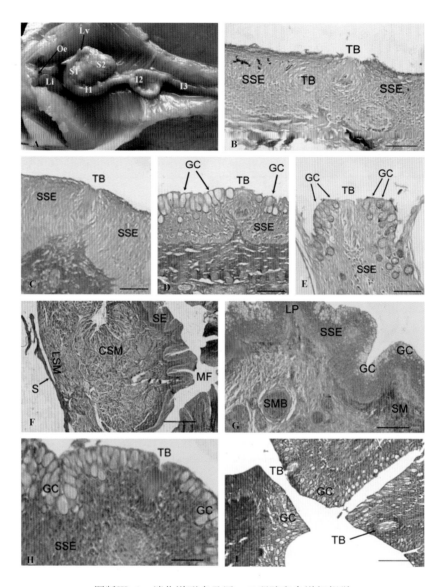

图版Ⅲ-1　消化道形态及唇、口咽腔和食道组织学

Plate Ⅲ-1　The general structure of digestive tract，and light photomicrograph of lip，buccopharynx and oesophagus of the digestive tract

A. 消化道形态 the general structure of the digestive tract；**B**. 上唇组织 the upper lip；**C**. 下唇组织 the lower lip；**D**. 口咽腔顶壁结构，the upper wall of buccopharynx；**E**. 口咽腔底壁结构 the lower wall of buccopharynx；**F**，**G**. 食道四层结构 four-layer structure of oesophagus；**H**，**I**. 食道杯状细胞和味蕾 the goblet cell and taste bud in the oesophagus

CSM. 横纹肌环肌层 circular layers of striated muscle；LSM. 横纹肌纵肌层 longitudinal layers of striated muscle；LP. 固有层 lamina propria；SE. 覆层上皮 stratified epithelium；MF. 黏膜皱褶 mucosal fold；GC. 杯状细胞 goblet cell；Lv. 环状缢痕 loop valve；Li. 肝脏 liver；I1. 前肠 anterior intestine；I2. 中肠 middle intestine；I3. 后肠 posterior intestine；Oe. 食道 oesophagus；S. 浆膜 serosa；S1. 贲门胃 cardiac stomach；S2. 胃底部 fundic stomach；S3. 幽门胃 pyloric stomach；SM. 黏膜下层 submocosa；SMB. 横纹肌纤维束 striated muscular bundle；SSE. 复层鳞状上皮 stratified squamous epithelium；TB. 味蕾 taste bud. 标尺 scale bars B～E，H，I，50 μm；F，G，200 μm

图版Ⅲ-2 胃肠道组织学

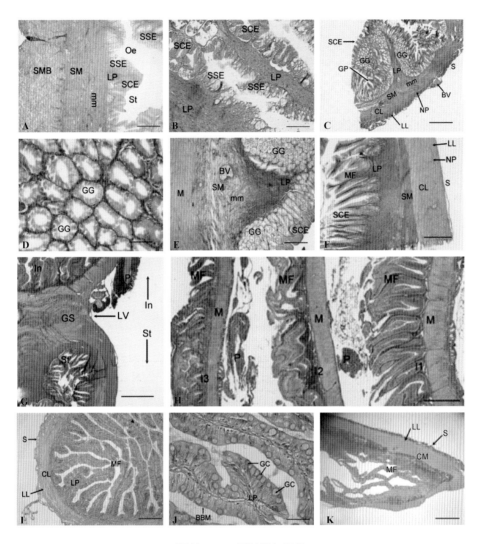

图版Ⅲ-2 胃肠道组织学

Plate Ⅲ-2 The light photomicrograph of stomach and intestine

A，B. 食胃连接处 the transition from oesophagus to stomach；**C，D**. 胃底部，示胃腺 the fundic portion of the stomach，showing gastric gland；**E**. 胃贲门部，示胃腺 the cardiac portion of the stomach，showing gastric gland；**F**. 幽门部，无胃腺 the pyloric stomach without gastric gland；**G**. 胃肠连接处，示幽门括约肌 the transition from stomach to intestine，showing gastrointestinal sphincter；**H**. 肠道 intestine；**I**. 肠道组织 histological structure of intestine；**J**. 肠道上皮的杯状细胞和刷状缘 goblet cell and brush border of intestine epithelium；**K**. 肛门 anus

BBM. 微绒毛 brush border microvillus；BV. 血管 blood vessel；CL. 平滑肌内层环肌 inner circular layer of smooth muscle；GC. 杯状细胞 goblet cell；GG. 胃腺 gastric gland；GP. 胃小凹 gastric pits；GS. 幽门括约肌 gastrointestinal sphincter；In. 肠道 intestine；I1. 前肠 anterior intestine；I2. 中肠 middle intestine；I3. 后肠 posterior intestine；Oe. 食道 oesophagus；P. 胰腺 pancreas；S. 浆膜 serosa；SCE. 单层柱状上皮 simple columnar epithelium；St. 胃 stomach；SM. 黏膜下层 submucosa；SMB. 横纹肌纤维束 stratified muscular bundle；SSE. 复层鳞状上皮 stratified squamous epithelium；mm. 黏膜肌 muscularis mucosa；LP. 固有层 lamina propria；LV. 环状缢痕 loop valve；LL. 平滑肌外层环肌 outer longitudinal layer of smooth muscle；M. 肌层 muscularis；MF. 黏膜皱褶 mucosal fold；NP. 神经血管丛 nerve plexa. 标尺 scale bars：A，E，F，I，200 μm；C，G，H，500 μm；B，100 μm；D，J，K，50 μm

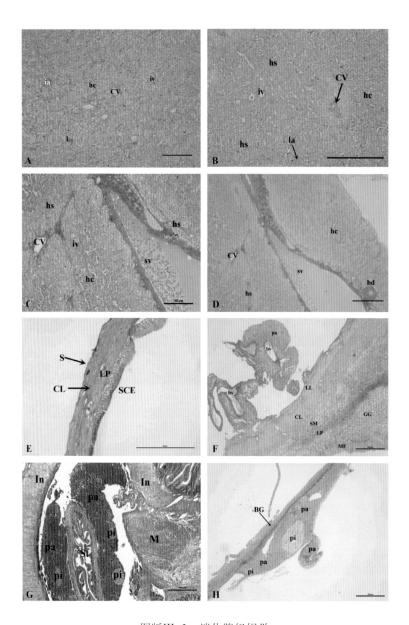

图版Ⅲ-3　消化腺组织学
Plate Ⅲ-3　The light photomicrograph of digestive glands
A. 主肝 dominant liver；**B**. 副肝 attaching liver；**C**. 连接带 joint belt；**D**. 胆管 bile duct；**E**. 胆囊 gall bladder；**F**. 近胃处的胰脏 pancreas near stomach；**G**. 近肠处的胰腺 pancreas near intestine；**H**. 近胆囊壁处的胰腺 pancreas out of gall bladder wall
BG. 胆囊 gall bladder；bv. 血管 blood vessel；CL. 环肌 circular layer of smooth muscle；GG. 胃腺 gastric glands；hs. 肝血窦 hepatic sinusoid；In. 肠道 intestine；LL. 纵肌 outer longitudinal layer of smooth muscle；LP. 固有层 lamina propria；M. 肌层 muscularis；MF. 黏膜皱褶 mucosal fold；pa. 胰腺腺体 pancreas acini；pi. 胰岛 pancreas islet；S. 浆膜 serosa；SCE. 单层柱状上皮 simple columnar epithelium；SM. 黏膜下层 submocosa；St. 胃 stomach；bd. 胆管 bile duct；CV. 中央静脉 central vein；hc. 肝细胞索 hepatic cords；ia. 小叶间动脉 interlobular artery；iv. 小叶间静脉 interlobular vein；sv. 小叶下静脉 sublobular vein. 标尺 scale bars；A～C，E，50 μm；D，H，200 μm；F，G，500 μm

图版Ⅲ-4 消化道黏膜褶形态

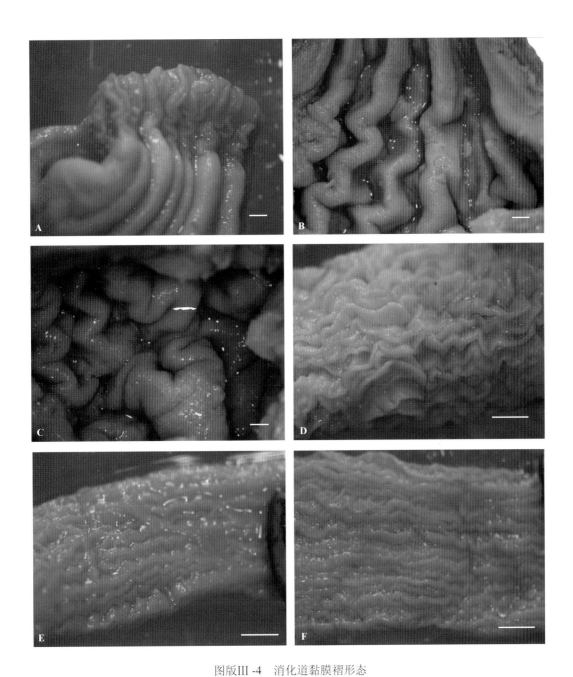

图版Ⅲ-4 消化道黏膜褶形态
Plate Ⅲ-4 The morphology of mucosa fold of digestive tract

A. 食道黏膜褶 the mucosa fold of oesophagus；**B**，**C**. 贲门胃和胃底部黏膜褶 the mucosa fold of stomach；**D**，**E**，**F**. 前肠、中肠、后肠的黏膜皱褶 the mucosa fold of anterior，middle and posterior intestine. 标尺 scale bars：1 mm

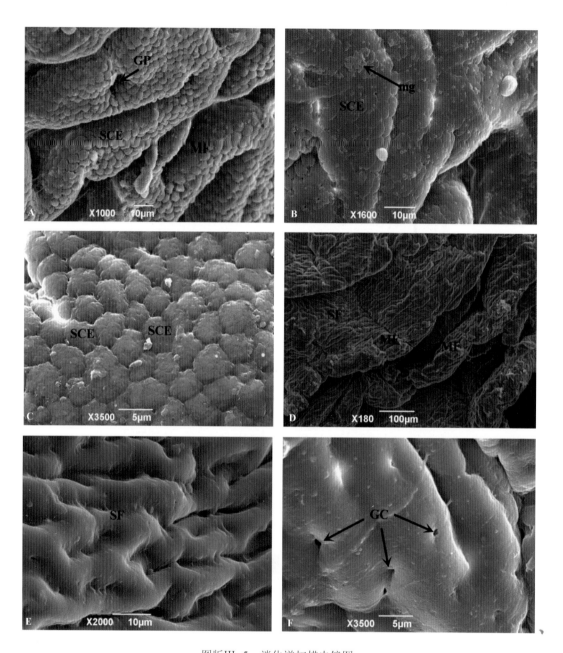

图版III-5　消化道扫描电镜图

Plate III-5　The scanning electron microscopy of digestive tract

A，B，C. 胃部 stomach；D，E，F. 肠道 intestine

GC. 杯状细胞分泌孔 goblet cell excretory pores；GP. 胃小凹 gastric pits；MF. 黏膜皱褶 mucosal fold；mg. 黏液颗粒 granules mucous；SCE. 单层柱状上皮 simple columnar epithelium；SF. 次级皱褶 second fold

图版III -6 胃肠道透射电镜图

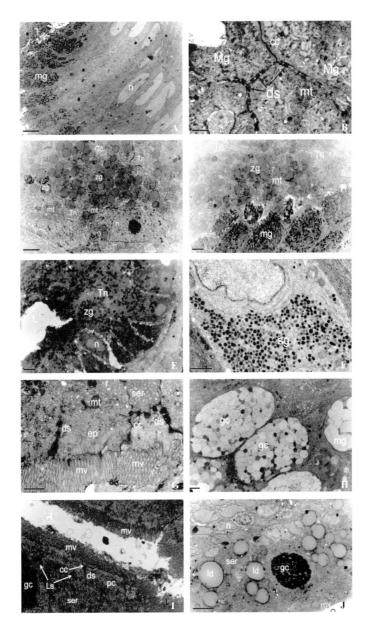

图版III -6 胃肠道透射电镜图

Plate III -6 The ultrastructure of stomach and intestine

A. 黏液细胞的黑色黏液颗粒 mucous cell with apical black mucous granule；**B**. 黏液细胞的顶端白色黏液颗粒 mucous cell with apical white mucous granule；**C，D，E**. 腺细胞的大量的酶原颗粒、微管泡体系和线粒体 glandular cell with numerous zymogen granule，tubulovesicular network and mitochondria；**F**. 内分泌细胞的颗粒 endocrine cell with secretion granule；**G，I**. 肠道吸收细胞 intestinal absorption cell；**H，J**. 肠道杯状细胞 intestine epithelium with goblet cell

cc. 连接复合体 junctional complex；ds. 桥粒 desmosome；ep. 上皮细胞 epithelial cell；Gc. 高尔基复合体 golgi complex；gc. 杯状细胞 goblet cell；mg 黑色黏液颗粒 black granules mucous；L. 管腔 lumen；Mg. 白色黏液颗粒 white granules mucous；n. 细胞核 nucleus；mt. 线粒体 mitochondria；mv. 线绒毛 microvilli；sg. 分泌颗粒 secretion granule；Tn. 微管泡体系 tubulovesicular network；zg. 酶原颗粒 zymogen granule；ld. 脂滴 lipid droplet；Ls. 溶酶体 lysosome；pc. 胞饮通道 pinocytotic channel；ser. 滑面内质网 smooth endoplasmic reticulum. 标尺 scale bars：A，E，J，5 μm；B，F，G，1 μm；C，D，H，2 μm；I，0.5 μm

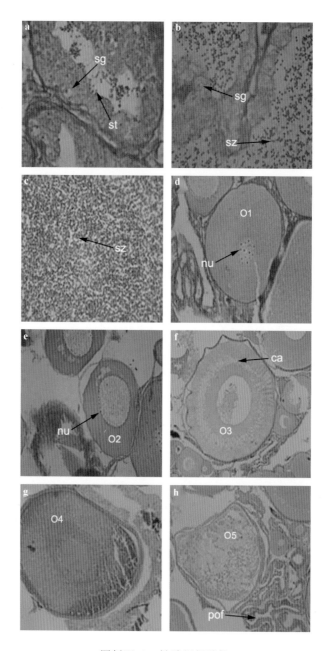

图版Ⅳ-1　性腺组织结构
Plate Ⅳ-1　Gonad histological structure

a. Ⅲ期精巢Ⅲ-stage testis（100×）；**b**. Ⅳ期精巢Ⅳ-stage testis（100×）；**c**. Ⅴ期精巢Ⅴ-stage testis（100×）；**d**. Ⅱ期卵巢Ⅱ-stage ovary（40×）；**e**. Ⅱ期卵巢Ⅱ-stage ovary（40×）；**f**. Ⅲ期卵巢Ⅲ-stage ovary（10×）；**g**. Ⅳ卵巢Ⅳ-stage ovary（10×）；**h**. Ⅵ期卵巢Ⅵ-stage ovary（10×）

sg. 精原细胞 spermatogonia；st. 精细胞 spermatid；sz. 精子细胞 spermatozoa；nu. 核仁 nucleoli；ca. 卵黄泡 cortical alveoli；pof. 产后空滤泡 postovulatory follicles；O1. 第1时相卵母细胞早期 chromatin nucleolar stage；O2. 第2时相卵母细胞中期 perinucleolus stage；O3. 第3时相卵母细胞早期 cortical alveoli stage；O4. 第4时相卵母细胞 yolk stage；O5. 重吸收卵母细胞 atretic oocyte

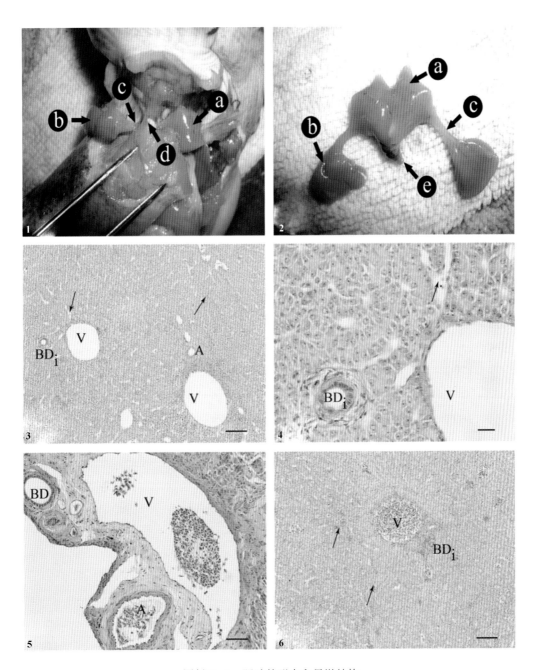

图版 Ⅴ -1　肝脏的形态和显微结构
Plate Ⅴ -1　The morphology and microstructure of liver

1. 腹面观 the ventral view（示主肝和副肝的相对位置 showing the locations of the main liver and the attaching liver）；**2**. 解剖出来的肝脏 the isolated liver；**3**，**4**. 主肝 main liver；**5**. 连接带 joint belt；**6**. 副肝 attaching liver

a. 副肝 attaching liver；b. 主肝 main liver；c. 连接带 joint belt；d. 体壁肌肉 muscle of body wall；e. 胆囊 gall bladder；V. 小叶间静脉 hepatic vein；A. 肝动脉 hepatic artery；BD. 胆管 bile duct；BD$_i$. 小叶间胆管，箭形示窦状系 interlobular bile duct，arrows show sinusoid. 标尺 scale bars：3，6，100 μm；4，20 μm；5，50 μm

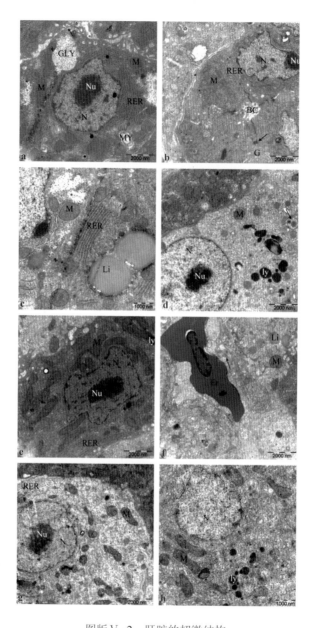

图版 Ⅴ-2　肝脏的超微结构
Plate Ⅴ-2　The ultrastructure of liver

a. 主肝肝细胞 hepatocyte of main liver；**b**. 主肝肝细胞，箭形示桥粒 hepatocyte of main liver，arrow shows desmosome；**c**. 主肝肝细胞 hepatocyte of main liver；**d**. 连接带肝细胞，箭形示微体 hepatocyte of joint belt，arrow shows microbody；**e**. 连接带肝细胞 hepatocyte of joint belt；**f**. 连接带窦状间的超微结构，箭形示肝细胞表面的微绒毛深入窦状隙 the ultrastructure of sinusoid of joint belt，arrow shows the microvillus on the surface of hepatocyte project into sinusoid；**g**. 副肝肝细胞 hepatocyte of attaching liver；**h**. 副肝肝细胞 hepatocyte of attaching liver.

BC. 毛细胆管 bile canaliculus；Er. 红细胞 erythrocyte；G. 高尔基体 Golgi apparatus；GLY. 糖原 glycogen；Li. 脂肪滴 lipid droplet；ly. 溶酶体 lysosome；M. 线粒体 mitochondria；N. 细胞核 nucleus；Nu. 核仁 nucleolus；RER. 粗面内质网 rough endoplasmic reticulum；MY. 髓样结构 myeline figure

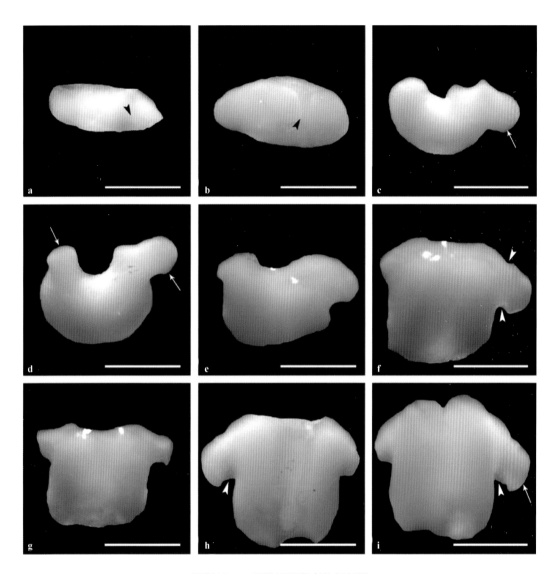

图版Ⅴ-3　肝脏早期发育的解剖学
Plate Ⅴ-3　Anatomy of the liver of larvae early development stage

a. 13 d 仔鱼的肝脏（背面观），黑箭头示食道压痕 liver of 13 d larva（dorsal view），black arrowhead shows the impression of oesophagus；**b**. 17 d 仔鱼的肝脏（背面观），黑箭头示食道压痕 liver of larva at 17 d（dorsal view），black arrowhead shows the impression of oesophagus；**c**. 18 d 仔鱼的肝脏（腹面观），白箭形示肝脏"突起"（副肝的雏形）liver of larva at 18 d（ventral view），white arrow shows liver "protrusion"（primary attaching liver）；**d**. 20 d 仔鱼的肝脏（腹面观），白箭形示肝脏"突起"liver of larva at 20 d（ventral view），white arrow shows liver "protrusion"；**e**. 21 d 仔鱼的肝脏（腹面观）liver of larva at 21 d（ventral view）；**f**. 22 d 仔鱼的肝脏（腹面观），白箭头示其他器官的压痕 liver of larva at 22 d（ventral view），white arrowhead shows the impression of other organs；**g**. 24 d 仔鱼的肝脏（腹面观）the liver of larva at 24 d（ventral view）；**h**. 27 d 仔鱼的肝脏（背面观），白箭头示其他器官的压痕 liver of larva at 27 d larva（dorsal view），white arrowhead shows the impression of other organs；**i**. 27 d 仔鱼的肝脏（腹面观），白箭头示其他器官的压痕，白箭形示副肝 liver of larva at 27 d（ventral view），white arrowhead shows the impression of other organs，white arrow shows attaching liver. 标尺 scale bars：1 mm

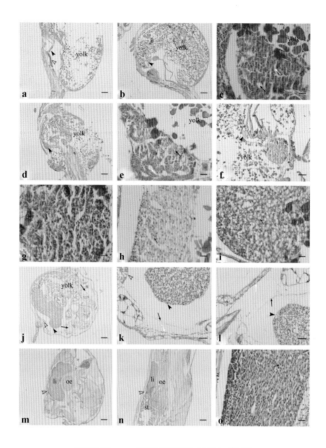

图版Ⅴ-4　肝脏早期发育的组织学

Plate Ⅴ-4　Histology of the liver of early development stage

a. 3 d 仔鱼（纵切），黑箭头示肝脏原基的位置，白箭头示原始消化道 3 d larva（sagittal section），black arrowhead shows the location of the liver primordium；white arrowhead shows primitive alimentary tract；**b**. 4 d 仔鱼（平切），黑箭头示左侧肝脏 4 d larva（coronal section），black arrowhead shows the liver of the left side；**c**. 4 d 龄仔鱼的肝脏（平切），黑箭形示血窦，白箭形示胆小管 4 d larva（coronal section），black arrow shows the sinusoid, white arrow shows bile canaliculi；**d**. 5 d 仔鱼（平切），黑箭头示左侧肝脏 5 d larva（coronal section），black arrowhead shows the liver of the left side；**e**. 5 d 仔鱼（平切），黑箭形示窦状隙，白箭形示胆小管 5 d larva（coronal section），black arrow shows the sinusoid, and the white arrowhead shows bile canaliculi；**f**. 8 d 仔鱼（平切），黑箭头示右侧肝脏 8 d larva（coronal section），black arrowhead shows the liver of the right side；**g**. 8 d 仔鱼（平切），黑箭形示空泡化肝细胞 8 d larva（coronal section），black arrow shows vacuolating hepatocyte；**h**. 9 d 仔鱼（横切），黑箭形示空泡化肝细胞 9 d larva（transverse section），black arrow shows vacuolating hepatocyte；**i**. 11 d 仔鱼（横切），黑箭形示空泡化肝细胞 11 d larva（transverse section），black arrow shows vacuolating hepatocyte；**j**. 17 d 仔鱼（横切），黑箭头示肝脏"突起"（副肝的雏形），黑箭形示骨鳔，白箭头示体壁肌肉 17 d larva（transverse section），black arrowhead shows "protrusion" of the liver（primitive attaching liver），black arrow shows bony bladder, white arrowhead shows the muscle of body wall；**k**. 17 d 仔鱼（横切），黑箭头示肝脏"突起"（副肝的雏形），黑箭形示腹腔壁层，白箭形示皮肤，白箭头示体壁肌肉 17 d larva（transverse section），black arrowhead shows "protrusion" of the liver（primitive attaching liver），black arrow shows parietal peritoneum, white arrow shows the skin, white arrowhead shows the muscle of body wall；**l**. 21 d 仔鱼（横切），黑箭头示肝脏"突起"（副肝的雏形），黑箭形示腹腔壁层，白箭形示皮肤 21 d larva（transverse section），black arrowhead shows "protrusion" of the liver（primitive attaching liver），black arrow shows parietal peritoneum, white arrow shows the skin；**m**. 26 d 仔鱼（横切），白箭头示体壁肌肉 26 d larva（transverse section），white arrowhead shows the muscle of body wall；**n**. 26 d 仔鱼（纵切），白箭头示体壁肌肉 26 d larva（sagittal section），white arrowhead shows the muscle of body wall；**o**. 26 d 仔鱼（纵切），黑箭头示窦状隙 26 d larva（sagittal section），black arrow shows the sinusoid

yolk. 卵黄 yolk；li. 肝脏 liver；oe. 食道 oesophagus；st. 胃 stomach. 标尺 scale bars：a, b, d, n, j, m, 200 μm；c, e, g～i, k, l, o, 20 μm；f, 100 μm

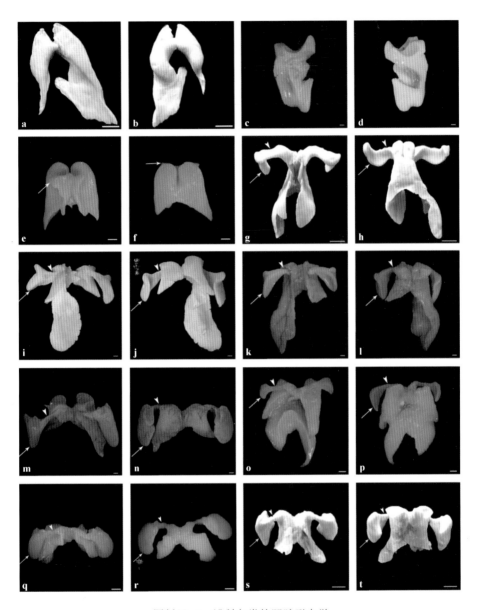

图版Ⅴ-5　鮡科鱼类的肝脏形态学

Plate Ⅴ-5　The liver of Sisoridae fishes

a. 巨魾肝脏（背面观）*B. yarrelli*（dorsal view）；**b**. 巨魾肝脏（腹面观）*B. yarrelli*（ventral view）；**c**. 黑鮡肝脏（背面观）*G. cenia*（dorsal view）；**d**. 黑鮡肝脏（腹面观）*G. cenia*（ventral view）；**e**. 间褶鮡肝脏（背面观）*P. intermedius*（dorsal view）；**f**. 间褶鮡肝脏（腹面观）*P. intermedius*（ventral view）；**g**. 黄斑褶鮡肝脏（背面观）*P. sulcatus*（dorsal view）；**h**. 黄斑褶鮡肝脏（腹面观）*P. sulcatus*（ventral view）；**i**. 青石爬鮡肝脏（背面观）*E. davidi*（dorsal view）；**j**. 青石爬鮡肝脏（腹面观）*E. davidi*（ventral view）；**k**. 扁头鮡肝脏（背面观）*P. kamengensis*（dorsal view）；**l**. 扁头鮡肝脏（腹面观）*P. kamengensis*（ventral view）；**m**. 凿齿鮡肝脏（背面观）*G. andersonii*（dorsal view）；**n**. 凿齿鮡肝脏（腹面观）*G. andersonii*（ventral view）；**o**. 短体拟鰋怒江亚种肝脏（背面观）*P. yunnanensis*（dorsal view）；**p**. 短体拟鰋肝脏（腹面观）*P. yunnanensis*（ventral view）；**q**. 藏鰋肝脏（背面观）*E. labiatum*（dorsal view）；**r**. 藏鰋肝脏（腹面观）*E. labiatum*（ventral view）；**s**. 黑斑原鮡肝脏（背面观）*G. maculatum*（dorsal view）；**t**. 黑斑原鮡肝脏（腹面观）*G. maculatum*（ventral view）．标尺 scale bars：a, b, e～h, s, t, 20 μm；c, d, i～r, 5 mm

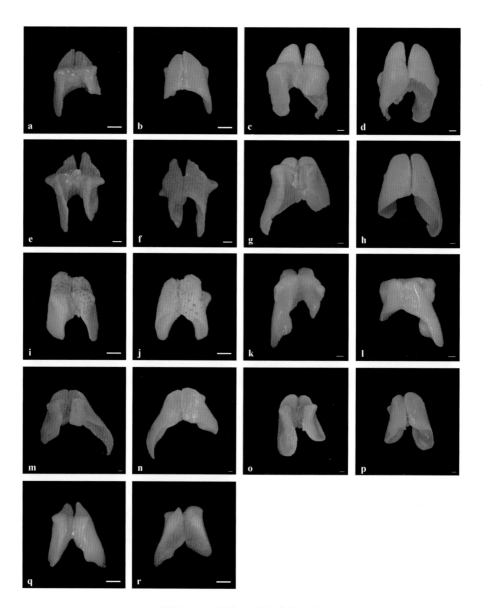

图版 Ⅴ -6　纹胸鮡属鱼类的肝脏
Plate Ⅴ -6　The liver of *Glypothorax*

a. 四斑纹胸鮡（背面观）*G. quadriocellatus* （dorsal view）；**b.** 四斑纹胸鮡（腹面观）*G. quadriocellatus*（ventral view）；**c.** 红河纹胸鮡（背面观）*G. fukiensis honghensis*（dorsal view）；**d.** 红河纹胸鮡（腹面观）*G. fukiensis honghensis*（ventral view）；**e.** 间棘纹胸鮡（背面观）*G. interspinalum*（dorsal view）；**f.** 间棘纹胸鮡（腹面观）*G. interspinalum*（ventral view）；**g.** 扎那纹胸鮡（背面观）*G. zainaensis*（dorsal view）；**h.** 扎那纹胸鮡（腹面观）*G. zainaensis*（ventral view）；**i.** 三线纹胸鮡（背面观）*G. trilineatus*（dorsal view）；**j.** 三线纹胸鮡（腹面观）*G. trilineatus*（ventral view）；**k.** 丽纹胸鮡（背面观）*G. lampris*（dorsal view）；**l.** 丽纹胸鮡（腹面观）*G. lampris*（dorsal view）；**m.** 中华纹胸鮡（背面观）*G. sinense sinense*（dorsal view）；**n.** 中华纹胸鮡（腹面观）*G. sinense sinense*（ventral view）；**o.** 福建纹胸鮡（背面观）*G. fukiensis fukiensis*（dorsal view）；**p.** 福建纹胸鮡（腹面观）*G. fukiensis fukiensis*（ventral view）；**q.** 老挝纹胸鮡（背面观）*G. laosensis*（dorsal view）；**r.** 老挝纹胸鮡（腹面观）*G. laosensis*（ventral view）. 标尺 scale bar：1 mm

图版Ⅵ-1 染色体核型

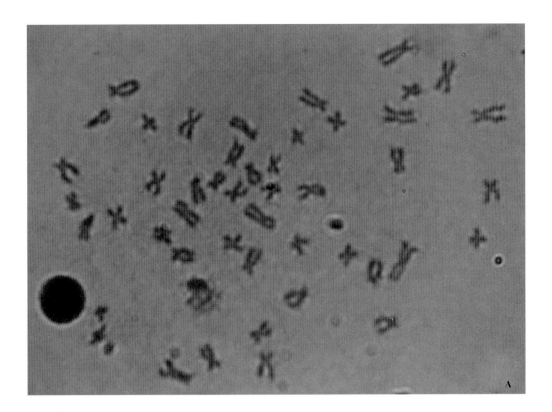

5 μm

图版Ⅵ-1 中期分裂相（A）和染色体核型（B）

Plate Ⅵ-1 Metaphase（A）and karyotype（B）

图版Ⅵ-2　肌肉组织同工酶多态性电泳图谱

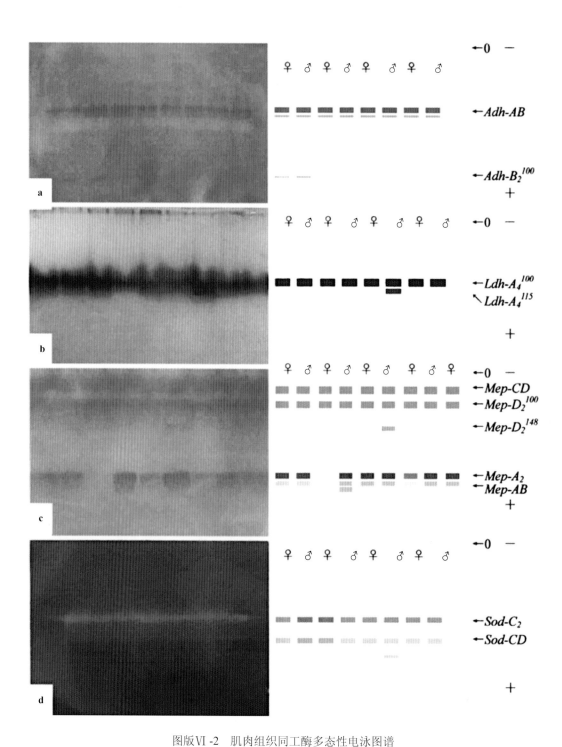

图版Ⅵ-2　肌肉组织同工酶多态性电泳图谱
Plate Ⅵ-2　Polymorphic electrophoretograms of isozymes expressed in the muscle tissues
a. ADH；b. LDH；c. MDH；d. SOD

图版Ⅵ-3 同工酶组织特异性电泳图谱

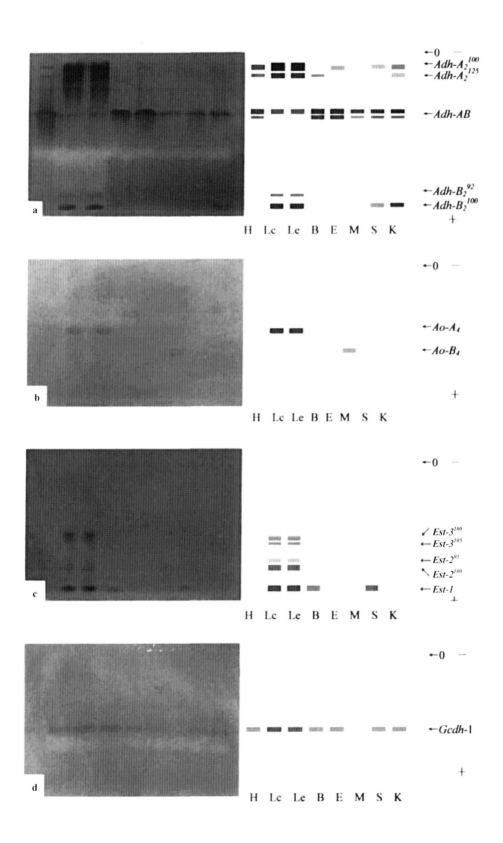

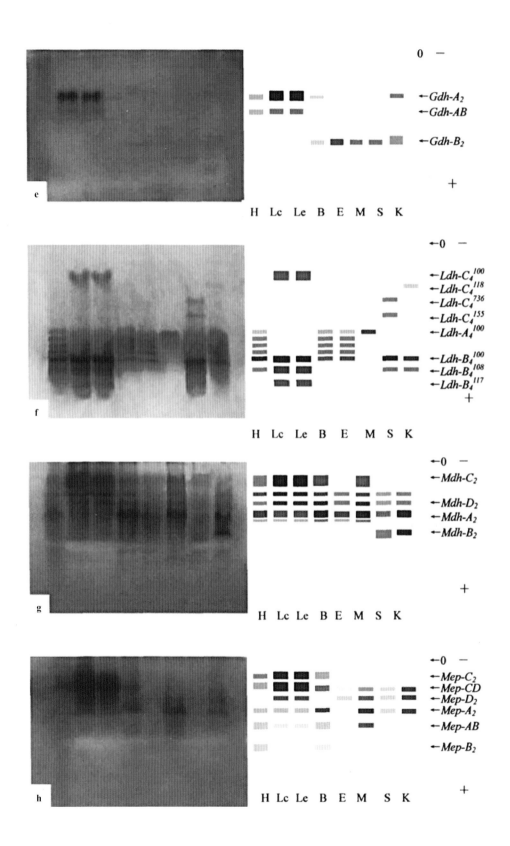

图版Ⅵ-3 同工酶组织特异性电泳图谱（续2）

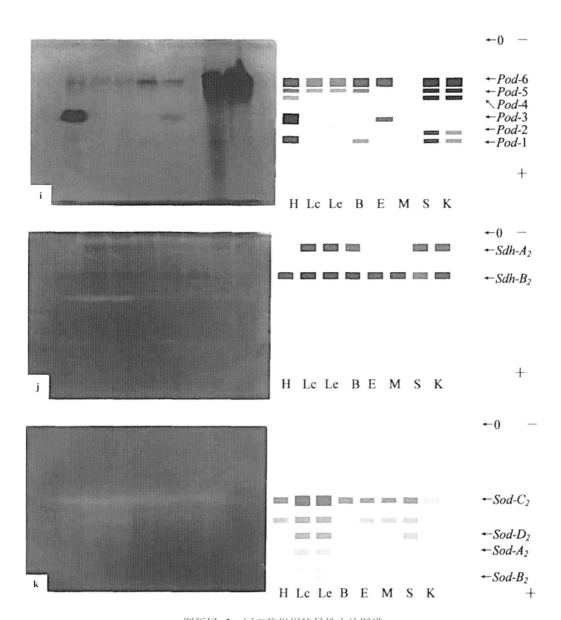

图版Ⅵ-3 同工酶组织特异性电泳图谱

Plate Ⅵ-3 Electrophoretograms of isozymes expressed with tissue-specificity

a. ADH；b. AO；c. EST；d. GcDH；e. GDH；f. LDH；g. MDH；h. MEP；i. POD；j. SDH；k. SOD

H. 心脏 heart；Lc. 主肝 main liver；Le. 副肝 attaching liver；B. 脑 brain；E. 眼 eyes；

M. 背部肌肉 dorsal muscle；S. 脾脏 spleen；K. 肾脏 kidney

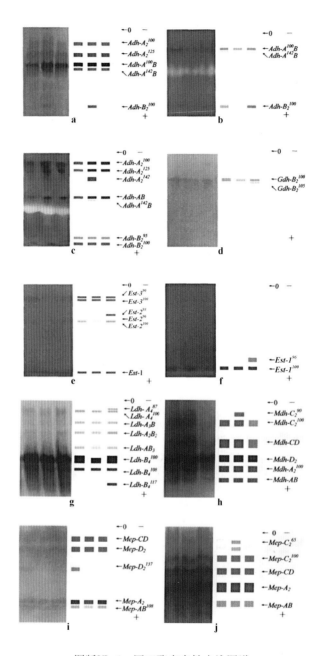

图版Ⅵ-4　同工酶多态性电泳图谱

Plate Ⅵ-4　Electrophoretogram of polymorphic isozymes expressed in tissues

a. 心脏组织 ADH 同工酶 ADH isozymes expressed in heart tissues；**b**. 肌肉组织 ADH 同工酶 ADH isozymes expressed in muscle tissues；**c**. 肝脏组织 ADH 同工酶 ADH isozymes expressed in liver tissues；**d**. 心脏组织 GDH 同工酶 GDH isozymes expressed in heart tissues；**e**. 肝脏组织 EST 同工酶 EST isozymes expressed in liver tissues；**f**. 脾脏组织 EST 同工酶 EST isozymes expressed in spleen tissues；**g**. 心脏组织 LDH 同工酶 LDH isozymes expressed in heart tissues；**h**. 心脏组织 MDH 同工酶 MDH isozymes expressed in heart tissues；**i**. 肌肉组织 MEP 同工酶 MEP isozymes expressed in muscle tissues；**j**. 肝脏组织 MEP 同工酶 MEP isozymes expressed in liver tissues. 黑箭形示多态位点 black arrows show the polymorphic loci of isozymes

图版Ⅵ-5 血细胞的显微结构

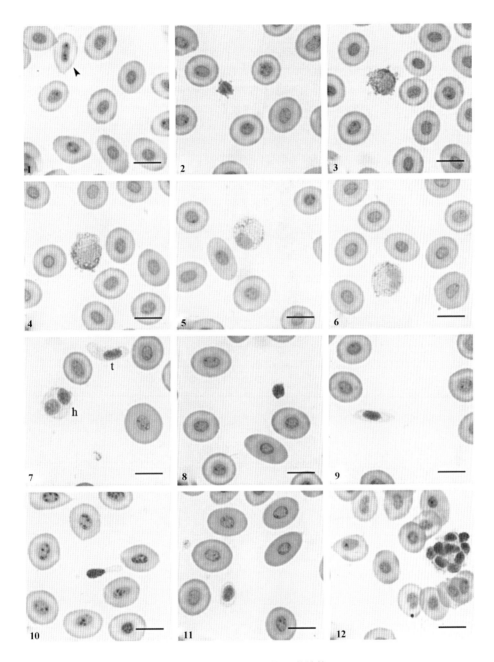

图版Ⅵ-5 血细胞的显微结构
Plate Ⅵ-5 The microstructure of blood cells

1. 红细胞，箭头示正在分裂的红细胞 erythrocytes，arrowhead shows the dividing erythrocyte；**2**. 小淋巴细胞 small lymphocyte；**3**. 大淋巴细胞 large lymphocyte；**4**. 单核细胞 monocyte；**5**. 细胞核为圆形的中性粒细胞 heterophilic granulocyte with round nucleus；**6**. 细胞核为肾形的中性粒细胞 heterophilic granulocyte with kidney-shaped nucleus；**7**. 双叶核中性粒细胞 heterophilic granulocyte with bilobate nucleus（t. 血栓细胞 thrombocyte，h. 裸核血栓细胞 lone nucleus thrombocyte）；**8**. 中性粒细胞 heterophilic granulocyte；**9**. 纺锤形血栓细胞 fusiform thrombocyte；**10**. 蝌蚪形血栓细胞 tadpole-like thrombocyte；**11**. 卵圆形血栓细胞 oval thrombocyte；**12**. 聚集到一起的血栓细胞 thrombocyte in a cluster. 标尺 scale bars：10 μm

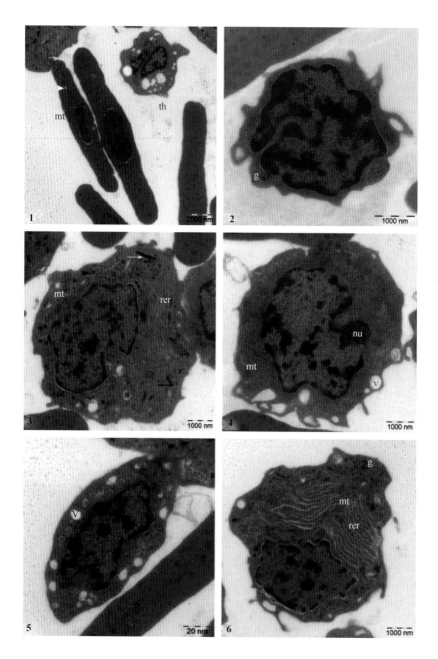

图版Ⅵ-6　血细胞的超微结构

Plate Ⅵ-6　The ultrastructure of blood cells

1. 红细胞，三角形箭头示小的圆空泡 erythrocytes, arrowhead shows small round vesicle；**2**. 淋巴细胞 lymphocyte；**3**. 中性粒细胞，黑箭形示 G_1 颗粒，白箭形示 G_3 颗粒，黑箭头示 G_2 颗粒 heterophil, black arrow shows G_1 granule, white arrow shows G_3 granule, black arrowhead shows G_2 granule；**4**. 单核细胞 monocyte；**5**. 血栓细胞 thrombocyte；**6**. 浆细胞 plasma cell

g. 颗粒 granule；mt. 线粒体 mitochondria；nu. 核仁 nucleus；rer. 粗面内质网 rough endoplasmic reticulum；th. 血栓细胞 thrombocyte；v. 空泡 vesicle